木质材料烫蜡技术

宋魁彦　牛康任　王旭婷　著

化学工业出版社

·北京·

内 容 简 介

　　本书论述了传统天然蜡烫蜡技术和合成蜡烫蜡技术的研究成果，重点阐述了天然蜡和合成蜡的性质、烫蜡技艺、烫蜡性能、烫蜡机理等有关烫蜡处理在木材领域中新的研究成果，并将理论与实际相结合，同时深入浅出地讨论了一些烫蜡技术应用中的问题，以使读者了解蜡的性质、烫蜡技术、木材表面性能检测的相关知识，以及合成蜡改性与烫蜡的新技术、新方法。

　　本书可供从事木材科学与技术、木材保护、木材性能检测、木制品设计等领域的科技人员和高等院校相关专业师生参考。

图书在版编目（CIP）数据

　　木质材料烫蜡技术/宋魁彦，牛康任，王旭婷著．——
北京：化学工业出版社，2023.9
　　ISBN 978-7-122-43871-3

　　Ⅰ.①木…　　Ⅱ.①宋…②牛…③王…　　Ⅲ.①蜂蜡-
应用-木家具-生产工艺-研究-中国　　Ⅳ.①TM215.91
②TS664.1

　　中国国家版本馆CIP数据核字（2023）第136156号

责任编辑：邢　涛	文字编辑：陈立璞
责任校对：李雨函	装帧设计：韩　飞

出版发行：化学工业出版社（北京市东城区青年湖南街13号　邮政编码100011）
印　　装：北京虎彩文化传播有限公司
710mm×1000mm　1/16　印张16¾　字数295千字　　2024年1月北京第1版第1次印刷

购书咨询：010-64518888　　　　　　售后服务：010-64518899
网　　址：http://www.cip.com.cn
凡购买本书，如有缺损质量问题，本社销售中心负责调换。

定　　价：128.00元

·前言·

　　本书是关于木质材料烫蜡技术的书籍。我国天然蜡（蜂蜡/虫白蜡）烫蜡木材装饰工艺已有2000多年的历史，在明清时期达到顶峰，主要应用在高档木制家具和重要的木建筑中。但是到了清朝末期，这项技艺逐步走向了衰落，这主要是因为天然蜡（蜂蜡/虫白蜡）产量低、成本高、配方失传和烫蜡技艺失传等。尽管现在一些企业沿用了天然蜡（蜂蜡/虫白蜡）烫蜡装饰技艺，但是烫蜡装饰质量和效果难以保证，不同批次的烫蜡木材质量差异大，仿古家具、木地板、木建筑以及室内用木质材料烫蜡装饰难以满足国内外市场需要，所以需要对传统烫蜡技术进行研究。为解决传统烫蜡技术中的蜡层遇热发黏易脱落、耐热性不高、附着力差的问题，结合现代烫蜡需求，将合成蜡应用在烫蜡技术中得出了合成蜡烫蜡技术，拓展了烫蜡技术的应用。

　　本书重点阐述了国内外与烫蜡技术相关的知识，探究了传统天然蜡烫蜡技术，进一步对现代合成蜡烫蜡技术进行了研究，提出了合成蜡烫蜡机理，得到了合成蜡高温烫蜡技术，实现了烫蜡木质材料品质评价。全书共分上、下两篇，上篇为天然蜡烫蜡技术，下篇为合成蜡烫蜡技术。

　　上篇共7章，主要论述了传统烫蜡技术的发展趋势，阐述了烫蜡用天然蜡特性、天然蜡烫蜡技术，分析了天然蜡化学结构和烫蜡木材结合机理，并且对天然蜡烫蜡木材品质进行了综合评定，科学评价了传统烫蜡木材的品质。

　　下篇共7章，主要论述了合成蜡烫蜡技术的发展趋势，阐述了合成蜡与改性合成蜡的特性、改性合成蜡烫蜡技术，分析了改性合成蜡化学结构和烫蜡木材结合机理，并使用复合蜡进一步改善了烫蜡木材的耐紫外线老化性。

　　本书第1、2章由宋魁彦、牛康任、王旭婷撰写，第3、4章由宋魁彦撰写，第5、6章由宋魁彦、牛康任撰写，第7章由宋魁彦、王旭婷撰写，第8~14章由宋魁彦、牛康任、王旭婷撰写。佟达、岳大然、张丹、宋晓雪和姚爱莹参与了本书的资料收集和数据处理等工作，在此致谢。

本书部分为国家自然科学基金资助项目（编号31770592）获得的最新研究成果，可供从事烫蜡相关工作的企业工程技术人员和高等院校相关专业的师生学习参考。

由于著者水平有限，书中难免存在不足之处，恳请读者指正。

著者

目 录

上篇 天然蜡烫蜡技术

下篇　合成蜡烫蜡技术

上篇
天然蜡烫蜡技术

1

绪 论

1.1 烫蜡技术历史背景

我国最早的涂饰材料主要是天然的桐油和生漆，在出土的文物中就有漆器的存在。由于我国南北方环境气候的差异，我国传统硬木家具的表面处理方法有两种，即上漆（生漆）和烫蜡（蜂蜡），通常被称为"南漆北蜡"。烫蜡技术在我国历史悠久，主要用于珍贵木材，在明清时期的京作硬木家具中比较常见，是通过高温烘烤使蜂蜡进入木材的管孔并在其表面形成薄的蜡膜。蜂蜡作为疏水性材料，通过烫蜡技术在木材表面形成一层薄薄的保护膜可很好地展现木材优美的纹理，更大程度地保持原木的美感；同时赋予了实木家具防水性能，阻止木材与外界环境的直接接触，从而降低了木材在潮湿环境中的吸水率并提高了其尺寸稳定性，起到保护家具的作用。整个烫蜡过程无任何污染产生，满足了现代涂饰对环境友好的要求。

烫蜡这项技艺主要通过传统的师徒传授方式传承，并且多为口口相传，没有以书卷记录保留下来。在传承过程中，随着掌握此技艺的工匠数量减少，烫蜡技艺逐渐失传，而遗留下来的也仅仅被少数工匠掌握。随着现代涂料涂饰和喷涂技术的发展与普及以及国外涂料的引入，各种各样的涂料越来越多地被使用，烫蜡技艺逐渐走向没落，现代仅有少数木制品生产企业仍坚持采用传统烫蜡技术处理家具表面。

涂料作为一种高分子材料，涂覆在物体表面形成连续的薄膜，可使物体具备与其本身不同的结构、性能和颜色。涂料种类丰富，涂饰方法简易，价格低廉，因而得到了快速发展。但是涂料中不可避免地需要使用大量溶剂，在生产和使用过程中都容易造成环境污染。例如在室内，经过某些涂料涂饰的家具在实际使用中仍然会持续释放有害气体，对人的身体造成损害。随着时代的进步，人民生活水平的提高，对生活环境提出了更高的要求，环保型涂料是研究的必然趋势，烫蜡技术作为一种较为环保的木材保护方法，重新获得人们的关注。但在目前的实际生产中，对烫蜡装饰工艺参数的控制和质量的评价仅靠工匠的个人经验，人为因素影响较大，产品质量不可控。与此同时，烫蜡木材装饰质量至今没有形成具有科学理论依据的品质评定体系，完全采用人工肉眼看和手摸来评定，这就导致生产不同批次时，产品装饰质量良莠不齐，难以满足市场需求。所以，传承和发扬天然蜡烫蜡技艺，以更加科学的方法对天然蜡烫蜡技艺进行优化研究和质量评定是非常有必要的。

1.2　天然蜡的应用和研究进展

1.2.1　天然蜡的应用

（1）照明

在很多诗歌典籍中都有对蜡烛的描述或记录，如李商隐在《无题》中的诗句"春蚕到死丝方尽，蜡炬成灰泪始干"。我国对蜡的使用历史很长，最早的时候人们把蜡或脂肪制成火把进行照明，后来随着生产技术的提高，蜂蜡、虫白蜡作为蜡烛的主要原料被使用。例如采用热裂解-气相色谱/质谱技术（THM-Py-GC/MS）对内蒙古伊和淖尔出土的照明燃料的有机残留物进行研究可知，该样品中含有蜂蜡的成分。

（2）医药领域

在医药领域，蜂蜡和虫白蜡作为药材被收入《中华人民共和国药典》中。其中蜂蜡具有良好的韧性和保温性，用于热疗有助于缓解病人的疼痛感。蜂蜡的天然活性分子使其具有抑菌的作用，可加速身体康复。在医药工业中，天然蜡常被用作药丸的外壳制品保护药丸，添加了蜂蜡的药丸壳可有效保存药物上百年。在现代医药领域，石蜡常被用于替代蜂蜡。

（3）工业领域

在工业领域，我国早在春秋时期就开始采用失蜡法铸造青铜器。首先将蜂蜡做成青铜器的模型，并用耐火材料制作模型的外壳，然后加热使蜂蜡熔化流失，最后向其中浇灌铜水铸成青铜器。在这种铸造过程中因少量蜂蜡残留并附着在青铜器表面，使其光泽更强，同时起到了隔绝空气的作用，避免青铜器生锈。这可能为烫蜡技术的应用提供了灵感。

（4）手工艺领域

中国少数民族的历史文化中，苗族蜡染服饰也是其中重要的一项手工艺，是我国非物质文化遗产。蜡染是先采用天然蜡在白布上作画，然后采用靛蓝染料进行染色。作画工具、防染剂、工艺不同，蜡染后的效果也各不相同，可出现各种各样的图案，同时能产生不同颜色、同色不同深浅等变化。采用甲基化热裂解-气相色谱/质谱联用技术对蜡类材料进行分析检测，推断出故宫旧藏清代紫檀木边座嵌玉人鹬鹩木山水图插屏中镶嵌珐琅构件所用的棕色蜡为蜂蜡，白色蜡为矿物蜡及少量蜂蜡。

1.2.2 天然蜡的研究进展

（1）成分和化学结构研究

对天然蜡的研究，主要集中在对其成分和化学结构的研究上。蜂蜡和虫白蜡均为动物蜡，都含有多种化学成分，可通过精细提取的方式对其中的活性成分进行分离。这些天然的活性成分在医学上有着重要作用，对人体疾病的治愈有潜在价值。同时通过红外光谱、X射线衍射仪、扫描电子显微镜等现代手段分别对天然蜡的分子结构、结晶结构、微观结构等方面进行了研究，并取得了一定的成果，可为天然蜡在医药、化妆品、木质材料等领域的应用提供理论依据。

（2）新材料的制备研究

现阶段，使用天然蜡制备天然蜡基油脂凝胶新材料是研究热点。天然蜡具有环保性，常用在化妆品和食品等对产品安全性要求较高的领域。在食品行业中，天然蜡常被用作食品添加剂，例如，应用天然蜡作为凝胶剂制作出的油凝胶常被用在面包的起酥油中，可以起到让面包更加疏松、色泽更佳等作用。同时，天然蜡作为疏水材料，常添加在可食性复合薄膜中，以增强可食性复合薄膜的表面疏水性，例如，将蜡作为涂膜剂涂覆在水果蔬菜表面，能够起到隔绝氧气、保鲜的效果。此外，将蜂蜡引入复合薄膜，能明显增强其对紫外线-可见光的阻隔作用，同时还能显著增强复合薄膜的表面疏水性能，不仅能够充分利用天然安全的蜂蜡资源，且制备方法简单可操作。

（3）产量和质量研究

通过对天然蜡理化性能的测试，可从多项指标对天然蜡的质量进行定量化控制。由于天然蜡的产量受环境因素的影响较大，因此提高产量和质量成为重点关注的问题。随着现代材料的发展，越来越多的添加剂被用于天然蜡的生产过程中，导致产物出现农药残留的情况，危害人体健康。可采用气相色谱/质谱对天然蜡的农药残留量进行检测和分析，为天然蜡的质量监控提供保障。

1.3 天然蜡在木材中的应用研究

1.3.1 天然蜡烫蜡技艺研究

天然蜡烫蜡木材装饰工艺在我国历史悠久，传统烫蜡技术是硬木家具表面防腐处理的一种简单而环保的方法。根据工艺特征的不同，明清硬木家具烫蜡工艺主要分为擦蜡、漆托蜡和烫戗搓三类。其中，尤以烫戗搓工艺最为考究。该工艺过程主要有基材打磨、熔蜡、布蜡、烫蜡、起蜡和擦蜡等工序。具体而言，首先要按照刮磨、水磨和精磨的操作顺序使用不同型号砂纸对木质家具表面进行打磨处理；其次采用木炭弓将固态的蜡块加热至完全熔化，同时根据家具构件的形状和大小选取适量熔化的蜡液在家具表面进行布蜡；再次一边用电炭弓烘烤涂有蜡的家具表面，一边用棉布揩擦，直至家具表面的蜡液完全渗入木材管孔为止；最后待家具表面的蜡液冷却凝固，使用蜡起子顺木材纹理方向铲去浮蜡，并用棉布整体揩擦，进行抛光处理。木质家具经过烫蜡处理后，蜂蜡会在木材表面和木材管孔内部形成薄的蜡膜。这层蜡膜不仅能够阻止木材表面与外部环境的直接接触，防止生物和微生物对木材的侵蚀，并且由于蜂蜡是一种疏水性的化合物，这层蜡膜还具有疏水性。此外，烫蜡时采用环保的蜂蜡还能满足现代生产中对环境友好的要求。

佟达对干磨砂纸粒度、水磨砂纸粒度、烫蜡量、起蜡时间和烘烤温度等烫蜡工艺参数进行了研究，以光泽度、粗糙度、纹理明显性、耐水性和耐磨性等性能指标分析确定了优化的工艺参数并对结果进行了验证。牛晓霆通过生产实践调研，总结了影响烫蜡质量的因素，并以工匠的实践经验为标准，对烫蜡工艺参数进行了优化。张丹和岳大然将两种天然蜡熔融制备了共混蜡，并对烫蜡木材表面性能进行比较研究，进一步优化了烫蜡性能。除此之外，宋晓雪和姚爱莹对染色烫蜡技艺的装饰效果进行了研究，进一步扩展了对烫蜡技艺的研究和应用。崔蒙蒙等比较分析了不同的打磨方式（刮刀刮磨与砂纸砂磨）和不同的蜡处理方式（光身烫蜡、溶剂型漆托蜡与水性漆托蜡）对木材试件表面粗糙度、光泽、纹理变化、附着力及耐光性的影响，并对试件表面性能进行了评定。

1.3.2 天然蜡对木材的保护作用

一些学者也尝试了对天然蜡进行改性研究（主要是对蜂蜡的研究），主要采用物理共混的方式添加助剂从而增强天然蜡的性能。

防止木材潮湿是木材处理的中心问题。云杉木材样品浸涂在桐油和天然蜂蜡的混合物中，在表面形成了一个微结构形貌，使表面具有较强的耐水性，静态水接触角可达到160°以上。无表面活性剂的巴西棕榈蜡与氧化锌通过层层自组装的方式沉积在木材表面，水接触角达到155°，处理木材的表面具有超疏水性。采用蜡和油共混的方法制备疏水表面成为研究的新趋势。矿物蜡中石蜡的应用最为广泛，石蜡浸渍木材的尺寸稳定性得到提高，通过添加助剂的形式还可提高木材的防腐、耐菌等性能；石蜡乳液和铜唑混合体系处理木材的吸水性高于纯石蜡乳液和纯铜唑乳液处理木材；采用气干和烘干两种干燥方式测试处理木材的收缩率和膨胀率，可知蜡含量越多，处理木材的收缩和膨胀越小。将石蜡或蒙旦蜡乳液与热改性相结合具有协同效应，可显著提高木材的疏水性、尺寸稳定性、弯曲强度、抗霉变和抗白蚁能力。此外，利用蜡乳液浸渍木材可以在较低的温度下进行，并且对蜡的需求量较低。用蜡乳液浸渍木材，如蒙旦蜡、聚乙烯蜡、乙烯基共聚物和氧化聚乙烯蜡，可以控制白腐病、褐腐病和蓝斑真菌，同时还可以降低木材的吸水率，其中聚乙烯蜡特别有效。另外，通过蒙旦蜡乳液和硼酸或树脂的复配使用，显著降低了暴露在潮湿条件下木材的平衡含水率，提高了其尺寸稳定性，并且其抗腐烂真菌性能得到了提升。

温度是影响天然蜡处理木材蜡膜质量的重要因素。由于天然蜡的熔点低，因此易受热软化，影响家具表面蜡膜的性能，进而减弱蜡膜对木材的保护，所以需要提高蜡的热稳定性，使其不易受热软化。将埃洛石纳米管（HNT）添加到蜂蜡中就能够提高蜂蜡的热学性能，改善木材表面蜡膜的性能。尽管添加HNT后蜂蜡的结晶度会有轻微的下降，但通过热力学分析可知，随着蜂蜡中HNT含量的增加，HNT/蜂蜡复合材料的稳定性和力学性能有所提升。通过研究发现，这种复合材料很可能会被应用在考古木材的加固处理中。

紫外线是影响涂饰材料表面质量最重要的因素，研究人员针对耐光老化性能进行了研究。Ren等通过共混纳米二氧化钛、壳聚糖、酸性染料和中性染料对蜂蜡进行了改性，并制备了压缩杨木烫蜡木材，改善了压缩杨木的耐紫外线性能。郭伟等研究了纳米材料对烫蜡木材性能的增强作用，通过纳米二氧化硅改性蜂蜡有效增强了烫蜡木材表面对紫外线的耐久性和疏水性，并且通过纳米氧化锌改性蜂蜡改善了烫蜡木材的表面颜色稳定性、疏水性和抗菌性。Liu等通过利用紫外线人工加速老化和模拟自然老化两种老化试验比较了天然蜂蜡与虫白蜡涂饰对木材表面老化行为的影响，结果表明蜂蜡的老化影响相比虫白蜡更明显。Capobianco等通过在受控环境中的人工加速老化试验研究了蜂蜡涂层下木材表面的变化，采用反射光谱、FTIR 光谱和高光谱成像对不同时间间隔老化引起的颜色和化学变化进行测试，结果表明蜂蜡对长时间曝光的木材光降解的保护作用很低，长时间暴露后木质素完全降解，保护作用只在短时间内起作用，略微减少了颜色变化。

1.4　木材的环境学特性

1.4.1　木材的视觉特性

木材的颜色、光泽和纹理是其主要的视觉特征。

（1）颜色

木材和其他非透明物体的颜色主要由它们本身的反射光谱特性决定，它们选择性地吸收一部分波长的光，而反射其余波长的光，呈现波长的选择性。不同种类的木材对光谱选择性吸收的情况并不相同，所以具有各种各样的色调。木材表面的材色通常由多种组分的颜色混合而成，但不同颜色的木材，其细胞壁的主要成分却没有明显的颜色差异。使不同木材呈现不同颜色的主要原因是各种沉积在细胞腔中、渗透在细胞壁上的色素、单宁、树脂等物质。其中，色素可以溶解在水或有机溶剂中。

（2）光泽

光泽指的是光线在木材表面反射时呈现的光亮度，通常使用仪器测量得到光泽度，即反射光强度占入射光强度的百分比来定量材料表面光泽的强弱程度。光泽的强弱与树种、表面平整程度、木材构造特征、侵填体和内含物、光线入射角度、木材切面的方向等因素有关。由于木材的各向异性，平行于纹理反射的光泽强于垂直于纹理反射的光泽。实际上木材的反射包括表面反射和内层反射。反射光有一部分为空气与物体的界面反射，这部分称为表面反射；另一部分光通过界面进入内层，在内部微细粒子间形成漫反射，然后经过界面反射形成反射光，这部分称为内层反射。内层反射实际上是非常靠近表面层内部微细粒状物质间的扩散反射，与表面反射相比更接近于均匀扩散。未涂饰木材的反射率通常比漆膜大得多，经实验证明未经涂饰的木材表面具有独特的光泽。木材素材这种特有的反射特性接近于均匀扩散，比较柔和。

（3）纹理

木材的纹理指构成木材主要细胞（纤维、导管、管胞等）的排列方向。纹理分为直纹理、斜纹理等。直纹理木材轴向细胞的排列方向基本与树干长轴平行，强度高，易加工，花纹简单。斜纹理木材轴向细胞的排列方向与树干长轴不平行，强度低，不易加工。其中一些花纹美丽，可在室内装饰和家具中发挥特殊作用，如螺旋纹理、交错纹理和波浪纹理。

1.4.2　木材的触觉特性

（1）冷暖感

用手触摸材料表面时，界面间的温度变化会刺激人的感觉器官，使人感觉到寒冷或温暖。冷暖感是由皮肤与材料间的温度变化以及垂直于该界面的热流量对人体感觉器官的刺激结果决定的。木材的自身热导率会影响热量在木材中传导时的热流量密度、热流量速度，以及皮肤与木材接触界面间的温度变化，木材的冷暖感和木材热导率的对数基本呈线性关系，热导率小的材料呈温暖触感，热导率大的材料如混凝土等呈凉冷感觉。

（2）粗滑感

粗滑感是指由粗糙度引起的刺激和感觉，是由物体表面上微小的凹凸程度决定的。木材细胞组织的构造与排列赋予了木材表面粗糙度，加工效果的好坏很大程度上影响木材的粗滑感。针叶材和阔叶材粗糙度的主要影响因素不一致，阔叶材的粗糙感主要来自木材的年轮宽度，其表面粗糙度对粗糙感起作用。用手触摸材料时摩擦阻力的大小及其变化是影响表面粗糙度的主要因子，摩擦阻力小的材料表面感觉光滑。针叶材和阔叶材表面是否光滑均取决于木材表面的解剖构造，如早晚材的交替变化、导管大小与分布类型、交错纹理等。在顺纹方向上针叶材的早晚材光滑性不同，晚材的光滑性好于早材。

（3）软硬感

木材表面具有一定的硬度，多数针叶材的硬度小于阔叶材，不同树种、同一树种的不同部位、不同断面的木材硬度差异很大，因而有的触感较软，有的触感较硬。针阔叶材均是端面硬度高于侧面，弦向硬度略高于径向。在漆膜测试中，漆膜的硬度和抗冲击性这两项指标与木材的硬度有直接关系，当木材硬度较高时，漆膜的相对硬度也较高。涂饰木材表面经常出现划痕，既有漆膜硬度较低的原因，也有木材本身强度低的原因。

1.4.3　木材的调节特性

（1）温度

木材可对温度进行调节，夏季木材具有隔热性能，冬季具有保温性能，这与木材的热性质息息相关。木材是多孔性材料，属于热的不良导体，并且木材的热学性质和其含水率、密度等因素有很大关系。所以，木材常在建筑中用作保温隔热材料。木质建筑在夏天时具有隔热作用，冬天时具有保温特性。

（2）湿度

湿度是影响人体健康的因素之一，湿度过低和过高都会引起人们身体不适，所以室内保持适当的相对湿度很有必要。木材能通过吸收或释放水分来调节室内的湿度，即木材的吸着和解吸现象。当室内湿度升高时，木材吸附空气中的水分，进行吸湿；当室内湿度降低时，木材又会将吸附的水分向外界释放，进行解吸，从而与外界环境达到平衡状态。但是木材对湿度的调节与木材量有关，木材量过少时其调节能力较弱。

（3）生物调节特性

木质环境对人的心理影响：木材量增多时，温暖感上升，舒畅感上升，可在一定程度上减轻心理抑郁；木质环境对人的生理影响：运用主观检测和客观指标检测的方法进行检测，可知木质环境有利于人的生理健康。人的视觉与心理、生理反应存在 $1/f$ 涨落的潜在规则，当具有 $1/f$ 波谱涨落特征的物体的涨落与人体生物钟的涨落吻合时，与这样的物体相处能让人感到舒适，因此在木质建筑中居住的人寿命更长，心情更舒畅。人体对紫外线较为敏感，木材中的木质素可以吸收阳光中的紫外线，降低紫外线对人体的伤害，同时木材能够反射红外线，增加温暖感。不同种类的木材具有独特的气味和滋味。气味主要来自木材细胞腔中的树脂、树胶、单宁以及各种挥发物，给人舒适感，可缓解精神紧张，从而有利于人的生理和心理健康。

1.5　天然蜡烫蜡木材评价研究

1.5.1　单指标评价

木材涂饰通常采用单指标进行评价，主要是对不同类型的方法或者涂料的单一涂饰性能进行评价，根据国家标准对其性能进行评级，比较优劣。

崔蒙蒙等对传统烫蜡工艺与现代漆托蜡工艺涂饰方法的涂饰性能进行了评价，分别比较了涂饰木材的理化性能、附着力、抗冲击性能，得出传统烫蜡涂层表面除附着力与抗冲击性能优良外，其他理化性能均较差，漆托蜡硬木家具表面的理化性能较一般油漆涂层的差，但漆托蜡家具表面的附着力与抗冲击性能优良，将这两项定为"基本要求，不低于1级"。

有学者对清漆的涂饰性能进行了评价，采用丙烯酸水性清漆和聚氨酯溶剂型清漆对进口桃花心木和蒙达利松木材进行涂饰，分别比较了不同木材涂饰不同种类漆后的差异，并评价了漆膜性能。结果表明两种木材经清漆涂饰后色饱和度和总体色差均不同程度地增大，光泽度值均增大，其中聚氨酯溶剂型清漆涂饰后的木材总体色差值略大、光泽度更高；两种木材表面漆膜的性能达到国家标准 GB/T 4893 的一级或二级要求，且聚氨酯溶剂型清漆涂饰漆膜的硬度更大，丙烯酸水性清漆涂饰漆膜的附着力更强。

1.5.2 多指标评价

在涂饰性能方面有学者采用多指标进行了探索研究。

郭伟采用综合评价的方式对纳米改性蜂蜡烫蜡樟木材的性能进行了评价，利用层次分析法确立了樟木材烫蜡性能评价体系，在德尔菲调查法调查结果的基础上，得出了各评价指标的权重系数，建立了樟木材烫蜡性能综合评价模型，旨在得到纳米材料改性樟木材烫蜡质量的优化方案。

有学者采用多层次模糊综合评价法研究了如何对改性竹丝装饰材性能进行综合评价，首先采用层次分析法获得改性竹丝装饰材多个评价指标因素的权重，然后通过模糊综合评价方法得出改性实验空白组、阻燃组和防霉-阻燃组的评价值。其中，空白组竹丝装饰材的评价结果处于"一般"范围内，阻燃组和防霉-阻燃组的评价结果处于"良好"范围内。此评价法成功得出了改性产品的性能优劣。

目前研究者正尝试采用机器学习的方式进行性能评价和预测，识别木材种类、木材缺陷等，如采用多种机器学习方法通过识别木材的宏观和微观图片来鉴别黄檀和黄檀属木材。采用神经网络和支持向量机可以对木材的物理、力学性能进行预测，有的学者根据声学性能与声学品质的关系建立了预测模型，还有的学者建立了高温高压蒸汽改性木材的力学性能预测模型，都得到了很好的结果。

1.6 存在的问题

① 蜂蜡和虫白蜡作为天然蜡在医药、化妆品、食品等领域都有广泛的应用，且获得了良好的使用价值和巨大的潜力。天然蜡用于木材逐渐受到人们的关注，符合现代环保的理念。学者对天然蜡的研究主要集中在产量质量的提高、医药价值和性能的应用等方面，但是对天然蜡自身化学结构的研究还较少。

② 烫蜡技术作为一种较为环保的木材保护方法，重新获得了人们的关注，故现代家具企业采用蜂蜡与川蜡复配天然蜡来替代纯蜂蜡进行家具烫蜡处理。

但在目前的实际生产中，对烫蜡装饰工艺参数的控制仅靠工匠的个人经验，人为因素影响较大，产品质量不可控。

③ 针对天然蜂蜡化学结构的极性研究以及其与木材表面及界面结合机制等方面的研究尚未见相关报道，因此，测定和分析天然蜂蜡的特性、化学结构与蜂蜡烫蜡木材的性能特点，制备适合木材用的合成蜡替代天然蜡，揭示天然蜡与木材的表面及界面结合机理，提出优化的合成蜡烫蜡木材装饰技术，还需要进行大量的实验研究和理论分析。

④ 传统使用天然蜂蜡烫蜡处理方法对木材表面进行防护，虽然在一定程度上提高了木材的装饰性、疏水性、尺寸稳定性和抗霉变等性能，但是在实际使用中，蜂蜡烫蜡木材在各种环境因素的影响下经常出现变色、防水效果减弱以及蜡层脱落等问题。这些缺点严重影响了烫蜡木材的表面装饰效果，限制了烫蜡木材的使用。现有的文献资料表明，天然蜡涂饰对木材光降解的保护作用有限。

⑤ 在目前的实际生产中，烫蜡木材装饰质量至今没有形成具有科学理论依据的品质评定体系，完全依靠人肉眼看和手摸来评定，导致生产不同批次时，产品装饰质量难以满足市场需求。若要建立天然蜡烫蜡木材性能综合质量评定体系，还需要进行大量的实验研究和理论分析。

2

天然蜡性质

蜂蜡是传统烫蜡技术的主要材料。蜂蜡和虫白蜡都为动物蜡，但蜂蜡质软，虫白蜡质硬。考虑到不同气候下木质家具所需的蜡膜硬度不同，烫蜡时需要将蜂蜡和虫白蜡按照相应的比例进行调配。本章分别对蜂蜡和虫白蜡的来源、理化特性、特征官能团、结晶结构、热学性质、熔融行为进行了概述。

2.1 蜂蜡

蜂蜡（beeswax），蜡鳞和工蜂上颚腺分泌物的混合物，又被称为黄蜡、蜜蜡。蜡鳞为工蜂蜡腺的分泌物。

根据蜜蜂的品种，蜂蜡又分为西蜂蜡和东方蜂蜡。西蜂蜡，西方蜜蜂分泌的蜂蜡。东方蜂蜡，东方蜜蜂分泌的蜂蜡。在国内生产的东方蜂蜡通常称为中蜂蜡。本书所用的蜂蜡为西蜂蜡。

2.1.1 蜂蜡来源

蜂蜡来源如图 2-1 所示。

（1）蜜蜂筑巢

蜂巢是蜂群繁衍生息、储存食物的巢窝，系工蜂泌蜡筑造，由一片或多片与地面垂直、间隔并列的巢脾构成，巢脾上布满巢房。在正常的蜂群里参与泌蜡造脾的绝大多数是 12～18 日龄的青年工蜂，其蜡腺最发达，分泌蜡的能力最强。工蜂在一定巢温（33～36℃）条件下食用大量蜜汁后分泌物质生成蜡

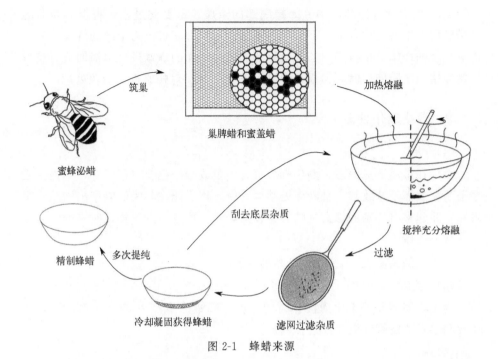

筑巢

巢脾蜡和蜜盖蜡

加热熔融

蜜蜂泌蜡

搅拌充分熔融

刮去底层杂质

过滤

精制蜂蜡

多次提纯

冷却凝固获得蜂蜡

滤网过滤杂质

图 2-1 蜂蜡来源

鳞，然后用后足基跗节上的硬刺戳取蜡鳞送到上颚进行咀嚼，使之与上颚腺的分泌液混合，使蜡鳞成为具可塑性的小蜡团，然后用以造脾，最后将此分泌物制成巢房。

（2）收集蜂蜡

蜂蜡的收集时间为每年春天。蜂蜡的来源主要是蜜蜂筑巢的巢脾，其收集方法为将不适合培养蜜蜂的巢脾（颜色为黄色）直接进行切割收集。在巢脾上方筑有封盖，用于保护蜂蜜，为蜜盖蜡。取蜂蜜前需先把蜂巢表面的封盖用刀刮除，收集起来。这种蜡相对纯净，颜色较浅。蜂蜡产量低，需要长期收集。

（3）清除杂质

蜂巢是蜜蜂居住、储存食物、繁衍等的场所，所以蜂巢中还有花粉、蜂胶、蜂蜜、茧衣、粪便、灰尘等物质，在蜂蜡使用前需要清除杂质。一般清除杂质的方法为：首先将从蜂巢上收集的蜂蜡直接放入装有热水的容器中，使蜂蜡熔融，此时蜂蜡浮于水上；然后采用滤网趁热捞出熔融蜂蜡中的残渣，对蜂蜡进行过滤；最后蜂蜡冷却凝结成块，获得能够使用的蜂蜡粗品。

（4）蜂蜡精制

将清除杂质之后的蜂蜡再次放入盛有足量水的容器中加热至沸腾，不停地搅拌 1h，然后静置冷却，刮除蜂蜡底部的杂质。重复此过程，直至凝固后的蜂蜡底层无不溶杂质，上、下层颜色基本一致，即获得较为干净的蜂蜡。为获得更纯净的蜂蜡，可再采用乙醇对得到的较为干净的蜂蜡进行水浴回流，获得精制蜂蜡。实际使用时，如果有必要可采用 H_2O_2 对蜂蜡进行脱色处理。

2.1.2　蜂蜡理化性能

（1）外观

蜂蜡在常温下呈固态，颜色有淡黄、中黄或暗棕色及白色不等，不透明或微透明；表面呈波纹状，且断面处结构紧密，用手能在其表面剥落出结晶状小颗粒；闻起来有特殊的蜂蜜气味和芳香的味道，质软，用手揉搓时易变形。

（2）杂质

一级品的杂质≤0.3%，二级品的杂质≤1.0%。

（3）熔点

熔点为固体开始熔化为液体时的温度。蜂蜡的熔点为 62.0～67.0℃，使用提勒熔点测定管和温度计进行测定。

（4）折射率

折射率是有机化合物的一个重要常数，它是液体化合物纯度的标志，可用于定性鉴定。常用阿贝折光仪测定物质的折射率。蜂蜡的折射率（75℃）为1.4410～1.4430。

（5）酸值

酸值又称酸价，表示中和 1g 油脂中的游离脂肪酸所需的氢氧化钾的毫克数。酸值是对化合物（例如脂肪酸）或混合物中游离羧酸基团数量的一个计量标准。根据中华人民共和国国家标准 GB/T 24314—2009《蜂蜡》可知，蜜蜂的品种不同蜂蜡的酸值也不同，分别为 5.0～8.0mg/g（东方蜂蜡）和 16.0～23.0mg/g（西蜂蜡）。

（6）皂化值

皂化值指皂化 1g 试样所需的氢氧化钾的质量（mg）。脂肪或油经碱处理而转化为肥皂的过程称作皂化。皂化值可用来估计油脂中所含化合的脂肪酸的性质和游离脂肪酸的数量。蜂蜡的皂化值为 75.0～110.0mg/g。

（7）酯值

酯值指皂化化合部分的脂肪酸所需的氢氧化钾的毫克数。酯值＝皂化值－酸值，它是油类的特性常数之一。蜂蜡根据品质分为一级品和二级品，一级品蜂蜡中，东方蜂蜡的酯值为 80.0～95.0mg/g，西蜂蜡的酯值为 70.0～

80.0mg/g；二级品的酯值略低，东方蜂蜡为 70.0～79.0mg/g，西蜂蜡为 60.0～69.0mg/g。

2.1.3 蜂蜡特征官能团

图 2-2 显示了蜂蜡的 FTIR 光谱特征。蜂蜡是一种复杂的有机混合物，由多种化合物组成，在蜂蜡的 FTIR 光谱中观察到的主要特征谱带与其结构中的碳氢化合物、酯类和游离脂肪酸有关。在 2916cm^{-1}（肩峰在 2955cm^{-1}）和 2848cm^{-1} 处出现的强峰归属于脂肪族亚甲基（—CH$_2$—）和甲基（—CH$_3$）的 C—H 不对称和对称伸缩振动。出现在 1473cm^{-1} 和 1463cm^{-1} 附近的吸收峰归属于—CH$_3$ 和—CH$_2$—的弯曲振动。730cm^{-1} 和 719cm^{-1} 附近的吸收峰归因于—CH$_3$ 和—CH$_2$—的面内摇摆振动。1736cm^{-1} 的峰归属于酯中非共轭羰基的伸缩振动，1712cm^{-1} 的峰代表游离脂肪酸中非共轭羰基的伸缩振动，1170cm^{-1} 的峰代表酯中的 C—O 振动。

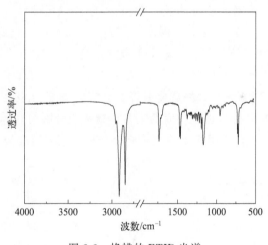

图 2-2　蜂蜡的 FTIR 光谱

2.1.4 蜂蜡结晶结构

蜂蜡为非晶体，但是具有明显的晶体结构。图 2-3 为蜂蜡的 X 射线衍射（XRD）谱图。由蜂蜡的 XRD 曲线可以观察到，蜂蜡在 $2\theta = 21.3°$ 和 23.6°处出现了两个强烈而清晰的分离峰。在光学显微镜下可观察到蜂蜡小的比较密集的针状结晶。

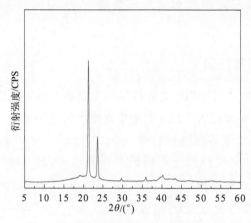

图 2-3　蜂蜡的 XRD 谱图

2.1.5　蜂蜡热重分析

图 2-4 显示了蜂蜡的热重曲线（TG）和微商热重曲线（DTG 曲线）。试验过程中升温速率为 10℃/min，温度范围为 30～600℃。TG 曲线表示蜂蜡重量随着温度的变化，DTG 曲线表示蜂蜡重量变化速度随着温度的变化。由 TG 曲线可知，开始降解温度（$T_{5\%}$）为 239.67℃。由 DTG 曲线可知，在温度<100℃时，出现第一个热失重速率峰，对应的温度为 88.2℃，说明蜂蜡中的小分子物质开始分解；随着温度的上升，蜂蜡充分降解，其最大热失重速率对应的温度为 385℃，说明蜂蜡在此时充分分解；结束温度为 468℃。

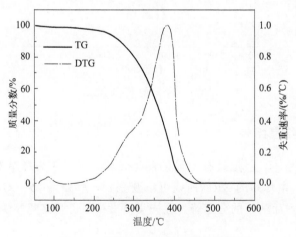

图 2-4　蜂蜡的 TG 和 DTG 曲线图

2.1.6 蜂蜡熔融行为分析

将结晶聚合物加热到一定温度，结晶将熔融，最终全部转化为无定形的高分子熔体。把高分子结晶完全熔化时的温度称为熔点，记做 T_m；把高分子结晶从开始熔化到熔化完全的温度范围称为熔限。采用差示量热扫描仪（DSC）测试蜂蜡的熔融曲线和结晶曲线，温度范围为 $20\sim100℃$，升温速率为 $10℃/$min，DSC 曲线上的峰可以表明蜂蜡在物理化学变化中发生的吸热、放热等信息，并由此判断出蜂蜡的熔融温度和结晶温度。图 2-5 显示了蜂蜡的热流和温度之间的 DSC 曲线。DSC 升温曲线取自第二次加热扫描，以消除热历史。从图 2-5 中可以观察到，蜂蜡在 64℃ 表现出一个主峰（主峰是由固-液的转变所致），并且在温度较低的地方（54.6℃）表现出一个肩峰（肩峰可归因于固-固转变）。在降温过程中出现两个结晶峰，分别是 58.34℃ 和 52.5℃。

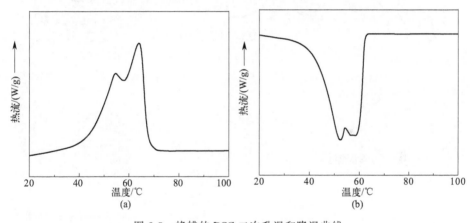

图 2-5 蜂蜡的 DSC 二次升温和降温曲线

2.2 虫白蜡

根据中华人民共和国林业行业标准 LY/T 2399—2014 可知，虫白蜡（insect white wax）是以白蜡虫二龄雄幼虫分泌物蜡花为原料，经过加工而成的天然生物蜡的总称，又被称为虫蜡。由于其主要产于四川，又称川蜡，在国际上还被称为中国蜡。

虫白蜡的主要成分包括长链酯类、脂肪酸、长链烃等物质。根据原料的不同，虫白蜡又分为头蜡、二蜡和混合蜡三种。

头蜡是以白蜡虫二龄雄幼虫分泌物蜡花为原料，经首次初级加工而成的虫白蜡。

二蜡是将首次初级加工而成头蜡后的蜡渣和蜡虫尸体，经再次加工而成的虫白蜡。

混合蜡是将头蜡和二蜡以不同比例混合，加水熬制至熔化而成的虫白蜡。

本书采用的虫白蜡为四川省峨眉的虫白蜡头蜡。

2.2.1 虫白蜡来源

虫白蜡来源如图 2-6 所示。

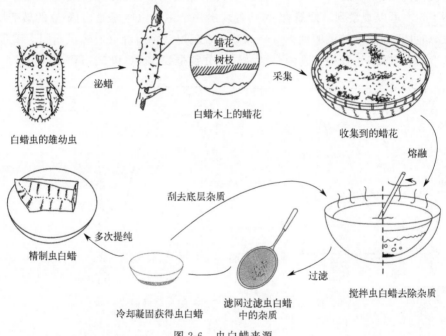

图 2-6　虫白蜡来源

（1）蜡虫泌蜡

白蜡虫主要寄生在木犀科女贞属女贞树上，少量寄生在白蜡属白蜡木上，这些树因产蜡的原因全被称白蜡木。因气候的影响，虫白蜡的产地主要分布在陕西、湖南、四川等地。白蜡虫属同翅目蜡蚧科昆虫，其雄幼虫可在寄主树上分泌蜡质，蜡质连在一起将树枝包裹，在其表面形成一层白色的蜡，即蜡花。

（2）收集蜡花

一般在 8～9 月份采集蜡花。当蜡花表面开始出现雄成虫伸出的白色尾丝时，大部分雄虫不再泌蜡，蜡花成熟，即可采集。在湿润状态下蜡花容易采集完全，最好在阴天、小雨或者晴天的早晨进行采集。采集时采用直接砍枝的方式，如果是壮龄树的 1~2 年的树枝，可采用留枝的方式进行取蜡。

（3）清除杂质

由于树枝是白蜡虫的主要活动场所，因此白蜡虫分泌的蜡质中含有白蜡虫的尸体、粪便、灰尘等物质，在虫白蜡使用前需要清除杂质。一般清除杂质的方法为，先将蜡花直接放入装有热水的容器中煮沸使之熔融，这时虫体下沉，蜡质浮于表面，趁热采用滤网捞出杂质；然后将浮于上层的虫白蜡趁热过滤取出，其冷却后凝结成块，获得虫白蜡头蜡，即可使用。白蜡虫尸体和蜡渣再次加工后即成二蜡。

（4）虫白蜡精制

将清除杂质之后的虫白蜡再次放入盛有足量水的容器中加热至沸腾，充分搅拌，然后静置冷却，刮除虫白蜡底部的杂质。重复此过程，直至凝固后的虫白蜡底层无不溶杂质，上、下层颜色基本一致，即获得精制虫白蜡。实际使用时如果有必要可采用 H_2O_2 进行脱色处理。

2.2.2 虫白蜡理化性能

（1）外观

虫白蜡在常温下呈固态，颜色为白色或微黄色，表面光滑有光泽，无明显杂质，断面有针状或条状结晶，闻起来有蜡香，质硬且脆。

（2）熔点

虫白蜡的熔点为 81~84℃。其中头蜡的熔点为 82~84℃，混合蜡为 81~84℃，二蜡为 81~83℃。

（3）酸值

根据中华人民共和国林业行业标准 LY/T 2399—2014 对虫白蜡的酸值进行测定，可知虫白蜡中头蜡的酸值≤0.8mg/g，混合蜡的酸值≤1.0mg/g，二蜡的酸值≤1.2mg/g。

（4）皂化值

虫蜡的皂化值（以 KOH 计）为 65~90mg/g。其中头蜡为 65~80mg/g，混合蜡为 70~85mg/g，二蜡为 75~90mg/g。

（5）碘值

碘值为 100g 样品所吸收的碘的质量（g）。它是表示有机物不饱和程度的一种指标，碘值愈大，不饱和程度愈大。虫白蜡的头蜡碘值为≤3.0g/100g，混合蜡碘值为≤6.0g/100g，二蜡碘值为≤9.0g/100g。

2.2.3 虫白蜡特征官能团

虫白蜡的主要成分为长链脂肪酸、脂肪醇和脂肪酯。从图 2-7 中可看出，在饱和碳氢的伸缩振动区域 $2900cm^{-1}$ 附近有 3 个吸收强度很大的峰，$2955.5cm^{-1}$ 处为 $-CH_3$ 的特征峰，$2918.2cm^{-1}$ 和 $2949.2cm^{-1}$ 处为 $-CH_2$ 的特征峰，即虫白蜡中饱和烷烃的 $-CH_2$ 和 $-CH_3$ 伸缩振动峰，通过吸收强度可知 $-CH_2$ 的数目远大于 $-CH_3$ 的数目。由于 $-CH_2-$ 不能单独存在，需与其他 $-CH_2-$、$-CH_3$ 等基团相连，$-CH_2-$ 的数目多说明 $-CH_2-$ 之间产生了较多相连，因此可知虫白蜡中包含长链碳结构，表明虫白蜡中含有烃类结构。$1732cm^{-1}$ 处出现强的尖锐的峰，为羰基伸缩振动吸收峰，说明虫白蜡中含有一种羰基化合物，且含量较高，推测为含羧基、羰基或酯基的化合物。$1472cm^{-1}$ 和 $1462cm^{-1}$ 处出现吸收强度中等的尖锐峰，$1416cm^{-1}$ 处峰较弱，为虫白蜡中饱和烷烃的 $-CH_2$ 和 $-CH_3$ 弯曲振动。$1399.6cm^{-1}$ 和 $1377cm^{-1}$ 处的峰为甲基的特征峰，这与 $2918cm^{-1}$ 附近的碳氢键伸缩振动相对应。$1377\sim1178.7cm^{-1}$ 处出现一系列锯齿状吸收峰，是饱和碳链 C—C—C—C 的骨架振动峰，说明虫白蜡中有一系列长碳链化合物。$1178.7cm^{-1}$、$1116cm^{-1}$、$1061cm^{-1}$ 处可能为 C—O 键的伸缩振动峰，推测虫白蜡中含醇类化合物；同时此频率范围内存在 C—N 键振动，推测有含 N 化合物。$730cm^{-1}$、$720cm^{-1}$ 处两个特征峰为芳香烃碳氢面外弯曲振动峰，说明虫白蜡中含有芳香化合物。

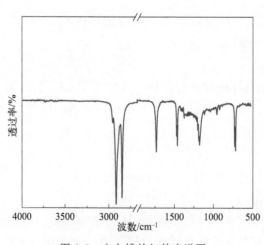

图 2-7 虫白蜡的红外光谱图

2.2.4 虫白蜡结晶结构

虫白蜡为非晶体，但是具有明显的晶体结构。图 2-8 为虫白蜡的 X 射线衍射谱图。由虫白蜡的 XRD 曲线可以观察到，虫白蜡的 XRD 曲线与蜂蜡相似，虫白蜡在 $2\theta=21.5°$ 和 $23.8°$ 处出现两个强烈而清晰的分离峰；不同之处是虫白蜡在低角度衍射时有多个衍射强度相对较低的峰。在光学显微镜下可观察到虫白蜡的针状结晶。

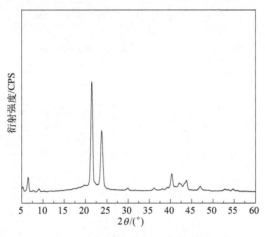

图 2-8   虫白蜡的 XRD 衍射谱图

2.2.5 虫白蜡热重分析

图 2-9 显示了虫白蜡的热重曲线和微商热重曲线。试验过程中升温速率为 $10℃/min$，温度范围为 $30\sim600℃$。由 TG 曲线可知，开始降解温度（$T_{5\%}$）为 $306℃$；随着温度的上升，虫白蜡充分降解。由 DTG 曲线可看出，其最大热失重速率对应的温度为 $413.8℃$，说明虫白蜡在此时充分分解；结束降解的温度为 $475.8℃$。与蜂蜡相比，虫白蜡的开始降解温度、结束降解温度和最大热失重速率对应的温度均较高，所以虫白蜡耐热性更好。

2.2.6 虫白蜡熔融行为分析

图 2-10 为虫白蜡的热流和温度之间的 DSC 曲线。DSC 升温曲线取自第二次加热扫描，以消除热历史。从图 2-10 中可以观察到，虫白蜡在 $83.4℃$ 表现出一个主峰（主峰是由固-液的转变所致），并且在温度较低的地方（$54.6℃$）表现出一个肩峰（肩峰可归因于固-固转变）。在降温过程中出现两个结晶峰，

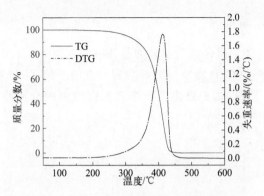

图 2-9　虫白蜡的热重曲线和微商热重曲线

分别是 77.9℃和 52.5℃。

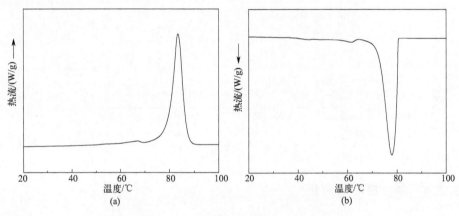

图 2-10　虫白蜡的 DSC 升温和降温曲线

3

天然蜡烫蜡技艺与
表面性能优化

烫蜡作为一种传统的硬木家具表面装饰方法，与现如今所使用的涂饰工艺有同样的使木质材料表面防腐蚀的作用。烫蜡可在木质材料表面形成一层耐水性、耐冷液性、耐冷热温差性和耐霉菌性等都很好的保护膜，防止木质材料家具表面长时间暴露于空气中，避免空气中的水分、菌类、气温温差变化和生活中使用的酸碱性液体对木质材料表面直接侵蚀，使其不致很快腐烂，从而延长了木质材料家具的使用寿命，间接地节约了木质材料。本章以木质材料为研究对象，运用正交试验法和比较分析法，对木质材料天然蜡和合成蜡烫蜡的耐水性、耐冷液性、耐冷热温差性和耐霉菌性进行研究，得出了天然蜡和合成蜡的烫蜡性能技术优化工艺，使得木质材料表面防腐蚀性能最为优越。

3.1 材料与工具

3.1.1 材料

（1）蜡

蜂蜡、虫白蜡和石蜡，市购。

（2）助剂

松香，松科植物中的一种透明、淡黄色或棕色的油树松脂，主要成分为 $C_{19}H_{29}COOH$，熔点 110～135℃，常用作助剂，可提高粘接强度。

染料，直接或经媒染剂作用能附着在各种纤维和其他材料上的有色物质。矿物染料可使木材颜色均一。

（3）木材

传统烫蜡技术采用的木材为红酸枝、黄花梨、紫檀、乌木、鸡翅木等名贵木材，均为阔叶材，还有少量的硬杂木。本书采用的木材为实木家具中常用的硬杂木，如中国常用的榆木、核桃楸和水曲柳木材，并对云杉和松木针叶材进行了尝试。木材在使用前应通过气干干燥的方法使其平衡含水率保持恒定。

3.1.2 工具

（1）熔蜡配蜡工具

熔蜡时常采用炭盆加热，为防止加热温度过高，可使用隔水加热的方法将蜡熔融，如图 3-1(a) 所示。现代熔蜡工具更加多样化、智能化，可采用加热磁力搅拌器进行熔融和转子搅拌（其显示屏可实时显示温度，温度可控；通过磁力搅拌的方式采用转子搅拌熔融蜡，可使加热更加均匀），如图 3-1(b) 所示。

 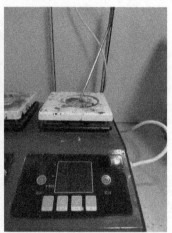

(a) 水浴锅   (b) 控温磁力搅拌器

图 3-1　熔蜡配蜡工具

（2）表面砂光工具

古代常采用木贼草用于木制品表面打磨。木贼草的外形为一节一节的，且表面粗糙，又被称为锉草、擦草，是天然的打磨材料，可在保证部件光滑的前提下不伤雕刻纹饰，如图 3-2(a) 所示。

现代主要采用砂纸作为打磨材料，根据目数的不同分为多种型号，目数越大，砂纸打磨效果越好，如图 3-2(b) 所示。根据打磨方式砂纸打磨分为手工打磨和机械打磨。手工打磨可直接打磨，还可采用砂纸架进行打磨，如图 3-2

（c）所示。机械打磨常用手持砂光机通过快速震动的方式进行打磨，打磨速度更快，适合大面积实木平面，如图 3-2（d）所示。

(a) 木贼草

(b) 砂纸

(c) 砂纸架

(d) 手持砂光机

图 3-2　砂光工具

（3）布蜡工具

常采用鬃刷或板刷在木制品表面进行布蜡和抖蜡操作，如图 3-3 所示。

（4）表面烫蜡工具

古代烫蜡工具为木炭弓，又称炭壶斗，如图 3-4（a）所示。使用时需在其中放入烧红的木炭，通过在木制品上方移动炭壶斗，利用炭壶斗释放的热量对木材表面进行烫蜡；烫蜡过程中温度不易控制，需多次换炭，不方便。随着时代的发展，演变为采用电炭弓和热风枪进行烫蜡。热风枪是通过发热丝发热升高温度，采用风扇送出热风对木制品表面进行加热，如图 3-4（b）所示。热风枪热力相对集中，同时吹出的热风还能带动蜡液流动，因此更适合用在雕刻的部位。电炭弓如图 3-4（c）所示，又叫电拍子，是使用电炉丝以电发热的方式进行烫蜡。

图 3-3 布蜡工具

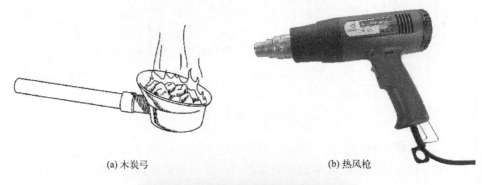

(a) 木炭弓   (b) 热风枪

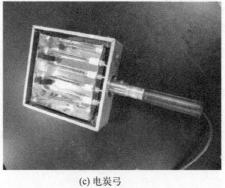

(c) 电炭弓

图 3-4 烫蜡工具

（5）起蜡工具

如图 3-5 所示，起蜡工具常采用扁端头的片状物，俗称蜡起子，如牛角刀、竹片刀等。在进行起蜡操作时起蜡工具的扁端头应与木材表面呈一定的角度向前移动，力度要适中。

图 3-5　起蜡工具

（6）表面抛光工具

烫蜡木材表面常采用不掉毛的棉布进行手工抛光，如图 3-6 所示。机械抛光常用抛光机，但是由于抛光机在抛光过程中转速过快，会产生热量将试件表面的蜡软化，不能达到使表面平整光滑的目的，因此在天然蜡烫蜡木材表面不适用机械抛光。

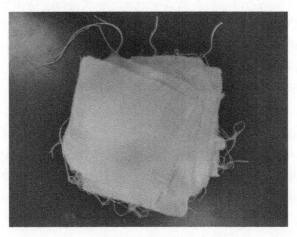

图 3-6　抛光工具

3.2 天然蜡烫蜡技艺

3.2.1 烫蜡性能影响因素

（1）木材性质

不同木材的性质不同，木材的材质特性对烫蜡性能的影响很大，例如密度大的木材烫蜡时所需的蜡量就少，烫蜡工艺也会有所不同。

（2）打磨方式

表面粗糙度对烫蜡质量影响较大，表面粗糙度越小，光泽度越大。干磨和水磨以及砂纸的目数都对烫蜡木材的光泽有很大影响。

（3）蜡的配比

蜡的配比是烫蜡中较为关键的步骤，在天然蜡烫蜡过程中常根据不同季节环境中温度不同的特点，将蜂蜡和虫白蜡按照不同配比共混制作出适用于不同季节的共混蜡。

（4）烫蜡条件

布蜡量、烫蜡温度、烫蜡时间、抛光等因素均会影响产品质量，只有掌握所有的烫蜡性能影响因素，才能使烫蜡木材表面完好、性能均一，且不会出现深浅不一或烫焦的情况。

3.2.2 表面打磨过程

当木材中的抽提物沉积在木材表面时，会污染木材的表面，并在界面处形成障碍，降低木材的润湿性，不利于涂层在木材表面的流动和润湿，导致结合强度低。根据机械结合理论可知，液态物质固化成膜后，在膜与基材表面的缝隙或凹陷处形成的界面区产生啮合连接。因为木材为多孔结构，适当的表面处理可以促进涂层的渗透，使涂层与木材形成有效的胶钉作用，提高机械结合强度。烫蜡前木制品可按下列方式进行打磨。

（1）粗磨

未烫蜡木制品首先需进行表面粗砂处理。粗砂的目的是将试件表面的刨切痕迹、木刺、木毛等去掉，使表面平整。砂纸的目数为120～240目，可采用手工砂光和砂光机砂光。砂纸粗磨方向为顺木纹方向，不能横纹理砂光或无规则地乱磨，以免留下杂乱的砂痕。砂光之后采用吹风机和干净的白布将表面的木粉清理干净，以防影响下一步操作。

（2）精磨

粗砂或者水砂后干燥的试件需进行精砂处理。精砂的目的是使试件表面达到所要求的粗糙程度。进行精砂时，需按照砂纸目数从小到大依次进行砂光，直至达到要求的目数，一般不跳目数。砂纸砂光方向为顺木纹方向。密度较大的红木试件精砂工序更加复杂，所要使用的砂纸目数更大。

（3）水磨

水磨时先将木材放入沸水中浸泡一段时间，待木材表面全部浸湿后捞出，然后选用水砂纸在基材表面顺着木材纤维方向进行打磨，最后在室温环境下陈放干燥，用气动喷枪吹净木材表面的木屑，并用棉布擦拭。

3.2.3　着色过程

着色是为了使木材的色彩纹理更接近于理想状态。采用贴近木材颜色的配色方案，顺着木材的纹理进行上色，烫蜡后可更接近明清家具的效果。不进行着色处理的木材烫蜡后更接近新木色。

（1）着色剂调配

着色剂分为染料和颜料。所谓染料，是指一类带有发色基团的、水溶性的、大分子的有机化合物。使用时，先按照设定好的比例对不同染料进行称重，然后加至一定量的热水中进行搅拌使其溶解。而颜料则是一类非水溶性的有色物质。传统烫蜡用着色剂通常为天然矿物颜料，属于无机颜料，其色彩丰富、色泽艳丽。现代使用的着色剂多是有机物。

（2）着色处理

着色分为渗透和固色两个过程。渗透过程是指染料随溶液通过木材的毛细管通道沉着在纤维表面，使木材染色。固色过程是染料和木材组分形成键的结合，吸附在木材内。一般使用刷子对木制品表面进行着色处理。着色时需要先顺着纹理涂刷一遍，然后横向涂刷一遍，以便使木材充分着色。着色后木材放置一段时间，使染料向木材内渗透并固色，最后等待其干燥即可。

3.2.4　烫蜡过程

烫蜡工艺过程由若干个工序组成。

（1）木材表面打磨处理

首先对未烫蜡木制品进行表面处理，采用小目数的砂纸进行打磨，将表面木粉揩擦刷吹处理干净；然后用目数大的砂纸依次进行精砂（根据木材种类的不同，选择不同目数的砂纸和打磨方式），再将表面木粉通过揩擦刷吹进行清洁。

（2）熔蜡配蜡

配蜡时首先使用精度为 0.0001g 的电子天平按照比例称量一定质量的蜂蜡和虫白蜡；然后将配比好的蜡放入烧杯中，并加入少量的助剂，采用恒温数显磁力搅拌器进行加热，加热温度为 85～120℃，直到蜡液熔化成液体；再然后采用磁力转子进行搅拌，磁子转速为 500r/min，直至蜡液混合均匀，冷却后得到配制好的蜡。在烫蜡前需进行熔蜡，即对配好的蜡进行加热熔融，使之刚好熔化具有一定的流动性为宜。

（3）布蜡

用刷子蘸取一定量熔化的蜡液，以点涂的方式分布在打磨后木材的表面。点涂过程中应按照从内到外、从上到下、从左到右的顺序以散点状的形式将蜡液涂布在家具表面，保证蜡液分布较为均匀，以便于在后续处理中能达到较好的烫蜡效果。一般布蜡量控制在 80～100g/m²。布蜡量主要通过电子分析天平称量的布蜡前后木材的重量来控制。

（4）烘烤

烫蜡时烫蜡工具与烫蜡表面需保持一定的距离，待木材表面的蜡泛起白泡，说明木材表面的蜡和空气发生了交换；而且需不停地移动加热工具，以避免集中部位烫蜡，导致表面烫蜡效果不均匀或烫伤表面。根据所选木材的种类对具体的烫蜡量、烫蜡时间、烫蜡温度进行研究可知，温度和时间对烫蜡结果的影响较大。

（5）起蜡

在烫蜡后蜡液凝固时，用蜡起子把家具各部位多余的浮蜡起净。起蜡时间会对蜡膜质量造成影响，若时间较短，蜡膜未完全凝固便进行起蜡操作，会导致从蜡膜木材导管中拔出，破坏蜡膜的封闭作用。在清除过程中，力度要适中，蜡起子与木制品表面的角度应保持在 30°～80°之间，并且要一铲压一铲，直至铲完整个木材表面。传统烫蜡使用的蜡起子为牛角，现代烫蜡可用竹片或金属材质的蜡起子。但是相对来说，不论使用哪种材料的蜡起子，都必须注意铲蜡力度不可过大，防止刮伤表面。起完蜡以后应再用炭弓将木材整体烘烤一遍，清除起蜡时蜡起子留下的较为明显的痕迹。

（6）擦蜡抛光

起蜡后表面不平整，首先用加热工具将表面整体低温烘烤一遍，然后用棉布顺着家具表面的纹理方向反复擦拭。擦拭力度不能过大，且不能做过多反复运动，以免损失过多的蜡膜，直至表面没有浮蜡且被蜡膜均匀覆盖。

（7）抖蜡

抖蜡是烫蜡工艺中最后一道工序。首先用不同规格的鬃刷对烫蜡的所有表面进行擦拭，将木材棕眼中残留的蜡屑清理干净，然后再用棉布和手对烫蜡表面进行擦拭和抚摸，以保证最终得到平整、温润、有光泽的蜡膜。

3.2.5 工艺流程图

工艺流程图是在生产过程中按照工序的先后顺序编成的生产工艺走向图。

（1）传统烫蜡工艺流程

传统烫蜡工艺流程如图 3-7 所示。首先对未烫蜡木制品进行打磨处理，主要包括粗磨、水磨和精磨；然后进行烫蜡处理，包括天然蜡的熔蜡配蜡、布蜡、烫蜡、起蜡、擦蜡抛光、抖蜡；最后可获得烫蜡木制品。

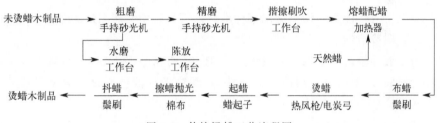

图 3-7　传统烫蜡工艺流程图

（2）预处理木材烫蜡工艺流程

预处理木材烫蜡工艺流程如图 3-8 所示。首先进行打磨过程，木材表面粗磨之后进行预处理（预处理采用水热法或试剂处理方法）；然后进行水磨，水磨之后干燥陈放；最后进行精磨。其烫蜡处理与图 3-7 一致。

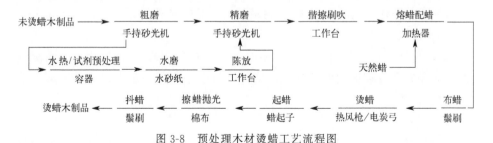

图 3-8　预处理木材烫蜡工艺流程图

（3）木材着色烫蜡工艺流程

木材着色烫蜡工艺流程如图 3-9 所示。首先进行木材预处理和打磨处理，然后对木材进行着色处理（包括染料配制、染色、陈放干燥），最后进行烫蜡。

其烫蜡处理与图 3-7 一致。

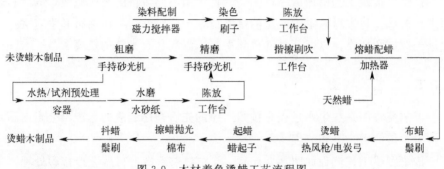

图 3-9 木材着色烫蜡工艺流程图

3.2.6 表面性能标准

本书所有性能测试均依据国家标准，以下为各项性能测试的最新标准。

（1）耐冷液性

耐冷液性检测方法参照国家标准 GB/T 4893.1—2021《家具表面漆膜理化性能试验 第 1 部分：耐冷液测定法》，观察各种液体在试件表面的破坏程度，是否变色、变泽等。

（2）附着力

表面附着力检测方法参照国家标准 GB/T 4893.4—2013《家具表面漆膜理化性能试验 第 4 部分：附着力交叉切割测定法》，观察切割刀具对试材表面涂层的破坏情况，用以衡量蜡层从基材上脱离的抗性。

（3）光泽

光泽检测方法参照国家标准 GB/T 4893.6—2013《家具表面漆膜理化性能试验 第 6 部分：光泽测定法》，观察试件表面的光泽。

（4）硬度

硬度检测方法参照国家标准 GB/T 6739《色漆和清漆 铅笔法测定漆膜硬度》，采用在试件表面划痕的方式对试件进行硬度测试，试件表面的硬度与耐磨性有一定关系。

（5）耐磨性

耐磨性检测方法参照国家标准 GB/T 4893.8—2013《家具表面漆膜理化性能试验 第 8 部分：耐磨性测定法》，采用砂轮摩擦的方式观察是否露白来判断试件表面的破坏程度。

（6）抗冲击性

抗冲击性检测方法参照国家标准 GB/T 4893.9—2013《家具表面漆膜理

化性能试验 第 9 部分：抗冲击测定法》，通过冲击的方式评价表面涂层对外界冲击的抵抗能力。

（7）耐干热性

耐干热性检测方法参照国家标准 GB/T 4893.3—2020《家具表面漆膜理化性能试验 第 3 部分：耐干热测定法》，测试试件表面涂层对热物体干烫的抵抗能力。

（8）耐湿热性

耐湿热性检测方法参照国家标准 GB/T 4893.2—2020《家具表面漆膜理化性能试验 第 2 部分：耐湿热测定法》，测试漆膜对高温高湿环境作用的抵抗能力。

（9）耐冷热温差性

耐冷热温差性检测方法参照国家标准 GB/T 4893.7—2013《家具表面漆膜理化性能试验 第 7 部分：耐冷热温差测定法》，测试试件在高温和低温交替环境中的抵抗能力。

（10）耐霉菌性

耐霉菌性检测方法参照国家标准 GB/T 1741—2020《漆膜耐霉菌性测定法》，测试试件表面漆膜对霉菌的抵抗能力。

3.3 天然蜡烫蜡木材表面性能

首先对古家具天然蜡烫蜡红酸枝木材的表面性能进行测试。测试方法均依据国家标准进行，共 8 项，分别为耐冷液性、耐湿热性、耐干热性、耐冷热温差性、耐磨性、抗冲击性、附着力交叉切割性和硬度，结果如表 3-1 所示。然后以此试件为对比样品，对天然蜡烫蜡硬木试件的表面性能进行测试。

表 3-1　古家具天然蜡烫蜡红酸枝木材表面性能试验评定表

性能	测试结果
耐冷液	酸液和碱液 10min,3～4 级
耐湿热	55℃,常温 4～5 级
耐干热	55℃,4 级
耐冷热温差	3～4 级
耐磨	1000r,4 级
抗冲击	50mm,1 级
附着力交叉切割	0～1 级
硬度	2～3B

本节主要分析比较纯蜂蜡、蜂蜡/虫白蜡共混蜡（简称蜂虫蜡）、蜂蜡/石

蜡共混蜡（简称蜂石蜡）烫蜡木材的表面性能。共混蜡的制备比例相同，比例范围为 (4：1.5)～(2：3.5)。

3.3.1 天然蜡烫蜡木材附着力

下面分析比较纯蜂蜡、蜂蜡和虫白蜡共混蜡、蜂蜡和石蜡共混蜡烫蜡木材的附着力。

（1）试验和测试方法

试验所用的水曲柳单板试材来自哈尔滨帽儿山实验林场。水曲柳材性优良，是东北较为常见的木材，试件尺寸为 $100mm \times 100mm \times 10mm$。经长期室温气干后测定试件的平衡含水率为 10.27%，基本密度为 $0.430mg/mm^3$，干密度为 $0.579mg/mm^3$。下面首先按照一定的质量占比将蜡称重后混合，然后对水曲柳单板进行烫蜡（编号分别记录为蜂蜡/虫白蜡烫蜡组 T1～T6 及蜂蜡/石蜡烫蜡组 H1～H6），最后分析比较不同种类、不同配比的天然蜡烫蜡木材的附着力。同时，为进一步探讨着色烫蜡木材的附着力，选取了来自哈尔滨帽儿山实验林场的云杉和榆木，制作了尺寸为 $50mm \times 100mm \times 10mm$ 的试材，试材含水量为 8%。首先按照一定的质量占比将蜡、无机着色剂称重后混合，然后对云杉和榆木单板进行着色烫蜡（编号按照着色剂质量占比由小到大分别记录为 A1a1～A1a5，A1 组为不使用着色剂的烫蜡试材），最后分别比较着色剂占比不同的天然蜡附着力。

根据国家标准 GB/T 4893.4—2013《家具表面漆膜理化性能试验 第 4 部分：附着力交叉切割测定法》，仿照漆膜附着力划格测定法进行烫蜡试材蜡膜附着力划格试验，用以衡量蜡层从基材上脱离的抗性。按照标准规定，使用划格刀具在烫蜡试材上垂直交叉切割平行线，并使用压敏胶带粘贴、撕去，然后利用放大镜近距离观察切割刀具对试材表面蜡层的破坏情况。试验结果为 0～5 级，5 级代表损坏最严重，蜡层附着力最差。可根据蜡膜的附着力划格试验评定表对烫蜡后试件的附着力进行评定，如表 3-2 所示。

表 3-2　附着力划格试验评定表

等级	说明
0 级	割痕平滑，边缘无蜡膜脱落
1 级	割痕交叉处有蜡膜脱落，脱落面积在 5% 以内
2 级	蜡膜沿割痕有断续脱落，脱落面积为 5%～15%
3 级	蜡膜沿割痕有连续脱落，部分大碎片脱落，脱落面积为 15%～35%
4 级	蜡膜沿割痕部分或全部大碎片脱落，脱落面积为 35%～65%
5 级	脱落面积超过 65%

（2）天然蜡烫蜡木材附着力分析

古家具烫蜡红酸枝的表面附着力为 0～1 级，天然蜡烫蜡水曲柳木材的附着力如图 3-10 所示，试分析比较纯蜂蜡、蜂蜡和虫白蜡共混蜡、蜂蜡和石蜡共混蜡烫蜡木材的附着力。纯蜂蜡烫蜡木材的附着力为 0～1 级，与其相比，共混天然蜡烫蜡试材的附着力等级略低，均为 1～2 级。这可能与蜡的柔韧性有关，蜂蜡质软、黏度大，虫白蜡和石蜡质硬、黏度小，所以共混蜡烫蜡试材的附着力略低于纯蜂蜡烫蜡试材。

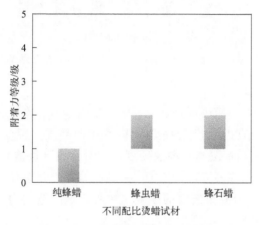

图 3-10　不同配比烫蜡试材的附着力

（3）着色烫蜡木材附着力分析

云杉、榆木烫蜡木材的表面附着力等级评定结果如图 3-11 所示。烫蜡木材的表面附着力等级均为 1～2 级，说明木材表面的蜡膜在割痕交叉处和割痕处有些许脱落，蜡膜附着力较强。云杉木材和榆木木材蜡膜的附着力随着混合蜡中着色剂含量的增加无明显变化，说明着色剂的含量对蜡膜的附着力没有明显的影响。A1a4 组云杉和榆木木材均为 1 级，A1a5 组云杉为 2 级，榆木为 1 级，说明先将着色剂加入混合蜡中然后进行烫蜡的木材附着力比先将木材染色然后进行烫蜡的高。在所检测的木材中，云杉木材的附着力低于榆木木材的附着力，可能是由于云杉为针叶材、榆木为阔叶材，受到树种本身结构的影响。

3.3.2　天然蜡烫蜡木材硬度

木材表面的硬度不仅与人体触感的软硬度有关，而且与木材的种类和表面是否进行了处理有很大的关系。表面硬度较大会增强耐磨性，从而避免划痕产生。

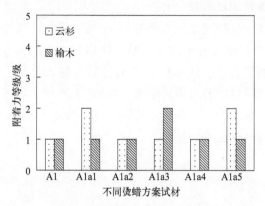

图 3-11 云杉、榆木烫蜡木材表面蜡膜的附着力等级

（1）试验和测试方法

蜡膜附着力以及蜡膜硬度是表征烫蜡质量的基本参数，烫蜡试材具有较为良好的附着力及适宜的硬度会提升材料整体的品质，可参照 GB/T 6739—2022《色漆和清漆 铅笔法测定漆膜硬度》中对漆膜硬度测定的规定，使用铅笔法对烫蜡试件的蜡膜硬度进行测定。一般将蜡膜上开始有划痕时所用的铅笔硬度（6B～6H）作为被测蜡膜的硬度，在所规定的范围内，6H 代表蜡膜硬度最大，6B 代表最软。

（2）蜡的配比对木材硬度的影响

古家具传统烫蜡红酸枝的硬度为 2～3B，水曲柳烫蜡木材表面的硬度如表3-3 所示。蜂蜡和虫白蜡烫蜡试件的编号为 T，T0 为纯蜂蜡烫蜡木材试件，T1～T6 分别为虫白蜡含量为 30%～80% 的天然蜡烫蜡样品；蜂蜡和石蜡烫蜡试件的编号为 H，H1～H6 分别为石蜡含量为 30%～80% 的天然蜡烫蜡样品。

表 3-3　T、H 组试件蜡膜硬度测试结果

组别	硬度	组别	硬度
T0	3～4B		
T1	3B	H1	4B
T2	3B	H2	4B
T3	3B	H3	3B
T4	2B	H4	3B
T5	2B	H5	3B
T6	B	H6	3B

如表 3-3 所示，天然蜡烫蜡试材的硬度均在 B 级范围内变化。纯蜂蜡烫蜡木材的硬度为 3～4B，随着虫白蜡含量的增大，天然蜡组试件的硬度逐渐增大，T6 试件的硬度为 B，表现为最大硬度。在蜂蜡和石蜡共混蜡烫蜡试件组

中，随着石蜡含量的增大，硬度稍有提高，且 T 组试件的整体硬度要强于 H 组。这可能与蜡的性质有关，蜂蜡的韧性高，较软，虫白蜡的硬度最大，石蜡次之，所以相同含量的蜂蜡和虫白蜡共混蜡烫蜡木材的表面硬度大于蜂蜡和石蜡共混蜡烫蜡木材。

3.3.3 天然蜡烫蜡木材耐热性

（1）试验与测试方法

① 耐干热性：耐干热性为试件表面涂层对热物体干烫的抵抗能力，其测试方法依据国家标准 GB/T 4893.3—2020《家具表面漆膜理化性能试验 第 3 部分：耐干热测定法》，适用于所有经涂饰处理家具的固化表面，热源为机械磨平的铝合金块。试验前应将涂层干透的试样放在温度为（23±2）℃、相对湿度为（50±5）%的环境中至少 48h。试件处理后，在温度为（23±2）℃的环境中开展试验，将热源移到隔热垫上，放到试验区域上，测试时间为 20min。试验后样板至少单独放置 16h，然后从不同角度检查样板颜色变化、光泽度变化、有无鼓泡等损伤情况。耐干热性分级评定表如表 3-4 所示。

表 3-4 耐干热性分级评定表

等级	说明
1级	无变化 试验区域和相邻区域无法区分
2级	轻微变化 仅当光源投射到试验表面，并反射到观察者眼中时，试验区域与相邻区域可区分，如褪色、变泽和变色 试验表面结构没有变化，如变形、膨胀、纤维突起、开裂、鼓泡
3级	中度变化 在数个方向上可见，试验区域与相邻区域可区分，如褪色、变泽和变色 试验表面结构没有变化，如膨胀、纤维突起、开裂、鼓泡
4级	明显变化 在所有可视方向上可见，试验区域与相邻区域可明显区分，如褪色、变泽和变色 并且/或者试验表面结构有轻微变化，如膨胀、纤维突起、开裂、鼓泡
5级	严重变化 试验表面结构明显改变 并且/或者褪色、变泽和变色 并且/或者表面材料全部或部分被移除

② 耐湿热性：指漆膜对高温高湿环境作用的抵抗能力。由国家标准 GB/T 4893.2—2020《家具表面漆膜理化性能试验 第 2 部分：耐湿热测定法》可知，其测试方法与耐干热性基本相同，不同的是将热源块放在与测试表面直接接触

的湿布上。达到试验时间后移开热源块和湿布，试验时间选择 20min，与耐干热性一致。试验后样板放置 16～24h 再观察表面损伤情况，其等级评定参考表 3-4。

③ 耐冷热温差性：其测定方法依据标准 GB/T 4893.7—2013《家具表面漆膜理化性能试验 第 7 部分：耐冷热温差测定法》，试样数量为 4 块，3 块做试验，1 块进行比较。试验时用规定的封边材料将试样四周和背面密封，试样在恒温恒湿箱内水平放置，其测试条件为 3 个周期。其中一个试验周期由两个阶段构成：第一阶段，高温（40±2）℃，相对湿度（95±3）%，1h；第二阶段，低温（−20±2）℃，1h。高低温的转移时间不能超过 2min。3 个周期结束后，将试样放置在（20±2）℃、相对湿度 60%～70% 的条件下 18h，用 4 倍放大镜观察中间部分的漆膜表面，如果出现裂纹、鼓泡、明显失光和变色中任意缺陷，则不合格。3 块样品至少两块合格，则评定为合格。由于本标准结果无具体等级，参考表 3-4 进行评定。

（2）耐干热性分析

古家具烫蜡红酸枝表面的耐干热性在 55℃ 时为 3 级，天然蜡烫蜡水曲柳木材的耐干热性如表 3-5 所示。当温度条件为 55℃ 时，纯蜂蜡烫蜡木材的耐干热性为 3 级，与其相比，蜂蜡/虫白蜡共混天然蜡烫蜡试材的耐干热性等级略高，蜂蜡/石蜡共混天然蜡烫蜡木材的耐干热性等级和纯蜂蜡烫蜡试材一致，为 3 级。当测试温度条件为 70℃ 时，烫蜡试材的耐干热性等级均下降为 5 级。由此可知，烫蜡木材的耐干热性等级在 55℃ 时高于 70℃，且蜂蜡/虫白蜡烫蜡木材的耐干热性等级略高于纯蜂蜡和蜂蜡/石蜡，所以实际使用温度需低于 55℃。

（3）耐湿热性分析

古家具烫蜡红酸枝表面的耐湿热性在 55℃ 时为 4 级，天然蜡烫蜡水曲柳木材的耐湿热性如表 3-5 所示。当温度条件为 55℃ 时，烫蜡木材的耐湿热性等级均为 4 级。由此可知，烫蜡木材的耐湿热性等级均较低。

表 3-5　烫蜡木材耐热性等级

性能	测试条件	纯蜂蜡	蜂虫	蜂石
耐干热	55℃	3 级	2 级	3 级
	70℃	5 级	5 级	5 级
耐湿热	55℃	4 级	4 级	4 级
耐冷热温差	3 周期	3 级	4 级	4 级

（4）耐冷热温差性分析

古家具烫蜡红酸枝木材表面的耐冷热温差性等级为 3～4 级，天然蜡烫蜡水曲柳木材的耐冷热温差性如表 3-5 所示。纯蜂蜡烫蜡木材的耐冷热温差性等级为 3 级，与其相比，蜂蜡/虫白蜡和蜂蜡/石蜡共混天然蜡烫蜡试材的耐冷热温差性等级均略低，为 4 级，明显变色，光泽下降。综上可知烫蜡木材的耐冷热温差性能均很低，不能适应温差变化悬殊的环境。实际使用过程中，烫蜡试材应尽量避免在如此极端的环境中使用。

综上，天然蜡烫蜡木材的耐干热、耐湿热和耐冷热温差性能都较弱。

3.3.4　天然蜡烫蜡木材耐冷液性

在日常生活中最常见的液体为水、酸液和碱液，所以选择这三种液体进行耐冷液性的测试。

（1）试验与测试方法

根据国家标准 GB/T 4893.1—2021《家具表面漆膜理化性能试验 第 1 部分：耐冷液测定法》进行测试，试验开始前将试件放置在温度为（23±2）℃、相对湿度为（50±5）%的环境中 2 天。试验时先将浸透试液的滤纸（滤纸片为直径 25mm 的圆形）放置到试验表面，然后用玻璃罩住该表面。经过规定时间后移开滤纸，洗净并擦干试验表面，检查其损伤情况，根据分级标准评价试验结果。试验时间为 10s、2min、10min、1h。耐冷液性分级评定情况如表 3-6 所示。

表 3-6　耐冷液性分级评定表

等级	说明
1 级	无可视变化(无损坏)
2 级	轻微变化 仅当光源投射到试验表面或十分接近印痕处,并反射到观察者眼中时,有轻微可视的变色、变泽或不连续的印痕
3 级	轻微印痕,在数个方向上可视,例如近乎完整的圆环或圆痕
4 级	严重印痕,但表面结构还没有较大改变
5 级	严重印痕,表面结构被改变,或表面材料整个或部分地被撕开,或纸片黏附在试验表面

（2）耐水性

天然蜡烫蜡榆木木材的耐水性如表 3-7 所示。当时间为 10s 时，纯蜂蜡烫蜡木材的耐水性为 1 级，无可视变化；随着时间延长，10min 时，光线照射到试件表面或接近印痕处，并反射到观察者眼里，有轻微可视的变色、变泽和不连续印痕，此时耐水性等级下降，为 2 级；当时间延长到 1h 时，等级仍保持不变。在所有试材中，纯蜂蜡烫蜡试材的耐水性等级相对较低，蜂蜡/虫白蜡和蜂蜡/石蜡共混天然蜡烫蜡试材的耐水性等级基本相同且相对较高。当测试时间为 10s 时，共混蜡烫蜡试件的耐水性等级为 2 级；测试时间为 2min 时，耐水性等级仍为 2 级，表面印痕轻微；当测试时间延长至 10min 时，耐水性等级继续下降，为 3 级，表面印痕轻微，在数个方向可视。

（3）耐酸液性

天然蜡烫蜡榆木木材的耐酸液性如表 3-7 所示。当时间为 10s 时，纯蜂蜡烫蜡木材的耐酸液性为 1 级；随着时间延长，2min 时耐酸液性等级为 2 级，试件表面在光线照射下有轻微的变泽现象；当时间延长到 1h 时，耐酸液性等级仍保持不变。与纯蜂蜡烫蜡木材相比，共混蜡烫蜡木材的耐酸液性等级较低。蜂蜡/虫白蜡和蜂蜡/石蜡共混天然蜡烫蜡试材的耐酸液性等级基本相同，均呈持续下降的趋势。当测试时间为 10s 时，共混蜡烫蜡试件的耐酸液性等级为 2 级，表面出现轻微的变泽变色现象；测试时间为 2min 时，耐酸液性等级下降为 3 级，表面印痕轻微，呈完整圆形，且在数个方向可视；当测试时间延长至 10min 时，耐酸液性等级继续下降为 4 级，表面出现严重印痕。

表 3-7　烫蜡木材耐冷液性等级

性能	测试条件	纯蜂蜡	蜂虫	蜂石
耐水	10s	1 级	2 级	2 级
	2min	1 级	2 级	2 级
	10min	2 级	3 级	3 级
	1h	2 级	4 级	4 级
耐酸液	10s	1 级	2 级	2 级
	2min	2 级	3 级	3 级
	10min	2 级	4 级	4 级
	1h	2 级	4 级	4 级
耐碱液	10s	1 级	2 级	2 级
	2min	2 级	3 级	3 级
	10min	2 级	4 级	4 级
	1h	2 级	4 级	4 级

（4）耐碱液性

天然蜡烫蜡榆木木材的耐碱液性如表 3-7 所示。当时间为 10s 时，纯蜂蜡烫蜡木材的耐碱液性为 1 级；随着时间延长，2min 时，试件表面在光线照射下有轻微的变泽现象，耐碱液性等级下降为 2 级；当时间延长到 1h 时，耐碱液性等级仍保持不变。与纯蜂蜡烫蜡木材相比，共混蜡烫蜡木材的耐碱液性等级较低。蜂蜡/虫白蜡和蜂蜡/石蜡共混天然蜡烫蜡试材的耐碱液性等级基本相同，均呈持续下降的趋势。当测试时间为 10s 时，共混蜡烫蜡试件的耐碱液性等级为 2 级，表面出现轻微的变泽和变色现象；测试时间为 2min 时，耐碱液性等级下降为 3 级，表面印痕轻微，且在数个方向可视；当测试时间延长至 10min 时，耐碱液性等级继续下降为 4 级，表面出现严重印痕，已完全变色，试材完全露白，与周围颜色和光泽可明显区分。测试后垫布上出现黄色痕迹，这可能是碱液渗入木材内，与木材表面的少量单宁、黄酮类和酚类化合物发生变色反应导致的。

综上可知，烫蜡木材的耐水性等级略高于耐酸液性和耐碱液性等级，耐碱液性与耐酸液性等级相同，且纯蜂蜡烫蜡试材的耐冷液性等级略高于蜂蜡/虫白蜡和蜂蜡/石蜡共混蜡烫蜡试材。

3.3.5 天然蜡烫蜡木材耐磨性

本小节采用磨耗的方法测定烫蜡木材表面的耐磨性。

（1）试验和测试方法

根据国家标准 GB/T 4893.8—2013《家具表面漆膜理化性能试验 第 8 部分：耐磨性测定法》，采用 JM-1 型漆膜磨耗仪进行测试，漆膜磨耗仪的转速为 60r/min。试样规格为 100mm×100mm×10mm，每个条件的样品至少 3 块，其表面应光滑平整，无鼓泡、划痕、褪色等缺陷。测试时首先在试件中间开一个小孔，然后通过加压臂在试件表面上加 1000g 的砝码和符合要求的橡胶砂轮，最后根据表面露白程度对经过一定磨转次数后的试材表面进行评级。耐磨性评定如表 3-8 所示，取 3 个试件的平均值为最终结果。

表 3-8　耐磨性分级评定表

等级	说明
1 级	漆膜未露白
2 级	漆膜局部轻微露白
3 级	漆膜局部明显露白
4 级	漆膜明显露白

注：当漆膜轻微露白，痕迹约略可见，难以判断时，可用洁净软布蘸取少许彩色墨水涂在该部位，然后迅速擦去，结果在露白部位会留下墨水痕迹，而漆膜上墨水能擦去。

（2）天然蜡烫蜡木材耐磨性等级

古家具天然蜡烫蜡红酸枝木材的耐磨性等级在磨转次数为 200r 时达到 4 级。天然蜡烫蜡榆木木材的耐磨性如表 3-9 所示。当磨转次数为 50r 时，纯蜂蜡烫蜡木材的耐磨性为 2 级，表面局部轻微露白；随着磨转次数的增大，耐磨性等级下降，当磨转次数为 100r 时，试件表面局部明显露白，此时耐磨性等级为 3 级；当磨转次数提升到 200r 时，耐磨性等级仍为 3 级，但露白部位明显增多；当磨转次数继续增加到 300r 时，耐磨性等级为 4 级，所有试件表面均明显露白。与纯蜂蜡烫蜡木材相比，蜂蜡/虫白蜡和蜂蜡/石蜡共混天然蜡烫蜡试材的耐磨性等级变化基本一致。这可能是由于蜡层过薄，所以耐磨性较弱，纯蜂蜡烫蜡和共混蜡烫蜡试材的耐磨性基本无差异。与红酸枝烫蜡木材相比，榆木烫蜡木材的耐磨性较高。这可能是因为红酸枝木材结构较为密实，导管较少，所以蜡膜薄。而榆木木材密度较小，早晚材细胞尺寸变化较大，所以在表面导管细胞腔内蜡的填充较多，耐磨性略强。

表 3-9 烫蜡木材耐磨性

测试条件	纯蜂蜡	蜂虫蜡	蜂石蜡
50r	2 级	2 级	2 级
100r	3 级	3 级	3 级
200r	3 级	3 级	3 级
300r	4 级	4 级	4 级

（3）烫蜡因素对木材耐磨性的影响

为获得烫蜡因素中烫蜡量、起蜡时间和烘烤温度对烫蜡木材耐磨性的影响，可采用测量不同试材磨耗厚度差的方法。试验选材为水曲柳旋切单板，精选黑龙江省松霖园特制黄蜂蜡作为烫蜡的主要材料对水曲柳旋切单板进行烫蜡处理。用数显游标卡尺测量磨耗前后的厚度差，差值越小表明耐磨性越大，保护性越高。测试时，每个试件选择 3～7 个点，所有点呈"之"字形分布，将数据送入计算机进行各测量值的平均值统计。

不同烫蜡因素对磨耗厚度差的影响如图 3-12 所示。图 3-12（a）为不同烫蜡量条件下试材磨耗厚度差的变化，随着烫蜡量的增加，试材的磨耗厚度差呈现先减小再增大再减小的趋势，在 $50g/m^2$ 达到最高，在 $40g/m^2$ 时达到最低；如图 3-12（b）所示，随着起蜡时间的延长，试材的磨耗厚度差呈现先增大后降低的趋势，在起蜡时间为 3min 时达到最大，5min 时降到最小；如图 3-12（c）所示，随着烫蜡温度的升高，试材的磨耗厚度差变化不稳定，在烘烤温度为 60～75℃ 时，随着温度上升，磨耗厚度差变化较小，在烘烤温度为 80℃时试材磨耗厚度差的值达到最大，这可能是因为温度越高，烫蜡量越大，且蜂蜡越软，损耗越大。

3.3.6 天然蜡烫蜡木材耐水性

为研究天然蜡烫蜡木材的耐水性，可先将试材浸泡在清水中，然后通过测量浸水前后木材的厚度差分析得出不同烫蜡因素对天然蜡烫蜡木材耐水性的影响。

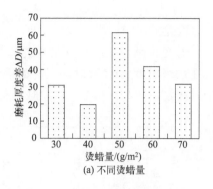

(a) 不同烫蜡量

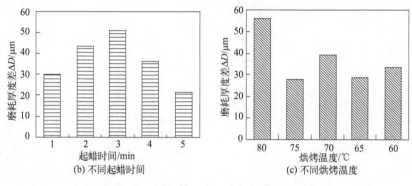

(b) 不同起蜡时间

(c) 不同烘烤温度

图 3-12 不同烫蜡因素对磨耗厚度差的影响

(1) 试验和测试方法

先将蜂蜡烫蜡水曲柳木材试件放入清水中浸泡 12h，然后采用数显游标卡尺测量试件浸泡前后的厚度差；差值越小表明形变越小，则耐水性越强。测试时每个试件选择 3～7 个点，这些点均匀分布；将所得的测量值进行统计，计算测量值的算术平均值。

(2) 不同烫蜡因素对天然蜡烫蜡木材耐水性的影响

烫蜡量对浸水厚度差的影响如图 3-13(a) 所示。由图可知，浸水厚度差的变化呈 "W" 形，基本对称。当烫蜡量为 $60g/m^2$ 时，浸水厚度差数值达到最小，此时试材的耐水性最强；当烫蜡量为 $50g/m^2$ 时，浸水厚度差数值达到最大，此时试材的耐水性最弱。从整体来看，随着烫蜡量的提高，浸水厚度差的变化范围不大，能够看出烫蜡量对耐水性的影响不大。

起蜡时间对浸水厚度差的影响如图 3-13(b) 所示。由图可知，起蜡时间在 1～4min 内变化时，浸水厚度差值波动不大，但是当起蜡时间延长至 5min 时，浸水厚度差值迅速下降并达到最小，此时试材的耐水性最弱。从整体来看，浸水厚度差数值的变化范围不大，其先降低后升高再降低，无明显规律。

烘烤温度对浸水厚度差的影响如图 3-13(c) 所示。由图可知，随着烘烤温度的升高，浸水厚度差的变化呈"W"形（呈现先降后升再降再升的状态），其值呈波动的状态。在烘烤温度为 65℃时，试材的浸水厚度差达到最小，此时耐水性最强，75℃时次之，60℃、70℃、80℃时再次之。

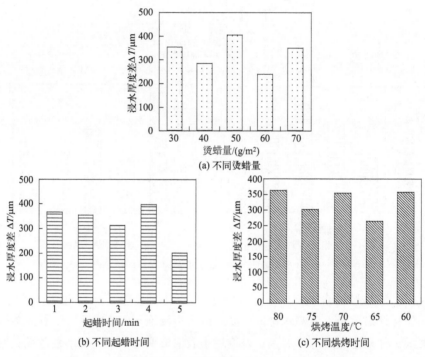

(a) 不同烫蜡量

(b) 不同起蜡时间

(c) 不同烘烤时间

图 3-13 不同烫蜡因素对蜂蜡烫蜡木材浸水厚度差的影响

3.3.7 天然蜡烫蜡木材抗冲击性

本小节主要对天然蜡烫蜡木材的耐冲击性进行测试，分析烫蜡木材表面蜡膜对外界冲击的抵抗作用。

（1）试验和测试方法

根据 GB/T 4893.9—2013《家具表面漆膜理化性能试验 第 9 部分：抗冲击测定法》采用冲击器对天然蜡烫蜡试件进行测试，所用钢球直径为 14mm，冲击块质量为 500g。试验时冲击块从规定高度沿着垂直导管自由落下，冲击到放在试件表面的具有规定直径和硬度的钢球上。每个高度冲击 5 个部位，根据试件表面被破坏的程度来评定抗冲击性能。冲击部位等级如表 3-10 所示。

表 3-10　冲击部位等级评定表

等级	变化
1 级	无可见变化(无损伤)
2 级	漆膜表面无裂纹,但可见冲击印痕
3 级	漆膜表面有轻度的裂纹,通常有 1～2 圈环裂或弧裂
4 级	漆膜表面有中度到较重的裂纹,通常有 3～4 圈环裂或弧裂
5 级	漆膜表面有严重的破坏,通常有 5 圈以上的环裂、弧裂或漆膜脱落

（2）天然蜡烫蜡木材抗冲击性分析

古家具烫蜡红酸枝在冲击高度为 50mm 时，抗冲击性为 1 级。此时木材基材出现凹痕，但是蜡层无变化。对烫蜡榆木木材进行抗冲击性测试，冲击高度依次选择 10mm、25mm、50mm、100mm、200mm，随着冲击高度的提高，试件表面出现冲击的凹痕，但纯蜂蜡、蜂蜡/虫白蜡和蜂蜡/石蜡烫蜡木材的涂层表面无明显印痕出现。这可能是因为蜡膜柔韧性强，且蜡层薄，所以蜡层抗冲击性强。

3.3.8　天然蜡烫蜡木材耐霉菌性

除了对烫蜡木材的常见理化性能进行研究外，还可进一步探究烫蜡木材的耐霉菌性，分析相同烫蜡条件下天然蜡的不同配比对烫蜡木材耐霉菌性的影响。

（1）试验与测试方法

试件选用核桃楸木材，尺寸为 100mm×100mm×10mm，其表面采用 800 目砂纸打磨，并使用蜂蜡/虫白蜡和蜂蜡/石蜡进行烫蜡，分析比较不同配比的天然蜡烫蜡木材的耐霉菌性。耐霉菌性根据国家标准 GB/T 1741—2020《漆膜耐霉菌性测定法》进行测试，采用的测试方法为培养皿法。测试时首先用喷雾器将悬浮液均匀细密地喷在样板上，稍晾干后，盖上皿盖，盖门注明试样、编号和日期，放入保温箱中保持 29～30℃ 培养。三天后检查试件表面生霉是否正常，如果试件表面均可看见霉菌正常生长，则可将培养皿倒置，使皿盖在下、皿底在上，这样培养基不易干，试件表面凝露减少；若不见霉菌生长，则需另喷混合霉菌孢子悬浮液。本试验直接从正面或侧面观察培养基表面霉菌、霉体、霉丝生长状况，三天后检查表面生霉状况，七天后检查生霉程度，十四天后进行总检查，参照表 3-11 进行评级。

表 3-11　耐霉菌性等级评定表

试验样品上霉菌的生长情况	试验样品长霉面积占比/%	耐霉菌性等级/级
不生长	0	0
痕量生长	<10	1
少量生长	≥10 且<30	2
中度生长	≥30 且<60	3
重度生长	≥60	4

（2）烫蜡木材耐霉菌性分析

分别对蜂蜡/虫白蜡和蜂蜡/石蜡烫蜡试材进行耐霉菌性测试，结果蜂蜡/虫白蜡烫蜡试材的耐霉菌性等级范围为 1～4 级，平均耐霉菌性等级为 2 级；蜂蜡/石蜡烫蜡试材的耐霉菌性等级范围同样为 1～4 级，平均等级为 3 级。由此可知，蜂蜡/虫白蜡烫蜡试材的耐霉菌性比蜂蜡/石蜡烫蜡试材的耐霉菌性略高。

3.4　天然蜡烫蜡木材表面性能优化

为得出天然蜡烫蜡木材的优化方案，需根据前期试验得到的天然蜡烫蜡的条件范围做进一步研究，即采用正交法对纯蜂蜡、蜂蜡/虫白蜡和蜂蜡/石蜡烫蜡木材的性能进行优化。

3.4.1　优化方法

（1）纯蜂蜡烫蜡木材优化方法

试验选取的材料是水曲柳旋切单板，为了符合检测仪器的要求，将试件的基本外形尺寸定为 100mm×100mm×10mm。经长期室温条件气干后，试件的含水率加权平均值为 8.26%。有关研究指出，对涂饰较为适宜的木材含水率是 8%～12%，被涂饰木材的含水率最好能比使用环境的木材平衡含水率低 1%～2%，以备试验使用。精选黑龙江省松霖园企业特制黄蜂蜡作为烫蜡的主要材料对水曲柳旋切单板进行烫蜡处理，分析烫蜡量、起蜡时间、烘烤温度对烫蜡木材耐磨性的影响。

烫蜡技术条件因素水平表如表 3-12 所示，采用了三因素五水平的正交试验方法分析烫蜡因素对耐磨性的影响。

表 3-12　烫蜡技术条件因素水平表

序号	烫蜡量 D/(g/m^2)	起蜡时间 E/min	烘烤温度 F/℃
1	30	1	80
2	40	2	75
3	50	3	70
4	60	4	65
5	70	5	60

（2）共混蜡烫蜡木材优化方法

试件选用核桃楸木材，尺寸为 100mm×100mm×10mm，其表面采用 800 目砂纸打磨。并使用蜂蜡和虫白蜡共混蜡、蜂蜡和石蜡共混蜡进烫蜡，分析比较蜡的配比和烫蜡条件对木材性能的影响。烫蜡量、配比、起蜡时间和烘烤温度是烫蜡工艺过程中最为重要的工艺参数，对木材表面的最终装饰效果起着决定性的作用。因此，为获得较好的木材表面装饰效果，需进行前期探索性试验来研究这些工艺参数。试验结果表明，在烫蜡量为 50～70g/m^2、蜂蜡/虫白蜡和蜂蜡/石蜡的配比为 (2:3.5)～(2:2.5)、起蜡时间为 4.5～5.5min 和烘烤温度为 70～80℃ 的范围内进行烫蜡，能获得较好的木材表面装饰效果。因此，编制木质材料烫蜡技术条件因素水平表，并采用四因素三水平正交试验设计方法将各因素进行有效的组合。蜂蜡/虫白蜡烫蜡的正交试验方案 A～I、蜂蜡/石蜡烫蜡的正交试验方案 a～i 如表 3-13 所示。

表 3-13　试验正交表 L_9 (3^4)

方案	烫蜡量 J/(g/m^2)	配比 K	起蜡时间 L/min	烘烤温度 M/℃
A/a	50	2:3.5	4.5	80
B/b	50	2:3	5	75
C/c	50	2:2.5	5.5	70
D/d	60	2:3.5	5	70
E/e	60	2:3	5.5	80
F/f	60	2:2.5	4.5	75
G/g	70	2:3.5	5.5	75
H/h	70	2:3	4.5	70
I/i	70	2:2.5	5	80

在烫蜡工艺优化设计中，采用正交试验法进行试验，并将统计得到的烫蜡木材性能检测结果按照先评级再打分的方式转换为最终数据。具体操作中，采用 CAD 分析软件测量各试件表面上蜡层被侵蚀的面积占总面积的百分比，并将所得数据按照国家标准性能检测结果评定为 4 个等级；同时将等级转换为百分制（即 1 级为 100 分，2 级为 75 分，3 级为 50 分，4 级为 25 分），将最终得到的分值传入计算机进行平均值统计。

耐水性、耐冷液性、耐冷热温差性和耐霉菌性是评价木质材料烫蜡性能的重要指标，这些指标能很好地检验木质材料表面被侵蚀后蜡对木质材料表面保护作用程度的大小，以此保证木质材料家具使用寿命的长短。因此，该试验采用正交试验法与比较分析法对天然蜡和合成蜡的性能进行研究，将各项指标进行技术优化，得出综合的木质材料天然蜡烫蜡性能技术优化工艺参数。

3.4.2　纯蜂蜡烫蜡木材性能优化

（1）耐磨性

试件磨耗厚度差越大说明试件越易损耗，耐磨性越小；试件磨耗厚度差越小说明试件越不易损耗，耐磨性越大。

首先通过三因素五水平的正交试验得到不同工艺条件下烫蜡试件的磨耗厚度差 ΔD，然后对其进行直观分析，计算出各因素磨耗厚度差的极差，如表 3-14 所示。烫蜡量因素对应的极差为 $42.0\mu m$，起蜡时间对应的极差为 $32.5\mu m$，烘烤温度对应的极差为 $28.5\mu m$，通过比较可知因素 $D>$ 因素 $E>$ 因素 F。极差越大说明该因素的影响越大，是主要因素；极差越小说明该因素的影响越小，为次要因素或不重要因素。由此可知，影响最大的因素是烫蜡量，然后依次是起蜡时间和烘烤温度。由于磨耗厚度差的值越小越好，因此在因素 D 中选择第二个水平对指标最有利，在因素 E 中选择第五个水平对指标最有利，在因素 F 中选择第二个水平对指标最有利，即烫蜡基于 ΔD 的优化工艺参数为 $D_2E_5F_2$。

表 3-14　试件磨耗厚度差直观分析表　　　　单位：μm

序号	烫蜡量 $D/(g/m^2)$	起蜡时间 E/min	烘烤温度 $F/℃$
均值 1	31.000	30.000	56.000
均值 2	19.500	43.500	27.500
均值 3	61.500	54.000	39.500
均值 4	41.500	36.000	28.500
均值 5	31.500	21.500	33.500
极差	42.000	32.500	28.500

对磨耗厚度差进行方差计算，得到偏差平方和、自由度、F 值、F 临界值和显著值，如表 3-15 所示。由表可知，烫蜡量、起蜡时间和烘烤温度对 ΔD 的影响均不显著。

表 3-15　试件磨耗厚度差方差分析表

因素	偏差平方和	自由度	F 值	F 临界值	显著性
烫蜡量	4965.0	4	1.464	2.780	
起蜡时间	3107.5	4	0.916	2.780	
烘烤温度	2710.0	4	0.799	2.780	
误差	20349.17	24	—	—	

（2）耐水性

首先通过三因素五水平的正交试验得到不同烫蜡因素下试件的浸水厚度差 ΔT，然后对其进行直观分析，结果如表 3-16 所示。由表可知，不同烫蜡因素浸水厚度差的极差排序为因素 E（165.332μm）＞因素 D（198.666μm）＞因素 F（96.668μm），对 ΔT 影响最大的因素是起蜡时间，然后依次是烫蜡量和烘烤温度。由于浸水厚度差的值越小越好，因此在元素 D 中选择第四个水平对指标最有利，在因素 E 中选择第五个水平对指标最有利，在因素 F 中选择第四个水平对指标最有利，即烫蜡基于 ΔT 的优化工艺参数为 $D_4E_5F_4$。

表 3-16　试件浸水厚度差直观分析表　　　　　单位：μm

序号	烫蜡量 $D/(g/m^2)$	起蜡时间 E/min	烘烤温度 $F/℃$
均值 1	353.332	366.666	359.334
均值 2	284.666	355.334	300.002
均值 3	404.000	312.000	357.334
均值 4	238.668	397.334	262.666
均值 5	349.336	198.668	350.666
极差	165.332	198.666	96.668

对浸水厚度差进行方差分析，得出偏差平方和、自由度、F 值、F 临界值和显著性，如表 3-17 所示。由表可知，烫蜡量、起蜡时间和烘烤温度对 ΔT 的影响均不显著。

表 3-17　纯蜂蜡烫蜡木材浸水厚度差方差分析表

因素	偏差平方和	自由度	F 值	F 临界值	显著性
烫蜡量	83554.924	4	1.253	2.780	—
起蜡时间	120060.924	4	1.800	2.780	—
烘烤温度	36942.391	4	0.554	2.780	—
误差	400123.77	24	—	—	—

（3）综合分析

综上可知，烫蜡量、起蜡时间、烘烤温度对耐磨性、耐水性均没有显著影响。综合考虑粗糙度、光泽、纹理、耐水性和耐磨性指标，确定烫蜡的优化工艺参数为烫蜡量 60g/m²、起蜡时间 5min、烘烤温度 80℃。

3.4.3 共混蜡烫蜡木材性能优化

（1）耐水性

采用浸水的方法对共混蜡烫蜡木材的耐水性进行研究，具体分析如下。

① 蜂蜡/虫白蜡烫蜡木材耐水性分析：根据蒸馏水或去离子水对蜂蜡/虫白蜡烫蜡木材的腐蚀状况等级进行评价，评定结果如表 3-18 所示。蜂蜡/虫白蜡烫蜡木材 F 在耐水性评级结果中等级最高，试件表面主体没有明显的印痕，耐水性很强；蜂蜡/虫白蜡烫蜡木材 G 的耐水性等级略低于 F，试件表面可看到轻微的溶液腐蚀后的痕迹，腐蚀面积约占试件主体面积的 10%，耐水性能较强；蜂蜡/虫白蜡烫蜡木材 A、B、D 的耐水性等级为 3 级，试件表面可看到轻微的变色或明显的腐蚀痕迹，腐蚀面积约占试件主体面积的 50%，耐水性能较差；蜂蜡/虫白蜡烫蜡木材 C、E、H、I 的耐水性等级为 4 级，试件表面可看到明显的溶液腐蚀后的变色，腐蚀面积约占试件主体面积的 60%，耐水性能很差。其耐水性等级平均为 3 级。

表 3-18　蜂蜡/虫白蜡烫蜡木材耐水性评级结果

编号	腐蚀/%	评估依据	等级/级
A	52	轻微的变色或明显的变泽印痕，腐蚀面积约为 50% 以上，颜色变白	3
B	54	轻微的变色或明显的变泽印痕，腐蚀面积约为 50% 以上，颜色变白	3
C	87	明显的溶液腐蚀后的变色，腐蚀面积约为 60% 以上，颜色变白	4
D	51	轻微的变色或明显的变泽印痕，腐蚀面积约为 50% 以上，颜色变白	3
E	72	明显的溶液腐蚀后的变色，腐蚀面积约为 60% 以上，颜色变白	4
F	6	试件表面主体无明显印痕	1
G	12	轻微的溶液腐蚀后的变泽印痕，腐蚀面积约为 10% 以上	2
H	89	明显的溶液腐蚀后的变色，腐蚀面积约为 60% 以上，颜色变白	4
I	80	明显的溶液腐蚀后的变色，腐蚀面积约为 60% 以上，颜色变白	4

通过四因素三水平的正交试验，得到蜂蜡/虫白蜡烫蜡木材耐水性结果，对其进行直观分析。由表 3-19 可知，极差 M＞极差 K＞极差 J/L。极差越大说明该因素的影响越大，是主要因素；极差越小说明该因素的影响越小，为次要因素或不重要因素。由此可知，对蜂蜡/虫白蜡烫蜡木材耐水性影响最大的因素是烘烤温度，然后依次是配比、烫蜡量和起蜡时间。由于耐水性的值越小越好，因此在 J 列中选择第 1 个水平和第 3 个水平对指标最有利，在 K 列中选择第 2 个水平对指标最有利，在 L 列中选择第 2 个水平和第 3 个水平对指标最有利，在 M 列中选择第 1 个水平和第 3 个水平对指标最有利，即蜂蜡/虫白蜡烫蜡木材耐水性技术优化工艺参数为 $J_{13}K_2L_{23}M_{13}$。

表 3-19　蜂蜡/虫白蜡烫蜡木材耐水性直观分析表

序号	烫蜡量 $J/(g/m^2)$	配比 K	起蜡时间 L/min	烘烤温度 $M/℃$
均值 1	41.667	58.333	58.333	33.333
均值 2	58.333	33.333	41.667	75.000
均值 3	41.667	50.000	41.667	33.333
极差	16.666	25.000	16.666	41.667

由表 3-20 可知，烫蜡量、配比、起蜡时间和烘烤温度对蜂蜡/虫白蜡烫蜡木材耐水性的影响均不显著。

表 3-20　蜂蜡/虫白蜡烫蜡木材耐水性方差分析表

因素	偏差平方和	自由度	F 比	F 临界值	显著性
烫蜡量	555.556	3	0.160	19.000	
配比	972.222	3	0.280	19.000	
起蜡时间	555.556	3	0.160	19.000	
烘烤温度	3472.222	3	1.000	19.000	
误差	3472.22	3			

② 蜂蜡和石蜡烫蜡木材耐水性分析：其评定结果如表 3-21 所示。蜂蜡/石蜡烫蜡木材 e 在耐水性评级结果中为 1 级，试件表面主体没有明显的印痕，耐水性能很强；蜂蜡/石蜡烫蜡木材 i 在评级结果中为 2 级，肉眼能看到轻微的印痕，腐蚀面积约占试件主体面积的 10%，耐水性能较强；烫蜡木材 c、f、g、h 的耐水性等级为 3 级，肉眼能看到轻微的变色和明显的印痕，印痕面积约占试件主体面积的 50%，耐水性能较差；烫蜡木材 a、b、d 的耐水性等级为 4 级，肉眼能看到明显的变色，面积较大，约占试件主体面积的 60%，颜色变白，耐水性能很差。其耐水性等级平均为 3 级。

表 3-21　蜂蜡/石蜡烫蜡木材耐水性评级结果

编号	腐蚀比例/%	评定依据	等级/级
a	78	明显的溶液腐蚀后的变色,腐蚀面积为 60% 以上,颜色变白	4
b	81	明显的溶液腐蚀后的变色,腐蚀面积为 60% 以上,颜色变白	4
c	53	轻微的变色或明显的变泽印痕,腐蚀面积为 50% 以上,颜色变白	3
d	82	明显的溶液腐蚀后的变色,腐蚀面积为 60% 以上,颜色变白	4
e	7	试件表面主体无明显印痕	1
f	57	轻微的变色或明显的变泽印痕,腐蚀面积为 50% 以上,颜色变白	3
g	52	轻微的变色或明显的变泽印痕,腐蚀面积为 50% 以上,颜色变白	3
h	56	轻微的变色或明显的变泽印痕,腐蚀面积为 50% 以上,颜色变白	3
i	13	轻微的溶液腐蚀后的变泽印痕,腐蚀面积为 10% 以上	2

通过四因素三水平的正交试验，得到蜂蜡/石蜡烫蜡木材耐水性结果，对其进行直观分析。由表 3-22 可知，因素 j、k、l、m 的极差数值相同，因此对烫蜡试材的耐水性影响也均相同。由于耐水性的值越小越好，因此在 j 列中选择第 1 个水平对指标最有利，在 k 列中选择第 1 个水平对指标最有利，在 l 列中选择第 1 个水平和第 2 个水平对指标最有利，在 m 列中选择第 2 个水平和第 3 个水平对指标最有利，即蜂蜡/石蜡烫蜡木材耐水性技术优化工艺参数为 $j_1 k_1 l_{12} m_{23}$。

表 3-22　蜂蜡/石蜡烫蜡木材耐水性直观分析表

序号	烫蜡量 j/(g/m^2)	配比 k	起蜡时间 l/min	烘烤温度 m/℃
均值 1	33.333	33.333	41.667	66.667
均值 2	58.333	58.333	41.667	41.667
均值 3	58.333	58.333	66.667	41.667
极差	25.000	25.000	25.000	25.000

由表 3-23 可知，烫蜡量、配比、起蜡时间和烘烤温度对蜂蜡/石蜡烫蜡木材耐水性的影响均不显著。

表 3-23　蜂蜡/石蜡烫蜡木材耐水性方差分析表

因素	偏差平方和	自由度	F 值	F 临界值	显著性
烫蜡量	1250.000	3	1.000	19.000	
配比	1250.000	3	1.000	19.000	
起蜡时间	1250.000	3	1.000	19.000	
烘烤温度	1250.000	3	1.000	19.000	
误差	1250.00	3			

（2）耐冷热温差性

① 蜂蜡/虫白蜡烫蜡木材耐冷热温差性分析：其耐冷热温差性评定结果如表 3-24 所示。由表可知，蜂蜡/虫白蜡烫蜡木材 H 在耐冷热温差性评级结果中等级最高，经冷热温度差短时间变化，肉眼能够看到试件表面轻微的蜡脱落现象，脱落面积约占试件主体面积的 10%，耐冷热温差性能较强；蜂蜡/虫白蜡烫蜡木材 G 的耐冷热温差性等级略低于 H，经肉眼观察试件可看到轻微的冷热温度变化后的蜡脱落、变色、起皱，脱落面积约占试件主体面积的 50%，耐冷热温差性能较弱；蜂蜡/虫白蜡烫蜡木材 A、B、C、D、E、F、I 的耐冷热温差性等级为 4 级，通过肉眼观察试件可以发现明显的冷热温度变化对蜡的破坏，表现为脱落、变色、起皱，脱落面积约占试件主体面积的 60% 以上，颜色变白，耐冷热温差性能很弱。蜂蜡/虫白蜡烫蜡木材的耐冷热温差性等级平均为 4 级。

表 3-24 蜂蜡/虫白蜡烫蜡木材耐冷热温差性评级结果

编号	腐蚀面积/%	评估依据	等级/级
A	87	明显的冷热温度变化后的蜡脱落、变色、起皱,脱落面积约为 60%以上,颜色变白	4
B	93	明显的冷热温度变化后的蜡脱落、变色、起皱,脱落面积约为 60%以上,颜色变白	4
C	95	明显的冷热温度变化后的蜡脱落、变色、起皱,脱落面积约为 60%以上,颜色变白	4
D	88	明显的冷热温度变化后的蜡脱落、变色、起皱,脱落面积约为 60%以上,颜色变白	4
E	91	明显的冷热温度变化后的蜡脱落、变色、起皱,脱落面积约为 60%以上,颜色变白	4
F	93	明显的冷热温度变化后的蜡脱落、变色、起皱,脱落面积约为 60%以上,颜色变白	4
G	53	轻微的冷热温度变化后的蜡脱落、变色、起皱,脱落面积约为 50%以上,颜色变白	3
H	12	轻微的冷热温度变化后的蜡脱落,脱落面积约为 10%以上	2
I	65	明显的冷热温度变化后的蜡脱落、变色、起皱,脱落面积约为 60%以上,颜色变白	4

通过等级转换为数值和计算分析可得出蜂蜡/虫白蜡烫蜡木材耐冷热温差性的直观分析表和方差分析表,见表 3-25 和表 3-26。

表 3-25 蜂蜡/虫白蜡烫蜡木材耐冷热温差性直观分析表

序号	烫蜡量 J/(g/m^2)	配比 K	起蜡时间 L/min	烘烤温度 M/℃
均值 1	25.000	33.333	41.667	25.000
均值 2	25.000	41.667	25.000	33.333
均值 3	50.000	25.000	33.333	41.667
极差	25.000	16.667	16.667	16.667

通过四因素三水平的正交试验,得到蜂蜡/虫白蜡烫蜡木材耐冷热温差性结果,对其进行直观分析。由表 3-25 可知,极差 J>极差 $K/L/M$。极差越大说明该因素的影响越大,是主要因素;极差越小说明该因素的影响越小,为次要因素或不重要因素。由此可知,对蜂蜡/虫白蜡烫蜡木材耐冷热温差性影响最大的因素是烫蜡量,然后是配比、起蜡时间和烘烤温度。由于耐冷热温差性的值越小越好,因此在 J 列中选择第 1 个水平和第 2 个水平对指标最有利,在 K 列中选择第 3 个水平对指标最有利,在 L 列中选择第 2 个水平对指标最有利,在 M 列中选择第 1 个水平对指标最有利,即蜂蜡/虫白蜡烫蜡木材耐冷热温差性技术优化工艺参数为 $J_{12}K_3L_2M_1$。

由表 3-26 可知,烫蜡量、配比、起蜡时间和烘烤温度对蜂蜡/虫白蜡烫蜡木材耐水性的影响均不显著。

表 3-26　蜂蜡/虫白蜡烫蜡木材耐冷热温差性方差分析表

因素	偏差平方和	自由度	F 值	F 临界值	显著性
烫蜡量	1250.000	3	3.000	19.000	
配比	416.667	3	1.000	19.000	
起蜡时间	416.667	3	1.000	19.000	
烘烤温度	416.667	3	1.000	19.000	
误差	416.67	3			

② 蜂蜡/石白蜡烫蜡木材耐冷热温差性分析：其耐冷热温差性评定结果如表 3-27 所示。烫蜡试件 c 在耐冷热温差性评级结果中等级最高，试件表面主体没有明显的冷热温度转换后的蜡脱落现象，耐冷热温差性能很高；试件 g 的耐冷热温差性等级略低于 c，试件表面可看到轻微的冷热温度变化后的蜡脱落，脱落面积约占试件主体面积的 10%，耐冷热温差性能较高；试件 i 的耐冷热温差性等级为 3 级，试件表面可看到轻微的冷热温度变化后的蜡脱落、变色、起皱，脱落面积约占试件主体面积的 50%，耐冷热温差性能较低；试件a、b、d、e、f、h 的耐冷热温差性等级为 4 级，试件表面可看到明显的冷热温度变化后的蜡脱落、变色、起皱，脱落面积约占试件主体面积的 60% 以上，颜色变白，耐冷热温差性能很低。其耐冷热温差性等级平均为 3 级。

表 3-27　蜂蜡/石蜡烫蜡木材耐冷热温差性评级结果

编号	腐蚀比例/%	评定依据	等级/级
a	81	明显的溶液腐蚀后的变色,腐蚀面积为 60% 以上,颜色变白	4
b	85	明显的溶液腐蚀后的变色,腐蚀面积为 60% 以上,颜色变白	4
c	7	轻微的变色或明显的变泽印痕,腐蚀面积为 50% 以上,颜色变白	1
d	93	明显的溶液腐蚀后的变色,腐蚀面积为 60% 以上,颜色变白	4
e	87	轻微的变色或明显的变泽印痕,腐蚀面积为 50%上,颜色变白	4
f	90	轻微的变色或明显的变泽印痕,腐蚀面积为 50%上,颜色变白	4
g	13	试件表面主体无明显印痕	2
h	78	轻微的变色或明显的变泽印痕,腐蚀面积为 50%上,颜色变白	4
i	57	轻微的溶液腐蚀后的变泽印痕,腐蚀面积为 10%上	3

通过等级转换为数值并进行计算分析可得出蜂蜡/石蜡烫蜡木材耐冷热温差性的直观分析表和方差分析表，见表 3-28 和表 3-29。

通过四因素三水平的正交试验，得到蜂蜡/石蜡烫蜡木材耐冷热温差性结果，对其进行直观分析。由表 3-28 可知，极差 l>极差 k>极差 j>极差 m。极差越大说明该因素的影响越大，是主要因素；极差越小说明该因素的影响越小，为次要因素或不重要因素。由此可知，对蜂蜡/石蜡烫蜡木材耐冷热温差性影响最大的因素是起蜡时间，然后依次是配比、烫蜡量、烘烤温度。由于耐冷热温差性的值越小越好，因此在 j 列中选择第 2 个水平对指标最有利，在 k 列中选择第 2 个水平对指标最有利，在 l 列中选择第 1 个水平对指标最有利，在 m 列中选择第 1 个水平对指标最有利，即蜂蜡/石蜡烫蜡木材耐冷热温差性技术优化工艺参数为 $j_2k_2l_1m_1$。

表 3-28　蜂蜡/石蜡烫蜡木材耐冷热温差性直观分析表

序号	烫蜡量 $j/(g/m^2)$	配比 k	起蜡时间 l/min	烘烤温度 $m/℃$
均值 1	50.000	41.667	25.000	33.333
均值 2	25.000	25.000	33.333	41.667
均值 3	50.000	58.333	66.667	50.000
极差	25.000	33.333	41.667	16.667

由表 3-29 可知，烫蜡量、配比、起蜡时间和烘烤温度对蜂蜡/石蜡烫蜡木材耐冷热温差性的影响均不显著。

表 3-29　蜂蜡/石蜡烫蜡木材耐冷热温差性方差分析表

因素	偏差平方和	自由度	F 值	F 临界值	显著性
烫蜡量	1250.000	3	3.000	19.000	
配比	1666.667	3	4.000	19.000	
起蜡时间	2916.667	3	7.000	19.000	
烘烤温度	416.667	3	1.000	19.000	
误差	416.67	3			

（3）耐冷液性

首先在试件上任取 2～3 个试验区域和 1 个对比区域，然后对试件进行酸性（浓度 30% 的乙酸）和碱性（浓度 10% 的碳酸钠）溶液的测试，试验结果参照 GB/T 4893.1—2021 的标准评定等级。由于耐酸液性和耐碱液性结果基本一致，因此对试件直接进行耐冷液性评定分析。

① 蜂蜡/虫白蜡烫蜡木材耐冷液性分析：由表 3-30 可知，蜂蜡/虫白蜡烫蜡木材 G 在耐冷液性评级结果中等级最高，经酸性的乙酸和碱性的碳酸钠侵蚀后试件表面没有明显的印痕，试验区域与对比区域没有明显变化，差异性不明显，耐液性能很强；蜂蜡/虫白蜡烫蜡木材 A、E、F 的耐冷液性等级略低于 G，通过肉眼观察试验区域与对比区域可以看到试验区域的蜡有轻微的溶液腐蚀后的印痕，两个区域差异性较小，耐冷液性能较强；试件 B、H 的耐冷液性等级为 3 级，通过肉眼观察试验区域和对比区域可以看到试验区域的蜡有轻微的变色，而且部分区域有明显的印痕，两个区域差异性较大，耐液性能较弱；试材 C、D、I 的耐冷液性等级为 4 级，通过肉眼观察试验区域与对比区域可以发现试验区域的蜡有明显的溶液腐蚀后的变色、印痕、皱纹等，两个区域差异性很明显，耐液性能很弱。蜂蜡/虫白蜡烫蜡木材的耐冷液性等级平均为 3 级。

表 3-30　蜂蜡/虫白蜡烫蜡木材耐冷液性评级结果

编号	评估依据	等级
A	轻微的溶液腐蚀后的变泽印痕	2 级
B	轻微的变色或明显的变泽印痕	3 级
C	明显的溶液腐蚀后的变色、鼓泡、起皱等	4 级
D	明显的溶液腐蚀后的变色、鼓泡、起皱等	4 级
E	轻微的溶液腐蚀后的变泽印痕	2 级
F	轻微的溶液腐蚀后的变泽印痕	2 级
G	试件表面无明显印痕	1 级
H	轻微的变色或明显的变泽印痕	3 级
I	明显的溶液腐蚀后的变色、鼓泡、起皱等	4 级

　　通过等级转换为数值并进行计算分析可得出蜂蜡/虫白蜡烫蜡木材耐冷液性的直观分析表和方差分析表，见表 3-31 和表 3-32。

　　通过四因素三水平的正交试验，得到蜂蜡/虫白蜡烫蜡木材耐冷液性结果，对其进行直观分析。由表 3-31 可知，极差 M＞极差 L＞极差 K＞极差 J。由此可知，对蜂蜡/虫白蜡烫蜡耐冷液性影响最大的因素是烘烤温度，然后依次是起蜡时间、配比和烫蜡量。由于耐冷液性的值越小越好，因此在 J 列中选择第 1 个水平对指标最有利，在 K 列中选择第 3 个水平对指标最有利，在 L 列中选择第 2 个水平对指标最有利，在 M 列中选择第 3 个水平对指标最有利，即蜂蜡/虫白蜡烫蜡木材耐冷液性技术优化工艺参数为 $J_1 K_3 L_2 M_3$。

表 3-31　蜂蜡/虫白蜡烫蜡木材耐冷液性直观分析表

序号	烫蜡量 J/(g/m²)	配比 K	起蜡时间 L/min	烘烤温度 M/℃
均值 1	50.000	66.667	66.667	58.333
均值 2	58.333	58.333	33.333	75.000
均值 3	58.333	41.667	66.667	33.333
极差	8.333	25.000	33.334	41.667

　　由表 3-32 可知，烫蜡量、配比、起蜡时间和烘烤温度对蜂蜡/虫白蜡烫蜡木材耐冷液性的影响均不显著。

表 3-32　蜂蜡/虫白蜡烫蜡木材耐冷液性方差分析表

因素	偏差平方和	自由度	F 值	F 临界值	显著性
烫蜡量	138.889	3	1.000	19.000	
配比	972.222	3	7.000	19.000	
起蜡时间	2222.222	3	16.000	19.000	
烘烤温度	2638.889	3	19.000	19.000	
误差	138.89	3			

　　② 蜂蜡/石蜡烫蜡木材耐冷液性分析：由表 3-33 可知，试件 b 在耐冷液性评级结果中为 1 级，经过试件主体表面的试验区域与对比区域的比较发现，

两个区域的表面没有明显的差别，没有明显的印痕，差异性不明显，耐液性能很强；试材 a、e 在耐冷液性评级结果中为 2 级，通过两个区域的对比观察，肉眼能看到试验区域的蜡有轻微的溶液腐蚀后的印痕，两个区域有较小的差异性，耐液性能较强；试材 c、f 的耐冷液性等级为 3 级，经过两个区域的比较，肉眼能看到试验区域的蜡有轻微的变色和明显的印痕，两个区域差异性较大，耐液性能较弱；试材 d、g、h、i 的耐冷液性等级为 4 级，通过试验区域与对比区域的比较发现，试验区域的蜡有明显的溶液腐蚀后的变色，两个区域的差异性很大，耐液性能很弱。蜂蜡/石蜡烫蜡木材的耐冷液性等级平均为 3 级。

表 3-33   蜂蜡/石蜡烫蜡木材耐冷液性评级结果

编号	评估依据	等级
a	轻微的溶液腐蚀后的变泽印痕	2 级
b	试件表面明显印痕	1 级
c	轻微的变色或明显的变泽印痕	3 级
d	明显的溶液腐蚀后的变色、鼓泡、起皱等	4 级
e	轻微的溶液腐蚀后的变泽印痕	2 级
f	轻微的变色或明显的变泽印痕	3 级
g	明显的溶液腐蚀后的变色、鼓泡、起皱等	4 级
h	明显的溶液腐蚀后的变色、鼓泡、起皱等	4 级
i	明显的溶液腐蚀后的变色、鼓泡、起皱等	4 级

通过等级转换为数值并进行计算分析可得出蜂蜡/石蜡烫蜡木材耐冷液性的直观分析表和方差分析表，见表 3-34 和表 3-35。

通过四因素三水平的正交试验，得到蜂蜡/石蜡烫蜡木材的耐冷液性结果，对其进行直观分析。由表 3-34 可知，极差 j＞极差 k/m＞极差 l。由此可知，对蜂蜡/石蜡烫蜡木材耐冷液性影响最大的因素是烫蜡量，然后依次是配比、烘烤温度和起蜡时间。由于耐冷液性的值越小越好，因此在 j 列中选择第 3 个水平对指标最有利，在 k 列中选择第 1 个水平和第 3 个水平对指标最有利，在 l 列中第 1～3 个水平的指标均相同，均为最有利指标，在 m 列中选择第 3 个水平对指标最有利，即蜂蜡/石蜡烫蜡木材的耐冷液性技术优化工艺参数为 $j_3 k_{13} l_{123} m_3$。

表 3-34   蜂蜡/石蜡烫蜡木材耐冷液性直观分析表

序号	烫蜡量 $j/(g/m^2)$	配比 k	起蜡时间 l/min	烘烤温度 $m/℃$
均值 1	75.000	41.667	50.000	58.333
均值 2	50.000	66.667	50.000	58.333
均值 3	25.000	41.667	50.000	33.333
极差	50.000	25.000	0.000	25.000

由表 3-35 可知，烫蜡量、配比、起蜡时间和烘烤温度对蜂蜡/石蜡烫蜡木材耐冷液性的影响均不显著。

表 3-35　蜂蜡/石蜡烫蜡木材耐冷液性方差分析表

因素	偏差平方和	自由度	F 值	F 临界值	显著性
烫蜡量	3750.000	3	3.000	19.000	
配比	1250.000	3	1.000	19.000	
起蜡时间	0.000	3	0.000	19.000	
烘烤温度	1250.000	3	1.000	19.000	
误差	1250.000	3			

（4）耐霉菌性

① 蜂蜡/虫白蜡烫蜡木材耐霉菌性分析：如图 3-14 所示为霉菌在蜂蜡/虫白蜡烫蜡试材表面的生长情况，通过观察可得出对应试材耐霉菌性的评价等级。

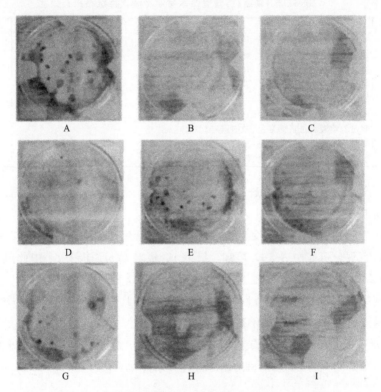

图 3-14　霉菌在蜂蜡/虫白蜡烫蜡试材表面的生长情况

如表 3-36 所示，蜂蜡/虫白蜡烫蜡木材 B、C、H、I 在耐霉菌性评级结果中为 1 级，试件表面主体没有明显的霉菌生长，颜色未变，其耐霉菌性能很高；蜂蜡/虫白蜡烫蜡木材 F 的耐霉菌性等级为 2 级，经肉眼观察能够看到长霉，其覆盖范围约占试件表面主体的 10%，烫蜡的颜色没有发生变化，耐霉菌性能较强；蜂蜡/虫白蜡烫蜡木材 E 的耐霉菌性等级略低于 F，经肉眼观察能够看到长霉，其覆盖范围约占试件表面主体的 50%，烫蜡的颜色没有发生变化，霉菌覆盖面积较大，耐霉菌性能比较弱；蜂蜡/虫白蜡烫蜡木材 A、D、G 的耐霉菌性等级为最低，通过肉眼观察能够看到长霉，其覆盖范围约占试件表面主体的 60%，烫蜡的颜色变黄，霉菌覆盖面积很大，耐霉菌性能很弱。蜂蜡/虫白蜡烫蜡木材的耐霉菌性等级平均为 2 级。

表 3-36　蜂蜡/虫白蜡烫蜡木材耐霉菌性评级结果

编号	腐蚀比例/%	评定依据	等级/级
A	67	霉菌在试件表面的覆盖面积约为 60% 以上,颜色变黄	4
B	4	试件表面无明显霉菌生长,颜色未变	1
C	6	试件表面无明显霉菌生长,颜色未变	1
D	94	霉菌在试件表面的覆盖面积约为 60% 以上,颜色变黄	4
E	56	霉菌在试件表面的覆盖面积为 50%,颜色未变	3
F	11	霉菌在试件表面的覆盖面积为 10%,颜色未变	2
G	92	霉菌在试件表面的覆盖面积约为 60% 以上,颜色变黄	4
H	2	试件表面无明显霉菌生长,颜色未变	1
I	3	试件表面无明显霉菌生长,颜色未变	1

通过四因素三水平正交试验，得到蜂蜡/虫白蜡烫蜡试材耐霉菌性等级结果，对其进行直观分析。由表 3-37 可知，极差 K＞极差 J＞极差 L/M。由此可知，对蜂蜡/虫白蜡烫蜡木材耐霉菌性影响最大的因素是配比，然后依次是烫蜡量、起蜡时间和烘烤温度。由于耐霉菌性的值越小越好，因此在 J 列中选择第 2 个水平对指标最有利，在 K 列中选择第 1 个水平对指标最有利，在 L 列中选择第 3 个水平对指标最有利，在 M 列中选择第 1 个水平对指标最有利，即蜂蜡/虫白蜡烫蜡试材耐霉菌性技术优化工艺参数为 $J_2K_1L_3M_1$。

表 3-37　蜂蜡/虫白蜡烫蜡木材耐霉菌性直观分析表

序号	烫蜡量 J/(g/m²)	配比 K	起蜡时间 L/min	烘烤温度 M/℃
均值 1	75.000	25.000	66.667	58.333
均值 2	50.000	83.333	75.000	66.667
均值 3	75.000	91.667	58.333	75.000
极差	25.000	66.667	16.667	16.667

由表 3-38 可知，烫蜡量、配比、起蜡时间和烘烤温度对蜂蜡/虫白蜡烫蜡木材耐霉菌性的影响均不显著。

表 3-38　蜂蜡/虫白蜡烫蜡木材耐霉菌性方差分析表

因素	偏差平方和	自由度	F 值	F 临界值	显著性
烫蜡量	1250.000	3	3.000	19.000	
配比	7916.667	3	19.000	19.000	
起蜡时间	416.667	3	1.000	19.000	
烘烤温度	416.667	3	1.000	19.000	
误差	416.67	3			

② 蜂蜡/石蜡烫蜡木材耐霉菌性分析：如图 3-15 所示为霉菌在蜂蜡/石蜡烫蜡试材表面的生长情况，通过观察可得出对应试材耐霉菌性的评价等级。

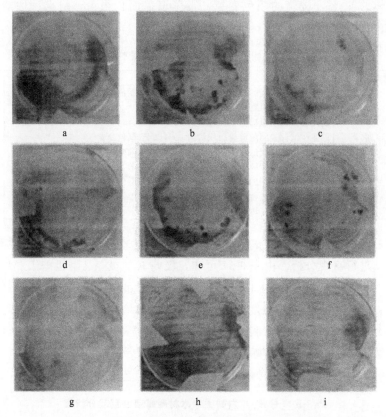

a b c

d e f

g h i

图 3-15 霉菌在蜂蜡/石蜡烫蜡试材表面的生长情况

由表 3-39 可知，蜂蜡/石蜡烫蜡木材 i 在耐霉菌性评级结果中等级最高，试件表面主体没有明显的霉菌生长，颜色未变，耐霉菌性能很强；蜂蜡/石蜡烫蜡木材 a、h 在耐霉菌性评级结果中为 2 级，肉眼能够看到长霉，其覆盖面积约占试件表面主体的 10%，烫蜡的颜色没有发生变化，耐霉菌性能较强；蜂蜡/石蜡烫蜡木材 b、d 在评级结果中为 3 级，经肉眼观察能够看到长霉，其覆盖面积约占试件表面主体的 50%，烫蜡的颜色没有发生变化，霉菌覆盖面积较大，耐霉菌性能比较弱；蜂蜡/石蜡烫蜡木材 c、e、f、g 的耐霉菌性等级为最低，经过肉眼观察能够看到长霉，其覆盖范围约占试件表面主体的 60% 以上，烫蜡的颜色发黄，霉菌覆盖面积很大，耐霉菌性能很弱。蜂蜡/石蜡烫蜡木材的耐霉菌性等级平均为 3 级。

表 3-39　蜂蜡/石蜡烫蜡木材耐霉菌性评级结果

编号	腐蚀比例/%	评定依据	等级/级
a	12	霉菌在试件表面的覆盖面积约为 10%,颜色未变	2
b	53	霉菌在试件表面的覆盖面积约为 50%,颜色未变	3
c	89	霉菌在试件表面的覆盖面积约为 60%以上,颜色变黄	4
d	53	霉菌在试件表面的覆盖面积约为 50%,颜色未变	3
e	85	霉菌在试件表面的覆盖面积约为 60%以上,颜色变黄	4
f	87	霉菌在试件表面的覆盖面积约为 60%以上,颜色变黄	4
g	92	霉菌在试件表面的覆盖面积约为 60%以上,颜色变黄	4
h	11	霉菌在试件表面的覆盖面积约为 10%,颜色未变	2
i	2	试件表面无明显霉菌生长,颜色未变	1

通过四因素三水平的正交试验,得到蜂蜡/石蜡烫蜡试材的耐霉菌性结果,对其进行直观分析。由表 3-40 可知,极差 l>极差 j/m>极差 k。由此可知,对蜂蜡/石蜡烫蜡木材耐霉菌性影响最大的因素是起蜡时间,然后依次是烫蜡量、烘烤温度和配比。由于耐霉菌性的值越小越好,因此在 j 列中选择第 2 个水平对指标最有利,在 k 列中第 1~3 个水平对指标均最有利,在 l 列中选择第 3 个水平对指标最有利,在 m 列中选择第 2 个水平对指标最有利,即蜂蜡/石蜡烫蜡试材的耐霉菌性技术优化工艺参数为 $j_2 k_{123} l_3 m_2$。

表 3-40　蜂蜡/石蜡烫蜡木材耐霉菌性直观分析表

序号	烫蜡量 j/(g/m^2)	配比 k	起蜡时间 l/min	烘烤温度 m/℃
均值 1	50.000	50.000	58.333	66.667
均值 2	33.333	50.000	66.667	33.333
均值 3	66.667	50.000	25.000	50.000
极差	33.333	0.000	41.667	33.333

由表 3-41 可知,烫蜡量、配比、起蜡时间和烘烤温度对蜂蜡/石蜡烫蜡试材耐霉菌性的影响均不显著。

表 3-41　蜂蜡/石蜡烫蜡木材耐霉菌性方差分析表

因素	偏差平方和	自由度	F 值	F 临界值	显著性
烫蜡量	1666.667	3	1.000	19.000	
配比	0.000	3	0.000	19.000	
起蜡时间	2916.667	3	1.750	19.000	
烘烤温度	1666.667	3	1.000	19.000	
误差	1666.67	3			

(5) 综合性能优化结果

综上所述,木质材料蜂蜡/虫白蜡与蜂蜡/石蜡烫蜡在耐水性和耐冷液性上没有明显的区别,在耐冷热温差性上蜂蜡/石蜡略高于蜂蜡/虫白蜡,在耐霉菌性上蜂蜡/虫白蜡略高于蜂蜡/石蜡。烫蜡木材的性能优化结果综合分析如下。

① 蜂蜡/虫白蜡烫蜡木材优化结果:综合考虑蜂蜡/虫白蜡烫蜡的耐水性、

耐冷液性、耐冷热温差性、耐霉菌性这四个指标，可知技术优化工艺参数有 $J_{13}K_2L_{23}M_{13}$、$J_1K_3L_2M_3$、$J_{12}K_3L_2M_1$、$J_2K_1L_3M_1$。

在因素 J 中，耐冷热温差性指标在该因素中极差最大，影响也最大，而耐水性和耐冷液性指标极差最小，影响最小，因此将因素 J 初步确定为 1 水平和 2 水平。又因为因素 J 的 1 水平和 2 水平在指标耐霉菌性下差距较大，所以选择 2 水平作为因素 J 的最佳水平。

在因素 K 中，耐霉菌性指标极差最大，影响最大，而耐水性、耐液性、耐冷热温差性指标极差较小，影响也较小，因此选择 1 水平作为因素 K 的最佳水平。

在因素 L 中，耐液性指标极差居第二位，而耐水性、耐冷热温差性、耐霉菌性指标极差均较小，影响也较小，因此选择 2 水平作为因素 L 的最佳水平。

在因素 M 中，耐水性和耐液性指标极差均最大，影响最大，而耐冷热温差性和耐霉菌性指标极差均最小，影响最小，因此将因素 M 初步确定为 1 水平和 3 水平。又因为因素 M 的 1 水平和 3 水平在指标耐液性下差距较大，所以选择 3 水平作为因素 M 的最佳水平。

因此，综合考虑上述原因，确定蜂蜡/虫白蜡烫蜡木材的优化技术工艺参数为烫蜡量 60g/m^2、配比 2∶3.5、起蜡时间 5min、烘烤温度 70℃。

② 蜂蜡/石蜡烫蜡木材优化结果：综合考虑蜂蜡/石蜡烫蜡的耐水性、耐液性、耐冷热温差性、耐霉菌性这四个指标，可知技术优化工艺参数有 $j_1k_1l_{12}m_{23}$、$j_3k_{13}l_{123}m_3$、$j_2k_2l_1m_1$、$j_2k_{123}l_3m_2$。

在因素 j 中，耐液性指标极差最大，影响也最大，而耐水性、耐冷热温差性和耐霉菌性指标极差均较小，影响也较小，因此将 3 水平作为因素 j 的最佳水平。

在因素 k 中，耐冷热温差性指标极差居第二位，而耐霉菌性指标在其因素中极差最小，影响最小，因此确定 2 水平作为因素 k 的最佳水平。

在因素 l 中，耐冷热温差性和耐霉菌性指标极差最大，影响也最大，而耐液性指标极差最小，影响也最小，因此将因素 l 初步确定为 1 水平和 3 水平。又因为因素 l 的 1 水平和 3 水平在指标耐冷热温差性下差距较大，所以选择 1 水平作为因素 l 的最佳水平。

在因素 m 中，耐液性和耐霉菌性指标的因素中极差居第二位，而耐冷热温差性指标极差最小，影响也最小，因此将因素 m 初步确定为 3 水平和 2 水平。又因为因素 m 的 3 水平和 2 水平在指标耐液性下差距较大，因此所以 3 水平作为因素 m 的最佳水平。

因此，综合考虑上述原因，确定蜂蜡/石蜡烫蜡木材的优化技术工艺参数为烫蜡量 70g/m^2、配比 2∶3、起蜡时间 4.5min、烘烤温度 70℃。

4

天然蜡烫蜡木材表面装饰性能

表面颜色、光泽度、粗糙度、木材纹理和视觉心理是评价装饰性的重要指标，这些指标能很好地检验木质材料表面的装饰效果。

4.1 烫蜡木材颜色

4.1.1 试验方法

本书采用美达能 CM2300d 分光测色仪对烫蜡试材进行测量，依据 CIE $(1976)L^*a^*b^*$ 色度学空间表色系统进行数据分析，适用于色差较小情况下的颜色测量。测试过程中采用标准 D65 光源，在每个试件上进行多点（一般取 5 个点）测量，包括烫蜡试件明度、红绿轴色品指数、黄蓝轴色品指数和色饱和度，然后计算其算术平均值作为测量值。获取数据后对烫蜡试材进行色彩分析。

CIE$(1976)L^*a^*b^*$ 表色系统中 L^* 代表明度，纯白色物体的 L^* 值为 100，颜色趋向于纯黑的物体 L^* 值趋向于 0，其差值如公式(4-1) 所示。

$$\Delta L^* = L_2^* - L_1^* \tag{4-1}$$

a^* 代表红绿轴色品指数，正值表示颜色偏向红色，负值则表示颜色偏向绿色，其差值如式(4-2) 所示。

$$\Delta a^* = a_2^* - a_1^* \tag{4-2}$$

b^* 代表黄蓝轴色品指数，正值表示颜色偏向黄色，负值表示颜色偏向蓝色，其差值如公式(4-3) 所示。

$$\Delta b^* = b_2^* - b_1^* \tag{4-3}$$

C^* 代表色饱和度，其计算如公式(4-4) 所示。

$$C^* = \sqrt{(b^{*2} + a^{*2})} \tag{4-4}$$

Ag^* 代表色调角，其计算如公式(4-5) 所示。

$$Ag^* = \arctan(b^*/a^*) \tag{4-5}$$

ΔE^* 为色调差值，其值越大表示颜色变化越大，可通过公式(4-6) 计算获得

$$\Delta E^* = \sqrt{(L_2^* - L_1^*)^2 + (a_2^* - a_1^*)^2 + (b_2^* - b_1^*)^2} \tag{4-6}$$

4.1.2 天然蜡烫蜡木材颜色

(1) 天然蜡烫蜡木材颜色分析

采用水曲柳旋切板作为原材料，对其进行烫蜡处理，素材为对比样品，分析比较不同种类的蜡烫蜡木材的颜色。素材，纯蜂蜡、蜂蜡和虫白蜡共混蜡以及蜂蜡和石蜡共混蜡烫蜡木材的颜色指标 L^*、a^* 和 b^* 值如图 4-1 所示。

① 明度 L^*：与素材相比，烫蜡木材的 L^* 值均较低；与纯蜂蜡烫蜡木材相比，共混天然蜡烫蜡试材的 L^* 值均较高；蜂蜡和石蜡共混蜡烫蜡试材的 L^* 值要略低于蜂蜡和虫白蜡共混蜡烫蜡试材，两者基本接近。由此可知，纯蜂蜡烫蜡木材的明度更低，颜色更深，共混天然蜡烫蜡木材的颜色更接近于木材的本色。

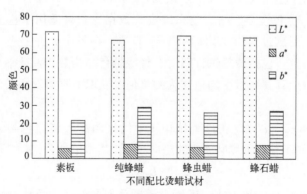

图 4-1 烫蜡木材颜色

② 红绿轴色品指数 a^*：与素材相比，烫蜡木材的 a^* 值均较高；与纯蜂蜡烫蜡木材相比，共混天然蜡烫蜡试材的 a^* 值均较低；蜂蜡和石蜡共混蜡烫蜡试材的 a^* 值要略高于蜂蜡和虫白蜡共混蜡烫蜡试材，两者基本接近。由此

可知，烫蜡木材均趋向于红色。其中纯蜂蜡烫蜡木材最强烈。

③ 黄蓝轴色品指数 b^*：与素材相比，烫蜡木材的 b^* 值均较高；与纯蜂蜡烫蜡木材相比，共混天然蜡烫蜡试材的 b^* 值均较低；蜂蜡和石蜡共混蜡烫蜡试材的 b^* 值要略高于蜂蜡和虫白蜡共混蜡烫蜡试材，两者基本接近。由此可知，烫蜡木材均趋向于黄色。其中纯蜂蜡烫蜡木材最明显。

总的来说，与素材相比，烫蜡木材的 L^* 值较低，a^* 值和 b^* 值较高。其中，纯蜂蜡烫蜡木材的明度最低，颜色更偏向于珍贵木材的红色和黄色；共混天然蜡烫蜡试材的明度较高，a^* 值和 b^* 值略低。

（2）天然蜡烫蜡木材与透明涂饰木材材色对比

由表 4-1 可知，经烫蜡与透明涂饰处理后基材的明度均降低，降低幅度差距不大，其中亮光醇酸漆涂饰降低最大，达 11.75，烫蜡处理降低最小，为 8.21，烫蜡处理木材与亮光硝基漆、亮光聚氨酯漆、亚光聚氨酯漆涂饰最接近，对基材明度的改变最小；基材的红绿轴色品指数均升高，升高的幅度较小，其中亮光醇酸漆涂饰升高最大，达 3.05，亮光硝基漆涂饰升高最小，为 1.53，表明经过烫蜡与透明涂饰处理之后的基材普遍偏红，但由于差值较小，因此偏红的程度不显著；基材的黄蓝轴色品指数均升高，升高的幅度比红绿轴色品指数大，其中亮光醇酸漆涂饰升高最大，达 11.16，亚光聚氨酯漆涂饰升高最小，为 5.59，表明经过烫蜡与透明涂饰处理之后的基材普遍偏黄，而由于差值不大，因此偏黄的程度一般显著，但较偏红的程度显著；色调角的变化很小，表明烫蜡与透明涂饰处理后的基材材色变化较小，基本能保持木材原有的材色；色饱和度均有所增高，但增幅不大，其中亮光醇酸漆涂饰增高最大，达 11.72，亚光聚氨酯漆涂饰增高最小，为 5.69，表明烫蜡与透明涂饰处理不仅能保留木材原有的色调，还能在一定程度上使这种色调更鲜明，进而凸显木材的材质美和纹理美。

表 4-1 烫蜡与透明涂饰处理前后色度学特征的变化

处理方法	处理	L^*	a^*	b^*	Ag^*	C^*
烫蜡	○	73.53	6.33	19.98	72.41	20.96
	□	65.32	8.30	25.83	72.21	27.14
	△	−8.21	1.97	5.85	−0.20	6.18
硝基漆(亮)	○	72.92	6.50	20.97	72.77	21.96
	□	64.00	8.03	26.74	73.27	27.92
	△	−8.92	1.53	5.77	0.49	5.96
硝基漆(亚)	○	72.25	6.87	21.19	71.24	22.38
	□	62.65	8.84	27.01	73.22	29.17
	△	−9.60	1.97	5.83	1.98	6.79

续表

处理方法	处理	L^*	a^*	b^*	Ag^*	C^*
聚氨酯漆(亮)	○	68.79	7.20	20.68	71.13	21.85
	□	60.27	8.94	27.14	71.75	28.58
	△	−8.52	1.74	6.46	0.62	6.73
聚氨酯漆(亚)	○	69.47	7.07	21.44	70.17	22.79
	□	61.21	8.94	27.03	71.70	28.48
	△	−8.26	1.87	5.59	1.52	5.69
醇酸漆(亮)	○	65.18	7.72	20.77	70.88	21.98
	□	53.43	10.77	31.93	71.35	33.70
	△	−11.75	3.05	11.16	0.470	11.72
醇酸漆(亚)	○	65.46	7.17	19.98	72.40	20.96
	□	55.55	10.17	30.98	71.24	31.09
	△	−9.91	3.00	11.00	−1.17	10.13

注：○为素材；□为处理后；△为差值。

4.1.3 着色烫蜡木材颜色

（1）木材着色烫蜡

制备着色烫蜡木材包括制备混合蜡、木材打磨、木材染色、木材烫蜡4个方面。

① 制备混合蜡。首先通过前期文献查询及探索性试验确定较好的蜂蜡和虫白蜡配比方案，如表4-2所示。蜂蜡和虫白蜡均为市购。然后将配比好的蜂蜡和虫白蜡混合后放入烧杯中进行水浴加热；并加入少量的添加物；在加热期间不断用玻璃棒进行搅拌，直至两种天然蜡混合均匀。之后确定较好的颜料颜色为红色、黄色和紫色，分别用a、b、c三个符号进行表示。经过前期探索性实验，可得出较好的配比为方案1、方案2、方案3和方案4，如表4-3所示。方案中表明了混合蜡中颜料的质量占比，据此称量出每种方案所需的颜料，并将颜料分散到熔融蜡液中，然后进行水浴加热。水浴加热温度为90~100℃，时间为30~40min。在加热期间不断用玻璃棒进行搅拌，直至着色剂和天然蜡混合均匀。

表4-2 蜂蜡、虫白蜡配比方案

种类	方案A	方案B
蜂蜡	1	1
虫白蜡	0.3~0.5	1.3~1.5

表4-3 蜂蜡、虫白蜡与着色剂配比方案

颜料颜色	代表符号	方案1	方案2	方案3	方案4
红色	a	0.05%~0.1%	0.45%~0.5%	0.95%~1%	0.195%~2%
黄色	b	0.05%~0.1%	0.45%~0.5%	0.95%~1%	0.195%~2%
紫色	c	0.05%~0.1%	0.45%~0.5%	0.95%~1%	0.195%~2%

② 木材打磨。云杉、榆木木材表面打磨主要分为粗磨、水磨和干磨三个步骤。这三个步骤均为砂光机打磨。

③ 木材染色。首先将红、黄、紫三种颜色的着色剂分类放置，并使用精度为0.0001g的电子天平分别称取一定质量的着色剂倒入烧杯中，然后加入一定量的乙醇进行溶解；经过前期探索性实验，确定溶液的固液比为0.195%～0.2%。将打磨后的木材放入溶液中浸泡一段时间，待木材表面完全着色后，用清水将表面洗净再放入烘箱中进行烘干；烘箱温度设置为60～70℃，木材含水率达到8%～12%后染色过程完成。木材经过黄色、红色和紫色着色剂的染色处理后，表面色泽鲜艳亮丽，纹理清晰流畅，给人强烈的视觉冲击感。

④ 木材烫蜡。首先对染色后的木材进行干燥，然后对其进行烫蜡处理。榆木和云杉木材烫蜡后颜色有了变化，特别是加入不同颜色、不同浓度的着色剂后，木材颜色变化明显。烫蜡后云杉木材表面如图4-2所示，榆木木材表面如图4-3所示。

(a)原木　　　(b)无色烫蜡　　　(c)红色烫蜡　　　(d)黄色烫蜡　　　(e)紫色烫蜡

图4-2　云杉木材图像

(a)原木　　　(b)无色烫蜡　　　(c)红色烫蜡　　　(d)黄色烫蜡　　　(e)紫色烫蜡

图4-3　榆木木材图像

榆木和云杉的染色及烫蜡方案如表 4-4 所示。

表 4-4 木材编号信息

序号	蜡方案 A	蜡方案 B	处理方法	颜色	着色剂含量
1	原木	原木	无	无	无
2	A1	B1	烫蜡木材	无	无
3	A1a1	B1a1	染蜡后烫蜡木材	红色	0.05%～0.1%
4	A1a2	B1a2	染蜡后烫蜡木材	红色	0.45%～0.5%
5	A1a3	B1a3	染蜡后烫蜡木材	红色	0.95%～1%
6	A1a4	B1a4	染蜡后烫蜡木材	红色	0.195%～2%
7	A1a5	B1a5	染色木材烫蜡	红色	0.195%～2%
8	A1b1	B1b1	染蜡后烫蜡木材	黄色	0.05%～0.1%
9	A1b2	B1b2	染蜡后烫蜡木材	黄色	0.45%～0.5%
10	A1b3	B1b3	染蜡后烫蜡木材	黄色	0.95%～1%
11	A1b4	B1b4	染蜡后烫蜡木材	黄色	0.195%～2%
12	A1b5	B1b5	染色木材烫蜡	黄色	0.195%～2%
13	A1c1	B1c1	染蜡后烫蜡木材	紫色	0.05%～0.1%
14	A1c2	B1c2	染蜡后烫蜡木材	紫色	0.45%～0.5%
15	A1c3	B1c3	染蜡后烫蜡木材	紫色	0.95%～1%
16	A1c4	B1c4	染蜡后烫蜡木材	紫色	0.195%～2%
17	A1c5	B1c5	染色木材烫蜡	紫色	0.195%～2%

(2) 红色着色剂处理烫蜡木材的颜色分析

对木材表面进行烫蜡处理后，木材表面的装饰效果发生了明显的变化。据此将烫蜡技艺应用到室内装饰上，可以丰富室内的装饰效果。

① 明度 L^*：如图 4-4 所示，烫蜡后的云杉木材明度 L^* 数值略有升高，榆木木材明度 L^* 数值略微降低，说明烫蜡后云杉木材的颜色变浅，榆木木材的颜色略有加深。随着红色着色剂的加入，云杉和榆木木材的明度 L^* 数值变化偶有波动，但大体呈下降的趋势，说明当混合蜡加入红色着色剂后，烫蜡木材的颜色随着着色剂含量的增加逐渐变深。云杉 A 系列烫蜡木材的明度 L^* 数值基本均略低于 B 系列，榆木 A 系列烫蜡木材的明度 L^* 数值比 B 系列略高，说明混合蜡的配比为 (1∶0.3)～(1∶0.5) 的云杉烫蜡木材颜色比混合蜡的配比为 (1∶1.3)～(1∶1.5) 的云杉烫蜡木材浅，而两种混合蜡配比的榆木烫蜡木材明度相近。

② 红绿轴色品指数 a^*：如图 4-5 所示，与原木相比，烫蜡后的云杉木材红绿轴色品指数 a^* 数值略有变化，但变化不大，榆木木材红绿轴色品指数 a^* 数值升高，说明烫蜡后的云杉木材红绿轴色品变化不大，榆木木材颜色变红。随着红色着色剂的不断加入，云杉、榆木木材的红绿轴色品指数 a^* 数值逐渐升高，说明随着红色着色剂含量的逐渐增多，木材的颜色逐渐接近于红

色。方案 A 系列烫蜡云杉和榆木木材的红绿轴色品指数 a^* 数值整体略低于方案 B 系列，说明加入红色着色剂后，混合蜡的配比为(1∶0.3)~(1∶0.5)的云杉和榆木烫蜡木材相比混合蜡的配比为(1∶1.3)~(1∶1.5)的烫蜡木材更接近红色。

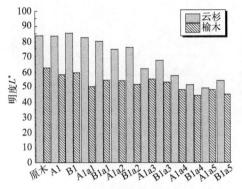

图 4-4　红色着色剂烫蜡木材的
明度 L^*

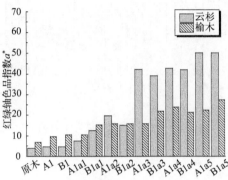

图 4-5　红色着色剂烫蜡木材的红绿轴色品
指数 a^*

③ 黄蓝轴色品指数 b^*：如图 4-6 所示，与原木相比，烫蜡后的云杉木材黄蓝轴色品指数 b^* 有明显升高，榆木木材黄蓝轴色品指数 b^* 略有升高，说明烫蜡后云杉木材的颜色更接近黄色，榆木木材的颜色稍微偏向黄色。随着红色着色剂的加入，云杉、榆木木材的黄蓝轴色品指数 b^* 变化虽有波动，但整体上呈下降趋势，说明当混合蜡加入红色着色剂后，烫蜡木材的黄色逐渐减弱。方案 A 系列烫蜡云杉和榆木木材的黄蓝轴色品指数 b^* 数值整体与方案 B 系列较为接近，无明显差距与规律，说明混合蜡的配比为(1∶0.3)~(1∶0.5)的烫蜡木材黄蓝轴色品与混合蜡的配比为(1∶1.3)~(1∶1.5)的烫蜡木材相近。

④ 色调差值 ΔE^*：如图 4-7 所示，对比不同含量红色着色剂混合蜡烫蜡后的云杉和榆木木材与未经处理的木材发现，随着红色着色剂含量的增加，色调差值 ΔE^* 数值明显上升，说明烫蜡后木材的颜色随着红色着色剂含量的增加与原木的颜色差距越来越大。但榆木木材的色调差值整体明显低于云杉木材，这可能是因为云杉木材本身颜色较浅，而榆木木材本身颜色较深。方案 A 系列烫蜡木材的色调差值 ΔE^* 数值与方案 B 系列无明显差距，说明混合蜡的配比为(1∶0.3)~(1∶0.5)的云杉和榆木烫蜡木材颜色与混合蜡的配比为(1∶1.3)~(1∶1.5)的烫蜡木材无较大差距。

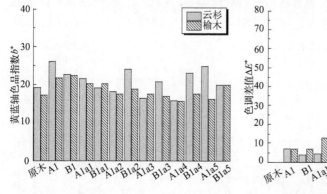

图 4-6　红色着色剂烫蜡木材的
黄蓝轴色品指数 b^*

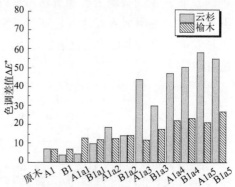

图 4-7　红色着色剂烫蜡木材的
色调差值 ΔE^*

（3）黄色着色剂处理烫蜡木材的颜色分析

① 明度 L^*：如图 4-8 所示，与原木相比，加入黄色着色剂混合蜡的云杉烫蜡木材明度 L^* 数值略有波动，但整体变化不大，榆木烫蜡木材明度 L^* 数值略有下降，说明随着黄色着色剂含量的不断增加，云杉烫蜡木材的明度无明显变化，榆木烫蜡木材的颜色慢慢变深。云杉烫蜡木材方案 A 系列的明度 L^* 与方案 B 系列较为接近，榆木烫蜡木材方案 A 系列的明度 L^* 整体略低于方案 B 系列，说明两种配比的混合天然蜡云杉烫蜡木材明度较为相似，配比为（1∶0.3）～（1∶0.5）的混合蜡榆木烫蜡木材的颜色相比配比为（1∶1.3）～（1∶1.5）的混合蜡榆木烫蜡木材略深。

② 红绿轴色品指数 a^*：如图 4-9 所示，随着混合蜡中黄色着色剂含量的增加，烫蜡后的云杉木材红绿轴色品指数 a^* 数值虽偶有波动，但整体上逐渐升高，榆木木材波动不规律，整体上略有升高后少量下降，说明随着黄色着色剂含量的升高，云杉木材的颜色逐渐接近于红色，榆木木材无明显规律，这可能由于黄色着色剂接近榆木木材本身的颜色。方案 A 系列云杉、榆木烫蜡木材的红绿轴色品指数 a^* 数值整体略高于方案 B 系列，说明加入黄色着色剂后，混合蜡的配比为（1∶0.3）～（1∶0.5）的烫蜡木材相比混合蜡的配比为（1∶1.3）～（1∶1.5）的木材更接近红色。云杉 B1b3 木材的红绿轴色品指数数值略低，与整体趋势略有不符，说明云杉 B1b3 木材可能受到其本身颜色的影响。

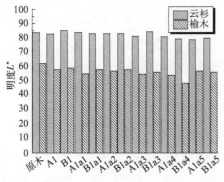
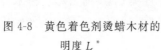
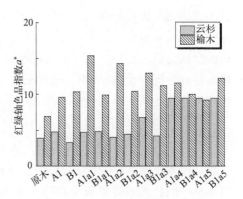

图 4-8　黄色着色剂烫蜡木材的
明度 L^*

图 4-9　黄色着色剂烫蜡木材的红绿
轴色品指数 a^*

③ 黄蓝轴色品指数 b^*：如图 4-10 所示，与原木相比，随着黄色着色剂含量的增加，云杉、榆木烫蜡木材的黄蓝轴色品指数 b^* 整体上升，说明随着黄色着色剂含量的增加，烫蜡木材的颜色整体趋向于黄色。云杉烫蜡木材方案 A 系列的黄蓝轴色品指数 b^* 数值整体高于方案 B 系列，榆木方案 A 系列与 B 系列基本相似，说明混合蜡的配比为(1∶0.3)～(1∶0.5)的云杉烫蜡木材相比混合蜡的配比为(1∶1.3)～(1∶1.5)的云杉烫蜡木材颜色更接近黄色，两种混合蜡配比的榆木烫蜡木材黄蓝轴色品较为相似。

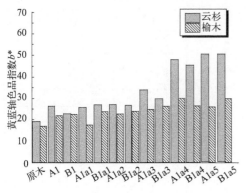
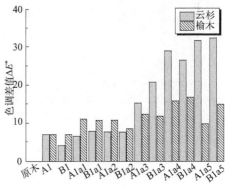

图 4-10　黄色着色剂烫蜡木材的
黄蓝轴色品指数 b^*

图 4-11　黄色着色剂烫蜡木材的
色调差值 ΔE^*

④ 色调差值 ΔE^*：如图 4-11 所示，对比不同含量黄色着色剂混合蜡烫蜡云杉和榆木木材与未经处理的木材发现，随着黄色着色剂含量的增加，色调差值 ΔE^* 数值明显上升，说明烫蜡后木材的颜色随着黄色着色剂含量的增加与

原木的颜色差距越来越大。云杉、榆木方案 A 系列的 ΔE^* 数值与 B 系列无明显差距，说明混合蜡的配比为(1∶0.3)～(1∶0.5)的烫蜡木材颜色变化与混合蜡的配比为(1∶1.3)～(1∶1.5)的烫蜡木材颜色变化较为相似。黄色着色剂烫蜡木材的色调差值 ΔE^* 数值整体明显小于红色着色剂烫蜡木材，说明添加红色着色剂的烫蜡木材颜色变化相比添加黄色着色剂的烫蜡木材更为明显。

（4）紫色着色剂处理烫蜡木材的颜色分析

① 明度 L^*：如图 4-12 所示，随着混合蜡中紫色着色剂含量的逐渐增加，云杉、榆木烫蜡木材的明度 L^* 数值下降趋势明显，说明加入紫色着色剂的烫蜡木材的颜色随着着色剂含量的增加而变深。方案 A 系列云杉、榆木烫蜡木材的明度 L^* 数值与方案 B 系列较为接近，说明两种配比的混合天然蜡烫蜡木材明度较为相似。

② 红绿轴色品指数 a^*：如图 4-13 所示，随着混合蜡中紫色着色剂含量逐渐增加，烫蜡后的云杉、榆木木材红绿轴色品指数 a^* 数值虽偶有波动，但基本呈现逐渐降低的趋势，说明随着紫色着色剂含量的升高，木材的红色逐渐减弱。方案 A 系列云杉、榆木烫蜡木材的红绿轴色品指数 a^* 数值整体与 B 系列相近，说明加入紫色着色剂后两种配比的混合蜡烫蜡木材红绿轴色品相近。

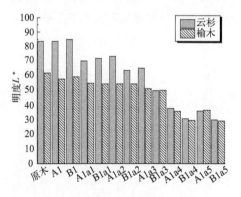

图 4-12　紫色着色剂烫蜡木材的
明度 L^*

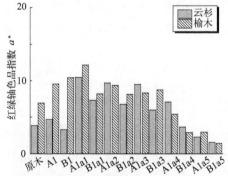

图 4-13　紫色着色剂烫蜡木材的
红绿轴色品指数 a^*

③ 黄蓝轴色品指数 b^*：如图 4-14 所示，随着混合蜡中紫色着色剂含量的增加，烫蜡后的云杉、榆木木材黄蓝轴色品指数 b^* 有明显降低并出现负值，说明烫蜡后云杉、榆木木材的颜色随着紫色着色剂含量的不断增加，黄色逐渐减弱，蓝色越来越明显。云杉木材方案 A 系列的黄蓝轴色品指数 b^* 数值整体大于 B 系列，榆木木材方案 A 系列的黄蓝轴色品指数 b^* 数值整体和 B 系列较为接近，说明混合蜡的配比为(1∶0.3)～(1∶0.5)的云杉烫蜡木材相比混

合蜡的配比为(1∶1.3)~(1∶1.5)的云杉烫蜡木材更加接近黄色，两种混合蜡配比的榆木烫蜡木材颜色变化基本一致。

④ 色调差值 ΔE^*：如图 4-15 所示，对不同含量紫色着色剂混合蜡烫蜡的云杉、榆木木材与未经处理的木材进行对比发现，随着紫色着色剂含量的增加，色调差值 ΔE^* 数值上升明显，说明烫蜡后木材的颜色随着紫色着色剂含量的增加与原木的颜色差距越来越大。云杉烫蜡木材方案 A 系列的色调差值 ΔE^* 数值整体小于 B 系列，榆木烫蜡木材方案 A 系列的色调差值数值整体与 B 系列相似，说明混合蜡的配比为(1∶1.3)~(1∶1.5)的云杉烫蜡木材颜色变化相比混合蜡的配比为(1∶0.3)~(1∶0.5)的云杉烫蜡木材颜色变化明显，两种配比的混合蜡榆木烫蜡木材颜色变化基本一致。紫色着色剂烫蜡木材的色调差值 ΔE^* 数值较红色着色剂烫蜡木材略高，并明显高于黄色着色剂烫蜡木材，说明添加紫色着色剂的烫蜡木材颜色变化相比添加红色着色剂的烫蜡木材颜色变化明显，并且远远明显于添加黄色着色剂的烫蜡木材。榆木烫蜡木材的色调差值 ΔE^* 数值明显低于云杉烫蜡木材，说明添加紫色着色剂烫蜡榆木木材的颜色变化明显低于云杉木材，这可能是由于两种木材底色的影响。

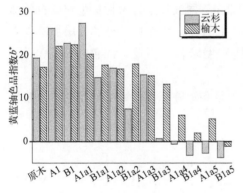

图 4-14　紫色着色剂烫蜡木材的
黄蓝轴色品指数 b^*

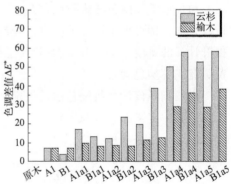

图 4-15　紫色着色剂烫蜡木材的
色调差值 ΔE^*

由以上 L^*、a^*、b^* 数据分析可知，云杉和榆木两种木材烫蜡后表面颜色变深，红绿轴色品变化微小，颜色趋向于黄色；随着红色着色剂含量的增加，木材颜色变深并趋于红色，黄色越来越浅，颜色变化越来越明显；随着黄色着色剂含量的增加，木材颜色缓慢变深并明显趋于黄色，颜色变化越来越明显，但其程度低于添加红色着色剂的烫蜡木材；随着紫色着色剂含量的增加，木材颜色迅速加深，红色越来越浅，整体颜色逐渐趋于蓝色，颜色变化越来越明显，其程度高于添加红色和黄色着色剂的烫蜡木材。

4.1.4 仿珍着色烫蜡木材颜色

(1) 仿珍配色原理

① 配色方法：基于 Kubellka-Munk 理论可知，在染色过程中染料浓度与反射率之间存在着一定的数量关系。配色原理由一系列方程构成，即

$$(K/S)_\lambda = [1-R_{(\lambda)}]^2/2R_{(\lambda)} \tag{4-7}$$

式中，K 为吸收系数；S 为散射系数；$R_{(\lambda)}$ 为波长下反射率；λ 为波长。

对于多种颜色混合的木材染色，染料的浓度有所不同，添加多种染料后色彩叠加，则有如下方程式：

$$K/S = (K_1C_1 + K_2C_2 + K_3C_3 + \cdots + K_0)/(S_1C_1 + S_2C_2 + S_3C_3 + \cdots + S_0) \tag{4-8}$$

式中，K_1、K_2、K_3 分别为各染料的吸收系数；S_1、S_2、S_3 为各染料的散射系数；C_1、C_2、C_3 为各染料的浓度；K_0、S_0 为基材的吸收系数与散射系数；K、S 为染色后基材的吸收与散射系数，而在理想状态下有

$$(K/S)_\lambda = (K/S)_{基材\lambda} + (K/S)_{染料\lambda} \tag{4-9}$$

通过单常数配色法进行颜色叠加，即在不同波长下将木材材色和染料色彩进行叠加，即可得出试材的配色。在配色过程中，由于染料种类的增加不仅会提升计算的难度，还会使最终的配色饱和度降低，因此，配色过程中以红、黄、蓝三种颜色为宜。

由三刺激值计算机配色法通过定义矢量和矩阵可建立浓度与光谱间的数学关系。其中定义的矢量与矩阵如下：

$$\boldsymbol{f} = \begin{bmatrix} (K/S)_{400} \\ (K/S)_{420} \\ \vdots \\ (K/S)_{700} \end{bmatrix} \quad \boldsymbol{D} = \begin{bmatrix} d_{400} & 0 & \cdots & 0 \\ 0 & d_{420} & \cdots & 0 \\ \vdots & \vdots & \ddots & \vdots \\ 0 & 0 & \cdots & d_{700} \end{bmatrix} \quad \boldsymbol{C} = \begin{bmatrix} C_1 \\ C_2 \\ C_3 \end{bmatrix} \tag{4-10}$$

$$\boldsymbol{\phi} = \begin{bmatrix} (K/S)_{400}^1 & (K/S)_{400}^2 & (K/S)_{400}^3 \\ (K/S)_{420}^1 & (K/S)_{420}^1 & (K/S)_{400}^1 \\ \vdots & \vdots & \vdots \\ (K/S)_{700}^1 & (K/S)_{700}^1 & (K/S)_{700}^1 \end{bmatrix} \tag{4-11}$$

式中，$d_i = -\dfrac{2R_i^2}{1-R_i^2}$ （$i=400$、420、$\cdots$、700nm），R_i 指在波长上不透明样品的光谱反射比；$\boldsymbol{C}$ 代表配色配方中所用的染料浓度矢量，其中 C_1、C_2、

C_3 分别代表选用的三种染料浓度。

根据上述的矢量和矩阵，可以得到所需染料浓度的计算公式

$$C = (TED\phi)^{-1}TED\left[f^{(s)} - f^{(t)}\right] \tag{4-12}$$

$$T = \begin{bmatrix} \bar{x}_{400} & \bar{x}_{420} & \cdots & \bar{x}_{700} \\ \bar{y}_{400} & \bar{y}_{420} & \cdots & \bar{y}_{700} \\ \bar{z}_{400} & \bar{z}_{420} & \cdots & \bar{z}_{700} \end{bmatrix}$$

$$E = \begin{bmatrix} E_{400} & 0 & \cdots & 0 \\ 0 & E_{420} & \cdots & 0 \\ \cdots & \cdots & \cdots & \cdots \\ 0 & 0 & \cdots & E_{700} \end{bmatrix}$$

式中，s 表示标准色样；t 表示底物；T 表示 CIE 标准色度观察者，$\bar{x}_i$、$\bar{y}_i$、$\bar{z}_i$ 是光谱三刺激值函数（色混合函数）；E 表示 CIE 标准光源的能量分布，E_i 表示在波长 i(nm) 上光源的相对光谱功率分布。

结合上述两式，先由分光光度计测量获得珍贵木材色彩的色度学参数，建立等式关系，然后计算求得所需染料的浓度比例，从而获得仿珍贵木材色彩的配方，最后再进行染色，如图 4-16 所示。

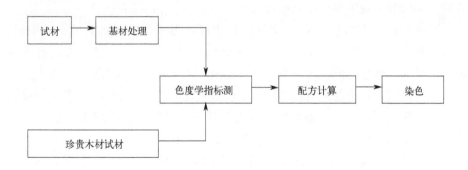

图 4-16　配色方法

② 染料着色方法：试材为松木三层胶合板，尺寸为 100mm×100mm×5mm，购于哈尔滨市海城家具城。该材料表面色彩比较浅，适合测定及观察染色后的变化。首先，对染料进行溶解处理，其次对木材进行着色处理。活性染料、酸性染料、碱性染料及无机染料为四种不同类型的染料，均选择红、黄、蓝三原色对试材进行不同浓度的水浴染色处理。所用染料类型如表 4-5 所

示。具体配制过程如下所示。选择 0.5％、1.0％、1.5％、2.0％、2.5％五种不同浓度的染料进行染色，同一浓度条件下的染色试材 5 个。依照染料的不同，采用不同的染色方法。

表 4-5　四种染料所用颜色

染料	红	黄	蓝
活性染料	艳红	艳黄	藏蓝
碱性染料	大红	嫩黄	湖蓝
酸性染料	枣红	嫩黄	艳蓝
无机染料	铁红	铁黄	群青

活性染料（反应染料）：在染色过程中通过其反应基团与纤维素发生化学反应形成共价键，从而达到固色的效果，具有牢度高、耐洗的特性。首先称量一定量染料，与助色剂一同放入温水中溶解；然后逐步加入纯碱 NaOH 和盐 NaCl，并不断搅拌直至全部溶解；最后将试件放入染料混合液中浸泡，取出后用清水洗净。染色后的试件放入经温水溶解的固色剂溶液中，浸泡后清水洗净、晾干。

酸性染料：一类结构上具有酸性基团的水溶性染料。酸性染料具有色彩鲜明、齐全的特性。首先称量一定量染料，与助色剂一同放入温水中溶解；然后加入 30mL 醋酸（CH_3COOH）溶液，并加热至 95℃，均匀共混后保温；再然后将试件放入溶液中浸泡；最后用 50℃的温水溶解固色剂，将染色后的试件放入固色剂溶液中浸泡，洗净后晾干。

碱性染料（盐基性染料）：水解后形成能够形成阳离子色素基团的染料，具有色泽鲜亮、着色力强的特征。首先称量一定量染料，并用 90℃的热水溶解，然后加入醋酸溶液，最后放入试件浸泡，一定时间后取出洗净、晾干。

无机染料：有色金属氧化物染料，一般纯度较低、色泽鲜明，具有较强的耐候性、耐晒性，并且价格低廉。首先称量一定量染料，并用 90℃的热水溶解，然后放入试件浸泡，一定时间后取出洗净、晾干。

③ 染色后烫蜡木材：试材晾至含水率加权平均值在 8％～12％时，对其进行烫蜡处理。首先按照蜂蜡与虫蜡质量比为 2∶3 的比例进行称量，并将固态蜡加热熔化，搅拌均匀后备用；然后利用加热器预热试件表面（温度控制在 70℃），并用板刷粘取蜡液均匀涂在表面（烫蜡量为 60g/m²）；再然后使用白布擦拭蜡液，使蜡液充分布满木材表面，并继续加热烘烤木材表面（待木材表面的蜡液冒白泡时停止加热，2min 后待木材表面的蜡液凝固时，铲净试件表面多余的蜡）；最后用白布用力擦拭木材表面，使表面的蜡膜光滑，时间为 5min。

（2）不同种类着色剂着色烫蜡颜色

① 活性染料：通过测量可获得由活性染料染色后试件的 L^*、a^*、b^* 值，如表 4-6 所示。与原有木材的色彩范围相比，三种色彩明度 L^* 值的黄色分布范围最小，蓝色分布范围最大；色彩分量 a^* 值的黄色分布范围最小，红色分布范围最大；色彩分量 b^* 值的红色分布范围最小，黄色分布范围最大。

表 4-6 原试件与活性染料染色后试件的 L^*、a^*、b^* 值范围

着色颜色	试件处理	L^*	a^*	b^*
原色	—	78.15～82.31	4.20～7.54	21.43～25.62
蓝色	染色后	16.15～46.02	−8.63～16.15	−2.32～20.12
	烫蜡后	22.30～44.99	−14.88～6.6	−12.58～3.04
红色	染色后	45.83～65.03	33.36～58.66	31.04～41.72
	烫蜡后	46.63～63.91	40.60～52.47	30.04～39.19
黄色	染色后	70.11～76.73	10.51～21.44	40.24～65.35
	烫蜡后	69.89～75.02	12.94～18.16	41.50～56.86

经过观察发现，烫蜡后的染色试件仍具有明显的染色性能，并且色彩更加均匀，色彩团聚的现象有所减少，但是个别试材仍然存在色彩分布不均匀的现象，不过整体较烫蜡前色彩差异减小。通过测量还可获得烫蜡后的活性染料染色试件的色彩 L^*、a^*、b^* 值，如表 4-6 所示。经过烫蜡后的试材仍能够依照色彩的三原色在色彩空间内分布，与染色后（即烫蜡前）相比色彩分布范围明显减小。从表中可以看出烫蜡后的三种颜色的在色彩分布上，明度 L^* 值的分布情况较烫蜡前有所减小，色彩分量 a^*、b^* 值的分布范围减小更为明显。以黄色为例，a^* 值的分布缩小至 12.94～18.16 的范围内。综上可知，烫蜡后色试件色彩的分布更为均匀。

② 碱性染料：通过可测量获得由碱性染料染色后试件的 L^*、a^*、b^* 值，如表 4-7 所示。与原有木材的色彩范围相比，三种色彩明度 L^* 值的黄色分布范围最小，红色分布范围最大；色彩分量 a^* 值的黄色分布范围最小，蓝色分布范围最大；色彩分量 b^* 值的黄色分布范围最小，蓝色分布范围最大。

经过观察发现，烫蜡后的染色试件仍具有明显的染色性能，并且色彩更加均匀，无色彩团聚现象。通过测量还可获得烫蜡后的碱性染料染色试件的色彩 L^*、a^*、b^* 值，如表 4-7 所示。与仅染色的试材相比，经烫蜡处理的染色试材其色彩分布范围有所减小，且色彩差距逐渐减小。针对烫蜡后的碱性染料染色试材，在色彩分布方面，明度 L^*、色彩分量 a^* 和 b^* 的范围值比烫蜡前更集中，并且均有所减小。综上可知，烫蜡后试件色彩的分布更为均匀。

表 4-7 碱性染料染色后和烫蜡后试件的 L^*、a^*、b^* 值范围

着色颜色	试件处理	L^*	a^*	b^*
原色	—	79.63~80.35	6.95~7.65	23.93~24.68
蓝色	染色后	11.91~31.80	0.93~40.08	−39.82~61.63
	烫蜡后	14.52~33.32	−2.81~25.76	−27.26~54.30
红色	染色后	31.60~76.15	67.32~76.15	10.81~30.75
	烫蜡后	31.08~45.40	66.41~75.26	16.60~33.57
黄色	染色后	70.11~76.15	0.00~5.57	98.35~109.64
	烫蜡后	74.57~76.82	2.27~6.36	101.73~109.68

③ 酸性染料：通过测量可获得由酸性染料染色后试件的 L^*、a^*、b^* 值，如表 4-8 所示。与原有木材的色彩范围相比，三种色彩明度 L^* 值的黄色分布范围最小，红色分布范围最大；色彩分量 a^* 值的蓝色分布范围最小，红色分布范围最大；色彩分量 b^* 值的红色分布范围最小，蓝色分布范围最大。

表 4-8 原试件与酸性染料染色后试件的 L^*、a^*、b^* 值范围

着色颜色	试件处理	L^*	a^*	b^*
原色	—	80.03~82.96	4.76~6.64	21.98~23.43
蓝色	染色后	30.64~59.47	−9.91~7.05	−32.35~9.78
	烫蜡后	36.61~60.23	−7.07~13.25	−2.41~23.04
红色	染色后	25.88~55.92	30.63~53.81	10.66~21.31
	烫蜡后	29.13~55.22	33.22~51.83	13.3~18.67
黄色	染色后	76.14~79.97	−0.47~4.44	38.67~73.92
	烫蜡后	73.40~79.22	0.62~5.37	38.74~74.15

与仅用酸性染料染色的试材相比，经烫蜡处理的染色试材，其色彩差距有所减小。分析烫蜡后试件的 L^*、a^*、b^* 值分布情况可知，在色彩分布上，明度 L^* 值、色彩分量 a^* 和 b^* 值的分布情况相比烫蜡前更集中，且均有所减小，尤其是色彩分量 a^* 的范围减小最为明显。再次表明，烫蜡后试件色彩的分布更均匀。

④ 无机染料：通过测量可获得由无机染料染色后试件的 L^*、a^*、b^* 值，如表 4-9 所示。与原有木材的色彩范围相比，三种色彩明度 L^* 值的红色分布范围最小，黄色分布范围最大；色彩分量 a^* 值的蓝色分布范围最小，黄色分布范围最大；色彩分量 b^* 值的黄色分布范围最小，蓝色分布范围最大。

经过观察发现，烫蜡后的染色试件仍具有明显的染色性能，随染料浓度的加深色彩也逐渐加深，同烫蜡前相比，色彩分布虽然均匀，但是色彩团聚的现象仍然存在。烫蜡后无机染料染色的试材色彩变化不明显，明度 L^* 值、色彩分量 a^* 和 b^* 值的分布范围相比烫蜡前减小更为明显，且烫蜡前的色彩空间"团聚"现象有所减弱，黄、蓝两色数值的综合范围更小，色彩分布均匀。

表 4-9　原试件与无机染料染色后试件的 L^*、a^*、b^* 值范围

着色颜色	试件处理	L^*	a^*	b^*
原色	—	80.01～82.25	5.55～7.52	23.10～23.39
蓝色	染色后	50.05～70.16	−2.28～1.05	−28.73～5.81
	烫蜡后	53.98～67.71	−2.81～−2.25	−0.72～11.59
红色	染色后	68.70～77.54	9.67～17.73	37.53～60.54
	烫蜡后	45.59～66.94	18.42～29.06	24.53～36.50
黄色	染色后	44.71～68.34	15.47～29.93	19.93～35.90
	烫蜡后	66.24～79.54	9.01～14.63	38.62～44.94

利用四种不同染料对试材进行染色处理，然后烫蜡，进而研究不同染料的染色效果及烫蜡后试材的色彩性能。具体做法是，首先分别用 0.5%、1.0%、1.5%、2.0% 和 2.5% 浓度的染料溶液进行染色，然后烫蜡，再对试件进行色彩分析。通过分析所得的试材染色特征以及色彩分布情况，可进一步探讨烫蜡对染料染色效果的影响，最终确定更加符合烫蜡装饰要求的染料种类以及染料浓度。

染色后，四种染料色彩的分布范围由大至小依次为无机＞酸性＞活性＞碱性，即四种染料中，碱性染料浓度变化对于色彩变化的影响较其他三种染料并不明显；由光谱反射率分析可得，四种染料染色前后光谱反射率减小程度的绝对值由大至小依次为无机＞活性＞酸性＞碱性，说明其中碱性染料染色后的色彩稳定性更好，光谱反射率随各染料浓度的增加而有不同程度的减小。

四种染色试件烫蜡后，其色彩分布范围均比仅染色试件有所减小，将浓度作为变化条件可知，光谱反射率减小程度的绝对值由大至小依次为无机＞活性＞酸性＞碱性，即四种染料中碱性染料在烫蜡前后色彩变化受浓度影响最小；由光谱反射率分析可得，在染料种类相同、颜色相同，但浓度不同的情况下，光谱反射率仍存在一定的差异，四种染料的光谱反射率变化差异由大至小依次为无机＞酸性＞活性＞碱性，用碱性染料染色的试件在烫蜡前后，色彩差异最小。

（3）仿珍烫蜡木材颜色分析

传统明清家具采用烫蜡进行装饰时，所用的木材通常为材色较为明显的花梨木、紫檀以及楠木等硬木。这类木材本身除具有鲜明的色彩特征外，还具有明显的木材纹理特征。

获取目标色配色：使用分光测色仪提取花梨木、楠木、紫檀木的色度学参数作为目标色，同时测量基材以及单位浓度染料的色度学参数，结合上文所得的单位浓度染料的光谱反射率则得到不同波长光谱反射率，如表 4-10 所示。

表 4-10　目标色光谱反射率

波长/nm	花梨木	楠木	紫檀木	基材	红色	黄色	蓝色
400	6.80	5.37	4.40	19.84	0.01	0.01	0.01
420	7.17	5.71	4.40	29.75	0.89	0.91	1.52
440	7.65	6.21	4.35	34.92	4.78	3.94	7.14
460	8.36	7.08	4.27	39.00	10.06	7.68	17.49
480	9.07	8.27	4.17	41.98	11.47	11.39	23.84
500	10.08	9.77	4.16	45.17	10.61	17.75	26.39
520	11.12	11.37	4.23	48.57	8.61	26.68	30.76
540	12.27	12.50	4.24	56.58	7.17	35.35	31.03
560	15.37	13.98	4.78	62.31	6.61	41.65	26.84
580	19.18	15.65	5.81	65.86	7.40	48.41	24.91
600	23.3	16.87	6.64	69.29	9.37	53.74	20.93
620	27.97	18.29	7.60	72.86	16.76	56.68	18.99
640	31.79	20.16	8.78	74.96	31.43	60.29	18.80
660	34.49	22.34	10.11	75.85	43.28	63.91	19.83
680	35.61	22.89	10.45	76.32	47.96	66.53	23.22
700	36.15	23.00	10.47	76.59	56.52	68.98	29.19

通过测量可获得花梨木、楠木、紫檀木三种珍贵木材的 L^*、a^*、b^* 值，经计算其均值如表 4-11 所示。

表 4-11　目标色的 L^*、a^*、b^* 值

试材	L^*	a^*	b^*
花梨木	45.56	16.51	19.56
楠木	33.23	22.00	13.65
紫檀木	27.64	23.75	10.73

根据测量获得的色彩参数及上一节所述的配色原理进行计算，获得参与配色原料的浓度，即各染料间理论上的配比，以便对试材进行染色。通过查询获得 CIE 标准 D65 光源及 CIE 1964 标准观察者的三刺激值，如表 4-12 所示。表中 X、Y、Z 为三刺激值，E 表示色差。

表 4-12　标准观察者的三刺激值

波长/nm	X	Y	Z	E
400	0.0191	0.0020	0.0860	82.8
420	0.2045	0.0214	0.9725	93.4
440	0.3837	0.0621	1.9673	104.9
460	0.3023	0.1285	1.7454	117.8
480	0.8050	0.2536	0.7721	115.9
500	0.0038	0.4608	0.2185	109.4
520	0.1177	0.7618	0.0607	104.8
540	0.3768	0.9620	0.0137	104.4

续表

波长/nm	X	Y	Z	E
560	0.7052	0.9973	0	100.0
580	1.0142	0.8689	0	95.8
600	1.1240	0.6583	0	90.0
620	0.8563	0.3981	0	87.7
640	0.4316	0.1798	0	83.3
660	0.1526	0.603	0	80.2
680	0.0409	0.0159	0	78.3
700	0.0096	0.0037	0	71.6

根据式(4-7)～式(4-9)可得到三种试材目标色的 d 值。d_i 表示处于矩阵中某一波长位置的数值，由该波长下的反射率计算得到，如表 4-13 所示。

表 4-13   计算获得的相应矩阵

波长/nm	花梨木	楠木	紫檀木
400	−0.0093	−0.0002	−0.0039
420	−0.0103	−0.0002	−0.0039
440	−0.0118	−0.0003	−0.0038
460	−0.0141	−0.0004	−0.0037
480	−0.0166	−0.0006	−0.0035
500	−0.0205	−0.0008	−0.0036
520	−0.0250	−0.0013	−0.0036
540	−0.0306	−0.0019	−0.0036
560	−0.0484	−0.0049	−0.0046
580	−0.0764	−0.0117	−0.0068
600	−0.1148	−0.0267	−0.0089
620	−0.1697	−0.0593	−0.0116
640	−0.2248	−0.1065	−0.0155
660	−0.2700	−0.1573	−0.0207
680	−0.2904	−0.1843	−0.0221
700	−0.3007	−0.1988	−0.0222

选取花梨木、楠木和紫檀木三种珍贵木材作为目标色，先获得以上试材在可见光 400～700nm 范围内的光谱反射率值，再根据公式(4-8)计算获得各个试材的 K/S 值。目标色，基材，红色，黄色和蓝色染色板的 K/S 比值计算结果如表 4-14 所示。

表 4-14 K/S 计算值

波长/nm	花梨木	楠木	紫檀木	基材	红色	黄色	蓝色
400	2.4735	1.7781	1.3136	8.9452	49.0050	49.0050	49.0050
420	2.6547	1.9426	1.3136	13.8918	0.0068	0.0045	0.0889
440	2.8904	2.1855	1.2899	16.4743	1.4946	1.0969	2.6400

续表

波长/nm	花梨木	楠木	紫檀木	基材	红色	黄色	蓝色
460	3.2398	2.6106	1.2521	18.5128	4.0797	2.9051	7.7736
480	3.5901	3.1955	1.2049	20.0019	4.7786	4.7389	10.9410
500	4.0896	3.9362	1.2002	21.5961	4.3521	7.9032	12.2139
520	4.6050	4.7290	1.2332	23.2953	3.3631	12.3587	14.3969
540	5.1757	5.2900	1.2379	27.2988	2.6547	16.6891	14.5311
560	6.7175	6.0258	1.4946	30.1630	2.3806	19.8370	12.4386
580	8.6161	6.8569	1.9911	31.9376	2.7676	23.2153	11.4751
600	10.6715	7.4646	2.3953	33.6522	3.7384	25.8793	9.4889
620	13.0029	8.1723	2.8658	35.4369	7.4098	27.3488	8.5213
640	14.9107	9.1048	3.4469	36.4867	14.7309	29.1533	8.4266
660	16.2595	10.1924	4.1045	36.9316	20.6516	30.9628	8.9402
680	16.8190	10.4668	4.2728	37.1666	22.9904	32.2725	10.6315
700	17.0888	10.5217	4.2828	37.3015	27.2688	33.4972	13.6121

由计算机配色理论计算获得的三种仿珍贵木材的配色配方中红、黄、蓝三色染料的配比如表 4-15 所示。以表中的比例配制染色溶液，染料总质量约为溶液质量的 1%。

表 4-15　仿珍贵木材的配色配方

试材	红色	黄色	蓝色
花梨木	0.3915%	0.4832%	0.2356%
楠木	0.3323%	0.3606%	0.4365%
紫檀木	0.1364%	0.4375%	0.4373%

（4）仿珍烫蜡木材颜色

经碱性染料处理的试件在烫蜡后，色彩在 L^*、a^*、b^* 值的分布范围差异最小，表明其色彩在烫蜡前后较为一致，确定选择碱性染料作为仿珍贵木材配色的染色染料。选用的碱性原料的三原色分别为大红、嫩黄、湖蓝。

① 三种珍贵木材目标色的 L^*、a^*、b^* 色彩分布情况：如表 4-16 所示，三种颜色的色彩分布范围均较小。色彩分布范围最大的为花梨木的明度 L^* 值，为 40.04～48.14；色彩分布范围最小的为楠木的色彩分量 a^* 值，为 5.80～6.98。说明三种珍贵木材的色彩均一，可以作为目标色。

表 4-16　珍贵木材的 L^*、a^*、b^* 值分布范围

试材	颜色分布	L^*	a^*	b^*
花梨木	差值	8.1	4.22	5.69
	范围	40.04～48.14	14.69～18.91	17.82～23.51
楠木	差值	5.39	1.18	3.23
	范围	43.45～48.84	5.80～6.98	20.16～23.39

试材	颜色分布	L^*	a^*	b^*
紫檀木	差值	3.72	4.41	1.68
	范围	24.49~28.21	4.61~9.02	3.34~5.02

② 仿珍贵木材色的 L^*、a^*、b^* 色彩分布：如表 4-17 所示，三种仿珍木材的色彩分布中明度 L^* 值分布范围最小的为仿楠木试材，分布范围最大的为仿紫檀木试材；a^* 值分布范围最小的为仿紫檀木试材，分布范围最大的为仿花梨木试材；b^* 值分布范围最小的为仿楠木试材，而仿花梨木试材为三者中最大。

表 4-17　仿珍色试材染色后的 L^*、a^*、b^* 色彩分布范围

试材	颜色分布	L^*	a^*	b^*
仿花梨木	差值	11.46	10.22	15.94
	范围	51.04~39.58	22.99~12.77	25.00~9.06
仿楠木	差值	5.75	3.87	5.58
	范围	49.60~43.85	10.29~6.42	26.54~20.96
仿紫檀木	差值	12.1	1.23	6.91
	范围	32.45~20.35	8.98~7.75	12.70~5.79

③ 仿珍试材烫蜡后的 L^*、a^*、b^* 色彩分布：如表 4-18 所示，三种颜色的色彩分布较烫蜡之前均有所减小。其中，仿花梨木试材的 L^*、a^*、b^* 均有所减小，且减小程度比另外两种试材明显，但相对来说仿紫檀木试材的色彩分布最为集中。

表 4-18　仿珍色试材烫蜡后的 L^*、a^*、b^* 色彩分布范围

试材	颜色分布	L^*	a^*	b^*
仿花梨木	差值	4.65	6.28	6.51
	范围	47.82~43.17	18.56~12.27	22.78~16.27
仿楠木	差值	4.41	3.36	6.381
	范围	47.8~43.39	9.59~6.23	26.91~20.53
仿紫檀木	差值	11.13	1.10	3.59
	范围	31.48~20.35	8.86~7.75	9.39~5.79

④ 仿珍试材与目标色色差分析：采用一定比例的蜂蜡和虫白蜡共混蜡对染色后的试材进行烫蜡处理，通过 ΔL^*、Δa^*、Δb^* 和 ΔE^* 值分析仿珍试材染色和烫蜡后的颜色与珍贵试材目标色的差异情况，具体结果如下。

仿花梨木色差：仿花梨木试材染色后的颜色与目标色在 L^*、a^* 和 b^* 上的差值较为明显，均为负值，Δb^* 值最接近 0，说明在黄蓝色系上，试材与目标色最为接近，明度次之，而 Δa^* 值距离 0 最远，说明在红绿色系上试材与

目标色差异较大。仿花梨木试材烫蜡后的色差值有所变化，如图 4-17 所示，ΔL^*、Δa^* 和 Δb^* 值均增大，与 0 的距离缩短，其中 Δa^* 值变化最大。总的来说，烫蜡后试材的 ΔE^* 值明显小于烫蜡前试材的 ΔE^* 值，烫蜡后试材更接近于目标色。

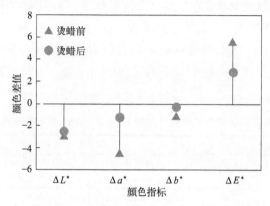

图 4-17 仿花梨木试材和目标色烫蜡前与烫蜡后的颜色差值

仿楠木色差：仿楠木试材染色后的颜色与目标色在 L^*、a^* 和 b^* 上的差值变化较为明显，均为正值，Δa^* 值最接近 0，说明在红绿色系上，试材与目标色最为接近，明度次之，而 Δb^* 值距离 0 最远，说明在黄蓝色系上试材与目标色差异较大。仿楠木试材烫蜡后的烫蜡后色差值有所变化，如图 4-18 所示，ΔL^*、Δa^* 和 Δb^* 值均减小，其中 Δa^* 变化较小，与烫蜡前基本一致。总的来说，烫蜡后试材的 ΔE^* 值明显小于烫蜡前试材的 ΔE^* 值，烫蜡后试材更接近于目标色。

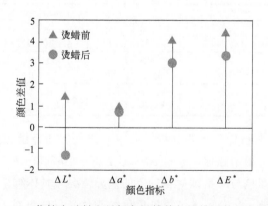

图 4-18 仿楠木试材和目标色烫蜡前与烫蜡后的颜色差值

仿紫檀木色差分布：仿紫檀木试材染色后的颜色与目标色在 L^*、a^* 和

b^* 上的差值较为明显，Δa^* 值最接近 0，说明在红绿色系上，试材与目标色最为接近，ΔL^* 值次之，而 Δb^* 值距离 0 最远，说明在黄蓝色系上试材与目标色差异较大。仿紫檀木试材烫蜡后的烫蜡后色差值有所变化，如图 4-19 所示，ΔL^*、Δa^* 和 Δb^* 值均减小，与 0 的距离缩短，其中 ΔL^* 值基本一致，Δa^* 值变化最大，说明在红绿色系上仿紫檀木烫蜡试件更接近目标色。总的来说，烫蜡后试材的 ΔE^* 值明显小于烫蜡前试材的 ΔE^* 值，烫蜡后试材更接近于目标色。

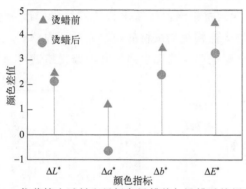

图 4-19 仿紫檀木试材和目标色烫蜡前与烫蜡后的颜色差值

通常采用色差评定范围评判视觉色差，如表 4-19 所示。上述三种仿珍贵材的颜色与目标色存在一定的差距，可在实际使用中进一步调色配色。

表 4-19 色差评定范围

色差 ΔE^*	0~0.25	0.25~0.5	0.5~1.0	1.0~2.0	2.0~5.0	5.0 以上
视觉差异	非常小	微小	微小~中等	中等	有差距	较大

4.2 烫蜡木材光泽度

4.2.1 试验方法

木材表面光泽度的定量测量采用 WGG-60 数显光泽计，根据国家标准 GB/T 4893.6—2013《家具表面漆膜理化性能试验 第 6 部分：光泽测定法》观察试件表面的光泽。光学几何条件为 60° 镜面反射，光源入射方向选择平行或垂直于纹理两个方向，其光泽度值分别记作 GZL(%) 和 GZT(%)。使用光泽度测量仪测定木材的顺/横纹光泽度，首先应对测量仪器进行校准。测量时使纹理方向顺着或垂直测头内光纤的入射和反射方向，每个试件选择 5 个点进行测量，每个点测试 3 次，然后计算读数的算术平均值。每测试完一块木材则需要用标准板校对一次，然后再进行下一次测试。

4.2.2 天然蜡烫蜡木材光泽度

（1）天然蜡烫蜡木材光泽度分析

采用水曲柳旋切板作为原材料，对其进行烫蜡处理，素材为对比样品，分析比较不同种类的蜡烫蜡木材的光泽度。素材，纯蜂蜡、蜂蜡和虫白蜡共混蜡以及蜂蜡和石蜡共混蜡烫蜡木材的光泽度如图 4-20 所示。

① 顺纹光泽：与素材相比，烫蜡木材的顺纹光泽度明显提高。与纯蜂蜡烫蜡试材相比，共混天然蜡烫蜡试材的顺纹光泽度均较高，且蜂蜡和石蜡共混蜡烫蜡试材的光泽度略低于蜂蜡和虫白蜡共混蜡烫蜡试材。

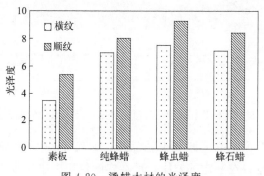

图 4-20　烫蜡木材的光泽度

② 横纹光泽：与素材相比，烫蜡木材的横纹光泽度明显提高。与纯蜂蜡烫蜡试材相比，共混天然蜡烫蜡试材的横纹光泽度略高，且蜂蜡和石蜡共混蜡烫蜡试材的光泽度略低于蜂蜡和虫白蜡共混蜡烫蜡试材。

因此可知，烫蜡处理后试材的光泽度明显提高，且共混天然蜡烫蜡木材的光泽度略高于纯蜂蜡烫蜡木材，这可能与虫的蜡和石蜡的性质有关，使得混合蜡光泽提高。

（2）天然蜡烫蜡木材和漆涂饰木材的光泽度对比分析

通过三因素五水平的正交试验对纯蜂蜡烫蜡木材的光泽度进行方差分析可知，对 GZL 影响最大的因素是烫蜡量，然后依次是烘烤温度和起蜡时间，由此得出最优工艺参数为烫蜡量为 $60g/m^2$、烘烤温度为 80℃、起蜡时间为 4min。采用最优工艺对水曲柳旋切板进行烫蜡处理，天然蜡烫蜡木材与漆涂饰木材的光泽度对比分析如下。

① 顺纹光泽度：如图 4-21 所示，烫蜡试材与硝基漆、亚光聚氨酯漆、亚光醇酸漆涂饰试材相比光泽变化不大，表明烫蜡的装饰效果与亚光清漆较为接

近，但是变化幅度最小，表明对基材顺纹光泽度增强的能力最弱；烫蜡试材与亮光硝基漆、亮光聚氨酯漆、亮光醇酸漆试材的顺纹光泽度差值很大，相差幅度在40%～50%之间，表明烫蜡的装饰效果与亮光清漆相差很大，呈现不同的视觉感受。烫蜡后的基材表面显现的光泽雅致柔和，不具有高光泽的特征。

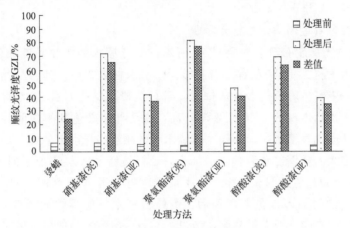

图 4-21 烫蜡与透明涂饰处理前后顺纹光泽度的变化

② 横纹光泽度：如图 4-22 所示，烫蜡试材的横纹光泽度与亚光硝基漆、亚光聚氨酯漆、亚光醇酸漆涂饰试材的横纹光泽度相比有一定差距，总体来看差值不大，但是比顺纹光泽度差距大，表明烫蜡的装饰效果与亚光清漆比较接近，烫蜡处理对基材横纹光泽增强的能力最弱，并且对横纹光泽度增强的能力小于对顺纹光泽度增强的能力；烫蜡试材与亮光硝基漆、亮光聚氨酯漆、亮光醇酸漆涂饰试材的横纹光泽度差值很大，在40%～50%之间，表明烫蜡的装饰效果与亮光清漆相差很大，呈现不同的视觉感受。

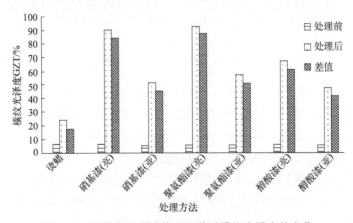

图 4-22 烫蜡与透明涂饰处理前后横纹光泽度的变化

4.2.3 着色烫蜡木材光泽度

先对榆木和云杉两种木材进行着色，着色剂包括红色、黄色和紫色 3 种，然后对着色后的木材进行烫蜡处理，最后采用光泽计对试材表面进行测量。试验方案如表 4-2 和表 4-3 所示。

（1）红色着色剂烫蜡木材光泽度

① 顺纹光泽度 GZL：如图 4-23 所示，云杉原木的顺纹光度数值为 8GU 左右，榆木木材为 4GU 左右。当云杉、榆木木材烫蜡后，其 GZL 值均增大。随着混合蜡中红色着色剂含量的增加，云杉烫蜡木材的 GZL 值无明显规律和趋势，榆木烫蜡木材的 GZL 值逐渐升高，说明红色着色剂的含量对云杉木材的顺纹光泽度无显著影响，而榆木烫蜡木材的顺纹光泽度随着红色着色剂含量的增加而增大。随着红色着色剂的加入，云杉烫蜡木材方案 A 系列的 GZL 值与 B 系列的 GZL 值无明显规律，榆木烫蜡木材方案 A 系列的 GZL 值整体低于 B 系列，说明加入红色着色剂后，烫蜡云杉木材的顺纹光泽度不受蜂蜡、虫白蜡配比的影响，混合蜡的配比为(1∶0.3)～(1∶0.5)的榆木烫蜡木材顺纹光泽度比相同配比的云杉烫蜡木材顺纹光泽度高。

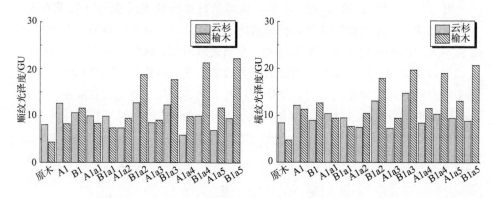

图 4-23　红色着色剂烫蜡木材的顺纹光泽度　　图 4-24　红色着色剂烫蜡木材的横纹光泽度

② 横纹光泽度 GZT：如图 4-24 所示，云杉原木的横纹光度数值为 7GU 左右，榆木原木的横纹光度数值为 4GU 左右。当云杉和榆木木材烫蜡后，两者的 GZT 值明显增大。随着混合蜡中红色着色剂含量的增加，云杉木材方案 A 系列的 GZT 值略有下降趋势，B 系列先升高再下降。榆木木材方案 A 系列的 GZT 值有上升趋势，B 系列先升高再下降。说明 A 系列中随着红色着色剂含量的增加，云杉木材的横纹光泽度逐渐减小，榆木木材的横纹光泽度逐渐增大。加入红色着色剂后，云杉、榆木烫蜡木材方案 A 系列的 GZT 值与 B 系列

相差不大,说明加入红色着色剂后,两种配比方案的混合蜡烫蜡木材横纹光泽度无明显规律。云杉烫蜡木材 A1a2 和 B1a2 组的 GZT 数值相差较大,可能是受木材结构及打磨情况差异的影响。

(2) 黄色着色剂烫蜡木材光泽度

① 顺纹光泽度 GZL:如图 4-25 所示,随着混合蜡中黄色着色剂含量的增加,云杉烫蜡木材的 GZL 值呈逐步下降趋势,榆木木材的 GZL 值先上升后下降再上升,无明显变化规律,说明随着黄色着色剂含量的增加,云杉烫蜡木材的顺纹光泽度逐渐减小,榆木烫蜡木材的顺纹光泽度无明显变化。加入黄色着色剂后,云杉烫蜡木材方案 A 系列的 GZL 值整体高于 B 系列,榆木烫蜡木材方案 A 系列的 GZL 值整体低于 B 系列,说明混合蜡的配比对顺纹光泽度的影响与木材种类有关,加入黄色着色剂后,榆木混合蜡的配比为(1∶0.3)~(1∶0.5)的烫蜡木材顺纹光泽度高于混合蜡的配比为(1∶1.3)~(1∶1.5)的烫蜡木材。

② 横纹光泽度 GZT:如图 4-26 所示,随着混合蜡中黄色着色剂含量的增加,云杉烫蜡木材的 GZT 值略有下降趋势,但不明显,榆木烫蜡木材的 GZT 值无明显规律,说明随着黄色着色剂含量的增加,云杉烫蜡木材的横纹光泽度逐渐降低,但降低趋势不明显,榆木烫蜡木材的横纹光泽度不受影响。加入黄色着色剂后,云杉烫蜡木材方案 A 系列的 GZT 值整体略高于 B 系列,榆木烫蜡木材方案 A 系列的 GZT 值小于 B 系列,说明加入黄色着色剂后,混合蜡的配比为(1∶0.3)~(1∶0.5)的云杉烫蜡木材横纹光泽度高于混合蜡的配比为(1∶1.3)~(1∶1.5)的云杉烫蜡木材,而混合蜡的配比对榆木烫蜡木材的横纹光泽度影响较小。

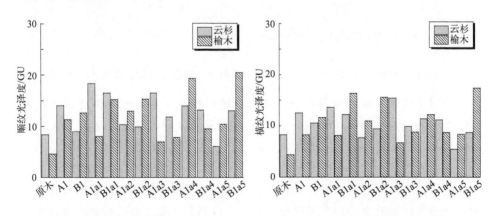

图 4-25　黄色着色剂烫蜡木材　　　　　图 4-26　黄色着色剂烫蜡木材
　　　　的顺纹光泽度　　　　　　　　　　　　的横纹光泽度

（3）紫色着色剂烫蜡木材光泽度

① 顺纹光泽度 GZL：如图 4-27 所示，随着混合蜡中紫色着色剂含量的增加，云杉、榆木烫蜡木材的 GZL 值变化不明显，加入紫色着色剂后，云杉、榆木烫蜡木材方案 A 系列的 GZL 值整体与 B 系列相差不大，说明加入紫色着色剂后，云杉、榆木烫蜡木材的顺纹光泽度不受两种蜡配比的影响。

② 横纹光泽度 GZT：如图 4-28 所示，随着混合蜡中紫色着色剂含量的增加，云杉烫蜡木材的 GZT 值无明显变化，榆木烫蜡木材的 GZT 值逐渐增加，说明紫色着色剂的含量对云杉烫蜡木材的横纹光泽度影响不大，榆木烫蜡木材的横纹光泽度随着紫色色剂含量的增加而逐渐增大。加入紫色着色剂后，云杉烫蜡木材方案 A 系列的 GZT 值整体与 B 系列相差不大，榆木烫蜡木材方案 A 系列的 GZT 值整体低于 B 系列，说明加入紫色着色剂后，云杉烫蜡木材的横纹光泽度也不受两种蜡配比的影响，混合蜡的配比为（1∶0.3）～（1∶0.5）的榆木烫蜡木材顺纹光泽度低于混合蜡的配比为（1∶1.3）～（1∶1.5）的榆木烫蜡木材。

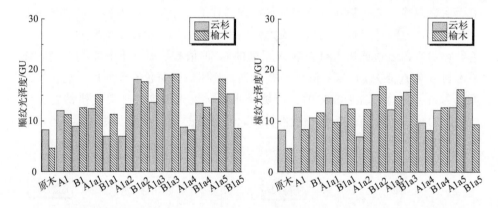

图 4-27　紫色着色剂烫蜡木材的顺纹光泽度　图 4-28　紫色着色剂烫蜡木材的横纹光泽度

由以上横纹和顺纹光泽度分析可知，烫蜡提高了木材表面的光泽度，蜂蜡、虫白蜡的配比为（1∶0.3）～（1∶0.5）的云杉烫蜡木材光泽度高于配比为（1∶1.3）～（1∶1.5）的云杉烫蜡木材，蜂蜡、虫白蜡的配比为（1∶0.3）～（1∶0.5）的榆木烫蜡木材光泽度低于配比为（1∶1.3）～（1∶1.5）的榆木烫蜡木材；混合蜡中加入红色着色剂后，云杉烫蜡木材的光泽度变化不明显，榆木烫蜡木材的光泽度逐渐升高，混合蜡中加入黄色着色剂后，榆木和云杉烫蜡木材的光泽度变化无明显规律，混合蜡中加入紫色着色剂后，云杉烫蜡木材的光泽度变化不明显，榆木烫蜡木材的光泽度缓慢升高，说明紫色着色剂对烫蜡木材光泽度的影响几乎与红色着色剂相近，但大于黄色着色剂；个别烫蜡木材的光泽度出现过高或过低的情况，说明烫蜡木材的光泽度受到其本身色泽纹理及打磨过程的影响较大。

4.3　烫蜡木材粗糙度

木材表面的粗糙度与其细胞形成的微小的凹凸结构有关，具有一定的粗糙感。表面的加工方式和涂饰方式在很大程度上都会影响木材的粗糙度。

4.3.1　试验方法

（1）测试方法

表面粗糙度的测量一般采用表面轮廓的方法，测量方法有非接触式测量法、接触式测量法和比较法。通常采用接触式测量法进行测量，接触方式为触针接触物体表面轮廓得到粗糙度指标。表面粗糙度各参数的具体数值参见国家标准 GB/T 12472—2003《产品几何量技术规范（GPS）表面结构 轮廓法 木制件表面粗糙度参数及其数值》。采用 TR2000 表面粗糙度测定仪对烫蜡木材表面进行接触式粗糙度检测，触针式表面粗糙度测量仪如图 4-29 所示。取样长度规定为 0.8mm、2.5mm、8mm、25mm。在进行测试时探针顺着木材纹理方向进行检测，每个木材选取 3～7 个不同的位置进行测量。测量完成后计算其算术平均值，并对测试数据进行记录与处理。

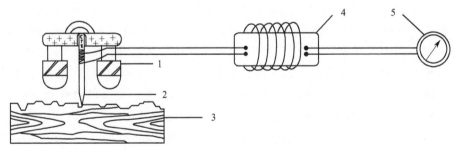

图 4-29　触针式表面粗糙度测量仪

1—感应器；2—触针；3—被测物体表面；4—放大器；5—记录仪

（2）测试参数

选择轮廓算数平均偏差 Ra、微观不平度十点高度 Rz、轮廓最大高度 Ry 三个参数作为木材表面粗糙度的评定参数。

轮廓算数平均偏差（Ra）：在取样长度 L 范围内，轮廓偏距绝对值的算术平均值。

表观不平度十点高度（Rz）：在取样长度 L 范围内，五个最大轮廓峰高的平均值与五个最大轮廓谷深的平均值之和。

轮廓最大高度（Ry）：在取样长度 L 范围内，轮廓峰顶线与轮廓谷底线之间的距离。

4.3.2 天然蜡烫蜡木材粗糙度

（1）打磨方式对粗糙度的影响

分析粗磨、水磨和干磨三种不同打磨方式对试材表面粗糙度的影响，家具表面处理条件因素水平表如表 4-20 所示。试材为水曲柳旋切板，粗磨选用的砂纸目数为 100～240 目，水磨选用的砂纸目数为 300 目，水温为 10～60℃，干磨选用的砂纸目数为 400～1500 目。对打磨后的试材表面进行粗糙度测量，取用微观不平度十点高度 Rz 和轮廓最大高度 Ry 两个指标。

表 4-20 家具表面处理条件因素水平表

序号	粗磨砂纸目数 A/目	水磨水温 B/℃	干磨砂纸目数 C/目
1	100	10～20	400
2	120	20～30	600
3	150	30～40	800
4	180	40～50	1000
5	240	50～60	1500

① 微观不平度十点高度（$Rz/\mu m$）。由图 4-30 可知，在粗磨工序中，Rz 随着砂纸粒度号的增大而减小；在水磨工序中，Rz 随着水温的升高而渐减，在水温达到 55℃时最小，整个过程略有起伏，当水温达到 35℃时 Rz 也较小，仅次于 55℃时，并且差值不大，但在水温达到 45℃时 Rz 却突然增大并达到最大值；在干磨工序中，Rz 的变化略呈"S"形，当砂纸粒度号达到 800 目时最低，600 目、1500 目时次之，1000 目、400 目时再次之。

由图 4-30 可知，随着水磨温度的上升，Rz 值波动较小，处于几乎不变的趋势，说明水磨温度对 Rz 值几乎没有影响；随着粗磨砂纸目数的增大，Rz 值呈现明显下降的趋势；随着干磨砂纸目数的增大，Rz 值呈现下降的趋势，800 目时达到最小值，1000 目和 1500 目时略有上升。由极差比较可知，粗磨砂纸目数＞干磨砂纸目数＞水磨水温。综上，对 Rz 影响最大的因素是粗磨砂纸目数，然后依次是干磨砂纸目数和水磨水温。由于表面粗糙度的值越小越好，因此家具表面处理基于 Rz 的优化工艺参数为粗磨砂纸 180 目、水磨水温

50～60℃、干磨砂纸 800 目。

通过三因素五水平的正交试验对 Rz 进行方差分析可知，粗磨砂纸目数对 Rz 的影响显著，水磨水温和干磨砂纸目数对 Rz 的影响不显著，如表 4-21 所示。

表 4-21　微观不平度十点高度方差分析表

因素	偏差平方和	自由度	F 比	F 临界值	显著性
粗磨砂纸目数/目	41.922	4	2.947	2.780	*
水磨水温/℃	1.1640	4	0.082	2.780	—
干磨砂纸目数/目	18.538	4	1.303	2.780	—
误差	85.34	24	—	—	—

注：* 表示具有显著性。

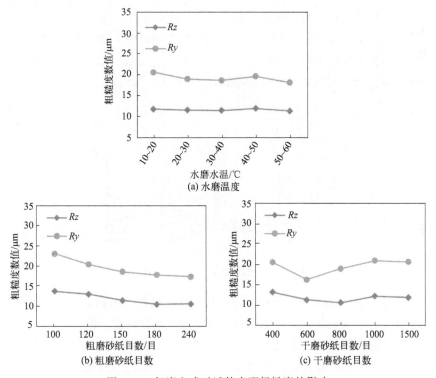

图 4-30　打磨方式对试件表面粗糙度的影响

② 轮廓最大高度（Ry/μm）。由图 4-30 可知，随着水磨温度的上升，Ry 值呈现先下降后上升，又下降的趋势，说明水磨温度对 Ry 值没有明显的影响；随着粗磨砂纸目数的增大，Ry 值呈现明显下降的趋势；随着干磨砂纸目数的增大，Ry 值呈现先下降后略微上升的趋势。由极差比较可知，粗磨砂纸目数＞干磨砂纸目数＞水磨水温。综上，对 Ry 影响最大的因素是粗磨砂纸目数，然后依次是干磨砂纸目数和水磨水温。由于表面粗糙度的值越小越好，因

此家具表面处理基于 R_y 的优化工艺参数为粗磨砂纸 240 目、水磨水温 50～60℃、干磨砂纸 600 目。

通过三因素五水平的正交试验对 R_y 进行方差分析可知（表 4-22），粗磨砂纸目数对 R_z 的影响显著，水磨水温和干磨砂纸目数对 R_y 的影响不显著。

表 4-22　轮廓最大高度方差分析表

因素	偏差平方和	自由度	F 比	F 临界值	显著性
粗磨砂纸目数/目	109.682	4	2.055	2.780	—
水磨水温/℃	17.731	4	0.332	2.780	—
干磨砂纸目数/目	73.817	4	1.383	2.780	—
误差	320.29	24	—	—	—

（2）天然蜡烫蜡木材粗糙度分析

采用水曲柳旋切板作为原材料，对其进行烫蜡处理，素材为对比样品，分析比较不同种类的蜡烫蜡木材的粗糙度。素材，纯蜂蜡、蜂蜡和虫白蜡共混蜡以及蜂蜡和石蜡共混蜡烫蜡木材的粗糙度如图 4-31 所示。

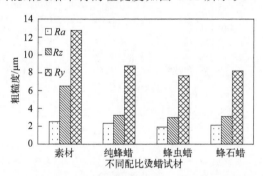

图 4-31　不同配比烫蜡试材的粗糙度

① 轮廓算术平均偏差（Ra）：与素材相比，烫蜡木材的 Ra 值略低。与纯蜂蜡烫蜡木材相比，共混天然蜡烫蜡木材的 Ra 值均略低，说明共混天然蜡烫蜡木材的粗糙度较低；且蜂蜡和石蜡共混蜡烫蜡试材的 Ra 略高于蜂蜡和虫白蜡共混蜡烫蜡试材，与纯蜂蜡烫蜡木材接近，这可能与虫白蜡和石蜡的性质有关，虫白蜡硬度最高，石蜡次之，蜂蜡最低。

② 表观不平度十点高度（Rz）：与素材相比，烫蜡木材的 Rz 值明显更低。与纯蜂蜡烫蜡木材相比，共混天然蜡烫蜡试材的 Rz 值均略低，说明共混天然蜡烫蜡木材的粗糙度值较低；且蜂蜡和石蜡共混蜡烫蜡木材的 Rz 高于蜂蜡和虫白蜡共混蜡烫蜡木材，这可能与虫白蜡和石蜡的性质有关，虫白蜡硬度最高，石蜡次之，蜂蜡最低。

③ 轮廓最大高度（Ry）：与素材相比，烫蜡木材的 Ry 值较低。与纯蜂蜡

烫蜡木材相比，蜂蜡和虫白蜡共混蜡烫蜡木材的 Ry 值明显较低，说明纯蜂蜡烫蜡木材的粗糙度值较高。蜂蜡和石蜡共混蜡烫蜡木材的 Ry 值高于蜂蜡和虫白蜡共混蜡烫蜡试材，且略低于纯蜂蜡烫蜡木材，这主要是由于蜂蜡较软，在试材表面蜡层较薄，试材的纹理结构较为凸显。

综上所述，与素材相比，烫蜡试材粗糙度下降。其中纯蜂蜡烫蜡木材的粗糙度值最高，蜂蜡和石蜡共混蜡烫蜡木材次之，蜂蜡和虫白蜡共混蜡烫蜡木材最低。

4.3.3 着色天然蜡烫蜡木材粗糙度

所选木材为榆木和云杉，烫蜡前后的表面粗糙度数值如表 4-23 所示。表中分别为代表表面粗糙度的轮廓算数平均偏差 Ra、表观不平度十点高度 Rz、轮廓最大高度 Ry 三个参数，这三个参数从不同方面反映了云杉和榆木烫蜡木材的表面粗糙度情况。

表 4-23 烫蜡木材表面粗糙度　　　　单位：μm

木材编号	云杉			榆木		
	Ra	Rz	Ry	Ra	Rz	Ry
原木	2.84	16.29	9.31	1.77	14.13	9.32
A1	1.14	6.70	3.35	1.61	13.50	7.95
a5	1.74	10.21	6.34	1.20	9.40	6.11
A1a1	2.03	11.41	6.03	1.98	13.00	7.43
A1a2	2.02	11.57	6.44	0.88	5.68	2.87
A1a3	1.31	8.55	4.46	1.61	10.40	6.51
A1a4	1.99	10.58	5.46	0.78	5.01	2.86
A1a5	2.37	12.62	6.78	1.34	7.81	4.50

（1）轮廓算术平均偏差 Ra

如图 4-32 所示，云杉原木的轮廓算术平均偏差 Ra 数值为 $3\mu m$ 左右，进行烫蜡处理后下降至 $1\mu m$ 左右，先对混合蜡染色后烫蜡及先染木材后烫蜡的 Ra 数值整体略有降低，说明云杉木材进行烫蜡处理后，其轮廓算术平均偏差降低。

如图 4-33 所示，榆木原木的轮廓算术平均偏差 Ra 数值为 $2\mu m$ 左右，进行烫蜡处理后有轻微下降，加入着色剂后进行烫蜡的榆木木材 Ra 数值与原木基本一致，说明榆木木材进行烫蜡处理后，其轮廓算术平均偏差有轻微下降，加入着色剂后对其轮廓算术平均偏差影响不大。A1a4 的 Ra 数值低于 A1a5，同云杉木材一致，说明先染蜡后烫蜡的榆木木材轮廓算术平均偏差比先染色后烫蜡的榆木木材低。

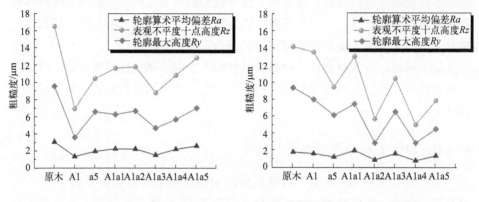

图 4-32 云杉木材表面粗糙度　　图 4-33 榆木木材表面粗糙度

综上，云杉和榆木原木的轮廓算术平均偏差 Ra 数值在烫蜡后略有降低，说明烫蜡降低了云杉和榆木木材的轮廓算术平均偏差；混合蜡中添加着色剂后进行烫蜡的云杉和榆木木材 Ra 数值略有浮动，但变化不大，说明混合蜡中添加着色剂对两种木材表面的轮廓算术平均偏差影响不大。两种木材的 A1a4 数值均小于 A1a5 数值，说明先染蜡后烫蜡的木材表面轮廓算术平均偏差比先染色后烫蜡的木材表面小。

（2）表观不平度十点高度 Rz

云杉原木的表观不平度十点高度 Rz 数值为 $17\mu m$ 左右，进行烫蜡处理后下降至 $7\mu m$ 左右，先对混合蜡染色后烫蜡及先染木材后烫蜡的 Rz 数值也均有降低，说明云杉木材进行烫蜡处理后，其表观不平度十点高度降低，烫蜡处理降低了其表面粗糙度。Rz 数值随着着色剂含量的增加最终呈上升的趋势，但随着着色剂含量的增加，云杉烫蜡木材的表观不平度十点高度具体表现为先下降后上升。A1a4 的 Rz 数值低于 A1a5，说明先染蜡染后烫蜡的云杉木材表观不平度十点高度比先染色后烫蜡的云杉木材小。

榆木原木的表观不平度十点高度 Rz 数值为 $14\mu m$ 左右，进行烫蜡处理后略有下降，先对混合蜡染色后烫蜡及先染木材后烫蜡的 Rz 数值整体也有所下降，但 A1a1 数值较高，说明榆木木材进行烫蜡处理后，其表观不平度十点高度有所降低，A1a1 数值略高的原因可能受到其本身表面粗糙度及在对木材进行表面打磨过程的影响。Rz 数值随着着色剂含量的增加略有下降趋势，但整体趋势不明显，说明榆木烫蜡木材的表观不平度十点高度随着着色剂含量的增加略有下降。A1a4 的 Rz 数值低于 A1a5，同云杉木材一致，说明先染蜡后烫蜡的榆木木材表观不平度十点高度比先染色后烫蜡的榆木木材小。

综上，云杉和榆木原木的表观不平度十点高度 Rz 数值在烫蜡后均匀降低，说明烫蜡降低了云杉和榆木木材的表观不平度十点高度；混合蜡中添加着色剂后进行烫蜡的云杉木材 Rz 数值有上升趋势，而榆木则有轻微的下降趋势，这可能是木材本身粗糙度和打磨过程的影响。两种木材的 A1a4 数值均小于 A1a5 数值，说明先染蜡后烫蜡的木材表观不平度十点高度比先染色后烫蜡的木材低。

（3）轮廓最大高度 Ry

云杉原木的轮廓最大高度 Ry 数值为 $10\mu m$ 左右，进行烫蜡处理后明显下降，先染蜡后烫蜡及先染色后烫蜡的云杉木材表面轮廓最大高度 Ry 数值均有降低，说明云杉木材进行烫蜡处理后，其轮廓最大高度降低。Ry 数值随着着色剂含量的增加无明显变化趋势，说明云杉烫蜡木材的表面轮廓最大高度随着着色剂含量的增加无变化。A1a4 的 Ry 数值低于 A1a5，说明先染蜡后烫蜡的云杉木材表面轮廓最大高度低于先染色后烫蜡的云杉木材。

榆木原木的轮廓最大高度 Ry 数值在其进行烫蜡处理后有所降低，加入着色剂后进行烫蜡的榆木木材表面 Ry 数值整体降低，说明榆木木材表面进行烫蜡处理后，其轮廓最大高度降低。Ry 数值随着着色剂含量的增加略有下降趋势，说明榆木烫蜡木材的轮廓最大高度随着色剂含量的增加有下降趋势。A1a4 的 Ry 数值较 A1a5 略低，说明先染蜡后烫蜡的榆木木材表面轮廓最大高度比先染色后烫蜡的榆木木材低。

综上，云杉和榆木原木的轮廓最大高度 Ry 数值在烫蜡后均匀降低，随着着色剂含量的增加，烫蜡云杉木材的 Ry 数值基本不变，而榆木则下降，这种差异可能是因为木材本身粗糙度和打磨过程的影响。两种木材的 A1a4 数值均小于 A1a5 数值，说明先染蜡后烫蜡的木材表面轮廓最大高度比先染色后烫蜡的木材低。

由上述分析可知，烫蜡处理降低了云杉和榆木木材表面的轮廓算术平均偏差、表观不平度十点高度和轮廓最大高度；混合蜡中着色剂的含量对两种木材表面的影响不大，先将着色剂添加到混合蜡中然后进行烫蜡的云杉和榆木木材表面粗糙度低于先将木材染色然后进行烫蜡的云杉和榆木木材。

4.4　烫蜡木材表面纹理

4.4.1　试验方法

（1）小波分解

首先用 EPSON1670 扫描仪提取烫蜡前后试件的图像，储存为 BMP 格式，然后将全部图像上传至纹理程序处理。其主要应用小波分解法分析木材的纹理特征。由于图像经小波第一、二次分解，其纹理信息随分解次数的增加而逐渐得以放大体现。当分解到第二层时纹理信息得到了充分体现，此时标准差达到最大，纹理差异体现最明显。

（2）灰度直方图

首先用 EPSON1670 扫描仪摄取烫蜡前后的试件图像，在计算机中保存为BMP 格式，然后将保存好的图像一起提交给 MATLAB 纹理程序处理。其主要应用木材纹理灰度一阶统计值测量方法，从而提取木材纹理特征。纹理图像灰度直方图如图 4-34 所示。

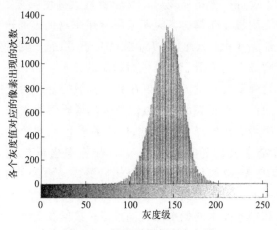

图 4-34　纹理图像灰度直方图

4.4.2　天然蜡烫蜡木材纹理

木材烫蜡前和烫蜡后的纹理图像如图 4-35 所示。

（1）烫蜡木材纹理灰度直方图分析

灰度直方图是图像亮度的全局描述，最直接地描述了图像知觉亮度的分布概貌。灰度级的直方图反映了一幅图像中的灰度级与出现这种级别灰度的概率之间的关系，以灰度级为横坐标，纵坐标为灰度级的概率。灰度级范围为 0～255，表示灰度从黑到白。

① 灰度值：实验表明，蜂蜡和虫白蜡共混的天然蜡烫蜡试材的纹理亮度范围约为 90～200，蜂蜡和石蜡共混的天然蜡烫蜡试材的纹理亮度范围约为170～240，由此可知蜂蜡和石蜡共混的天然蜡烫蜡试材的灰度级数较大，说明其明度较高。

② 峰的数量：烫蜡后的直方图通常只有一个峰，表明了纹理色彩主要由

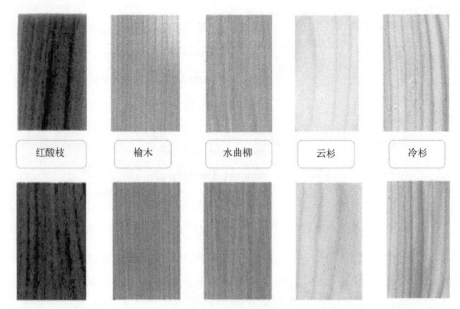

图 4-35　木材烫蜡前和烫蜡后的纹理图像

一种色调和明度构成。

③ 灰度级数的分布范围：实验表明，蜂蜡和虫白蜡共混的天然蜡烫蜡试材的灰度级数分布范围与蜂蜡和石蜡共混的天然蜡烫蜡试材相比较宽，说明其图像纹理的对比度更高，颜色更丰富。

（2）烫蜡与漆涂饰试材纹理对比

① 低频分量 LL：由图 4-36 可知，经过亚光聚氨酯漆和亚光硝基漆处理后的基材能量值均升高，而采用其他方法处理后的基材能量值降低，降低的幅度由大至小为亮光醇酸漆＞亮光硝基漆＞烫蜡＞亮光聚氨酯漆＞亚光醇酸漆。随着纹理由细变粗、由弱变强，低频分量 LL 逐渐变小，所以经过亮光透明涂饰、亚光醇酸漆和烫蜡处理后，基材的纹理效果增强，其增强程度与能量值的降低幅度成正比。而经过亚光硝基漆和亚光聚氨酯漆处理后，基材的纹理效果均有所减弱，由于能量值增高的幅度较为微弱，远小于降低的幅度，导致纹理效果被减弱的程度也较低，也远小于纹理增强的程度。

② 中高频分量 HL：由图 4-37 可知，经过亮光聚氨酯漆、亮光硝基漆和烫蜡处理后，基材的能量值均升高，升高的幅度由大至小依次为烫蜡＞亮光聚氨酯漆＞亮光硝基漆，而其他方法处理后的基材能量值降低。由于纹理由细变粗、由弱变强时中高频分量 HL 逐渐变大，因此经过亮光硝基漆、亮光聚氨酯漆和烫蜡处理后的基材在垂直方向上（顺纹理方向）的纹理效果增强，增强的

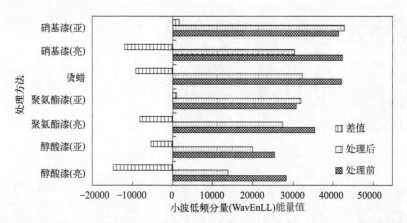

图 4-36　烫蜡与透明涂饰处理前后小波第二次分解尺度上 WavEnLL 能量值的变化

程度与能量值升高的幅度成正比。而经过醇酸漆、亚光聚氨酯漆和亚光硝基漆处理后的基材，在垂直方向上的纹理效果均有所减弱。由于能量值降低的幅度较大，因此在垂直方向上纹理效果被减弱的程度也较大，略大于纹理增强的程度。

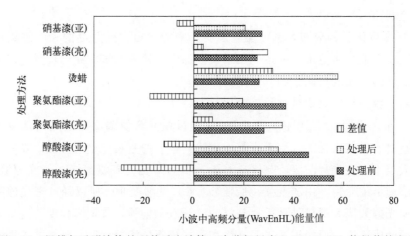

图 4-37　烫蜡与透明涂饰处理前后小波第二次分解尺度上 WavEnHL 能量值的变化

③ 中高频分量 LH：由图 4-38 可知，经过亮光醇酸漆、亮光聚氨酯漆、烫蜡和亮光硝基漆处理后，基材的能量值均升高，且升高的幅度由大至小依次为亮光硝基漆＞亮光醇酸漆＞亮光聚氨酯漆＞烫蜡，而其他方法处理后的基材能量值降低。因为纹理由细变粗、由弱变强时中高频分量 LH 逐渐变大，所以经过亮光透明涂饰和烫蜡处理后的基材在水平方向上（横纹理方向）的纹理效果增强，增强的程度与能量值升高的幅度成正比；而经过亚光透明涂饰处理后

的基材在水平方向上的纹理效果均有所减弱，由于能量值降低的幅度较大，因此在水平方向上纹理效果被减弱的程度也较大，略大于纹理增强的程度。

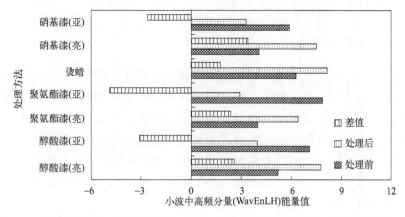

图 4-38　烫蜡与透明涂饰处理前后小波第二次分解尺度上 WavEnLH 能量值的变化

4.5　烫蜡木材表面心理量

心理量和物理量关系密切，木材的颜色、光泽、纹理等都会对人的心理感觉产生影响。

4.5.1　试验方法

根据研究目标，本试验制定了选取视觉心理量的几个原则：①选取的心理量是可以由视觉引发的某种感觉，具有一定的心理感觉意义；②选取的变量应与家具的满足人的精神功能因素相关；③能较全面符合家具的视觉参数特性；④体现家具表面颜色产生心理感觉的统一与变化、对比与协调的美学法则。

依据上述心理量选取原则，选择"明快""稳重""温暖""豪华""柔和""清雅""大方""舒畅""自然""韵味"十个心理量。为避免表面装饰处理名称可能引起的先入主观印象干扰，在试件背面贴上编号标签，在心理量测验表的对应栏目中填上编号，但不注名称。在多种试验心理学测验方法中采用了感觉等距法，并适当地加以改进，细分了评分级别。最高分和最低分分别取为 +5 分和 -5 分，评分级差为 1 分。最终的测量值为测试人员调查表评分结果的平均值。

对试件进行心理测试时，选择晴天普通光线的室内环境，人眼与试件的观测距离为 30cm，角度为 90°，观测点为指定被测面上业已测量过视觉物理量的部位。参加测试人员依据被测试件表面的颜色、光泽、纹理等,结合个人的心理感觉,确定试件各项视觉心理特征的得分,并将分值填写在表中对应试材(行)和对应的心理特征(列)栏中。

4.5.2　天然蜡烫蜡木材心理量

　　进行视觉心理量测试的试件颜色主要呈现为基材水曲柳材的颜色,因此各试件的颜色属于同类色。但经不同比例的烫蜡原料对试件进行处理后,各试件在明度、亮度以及冷暖程度上产生了差异,因而会给试验者带来不同的心理情感差异。而且由于只能在一定距离以外对试件进行直观观察且不能通过触觉感受去评价木材质感,试验便会更多地依靠试件呈现的材色与自身体验、经验相结合来给试材所呈现的视觉心理量评分,因此试件材色会对最终的视觉心理量得分结果产生一定的影响。

　　参加测试人员的情况调查如表 4-24 所示。

表 4-24　参加测试人员的情况调查表（合计 40 人）

组别	人数/人	平均年龄/岁	职业范围
青年男生组 1	10	27.9	设计艺术学专业硕士研究生
青年女生组 1	10	28.2	
青年男生组 2	10	27.3	非艺术类专业硕士研究生
青年女生组 2	10	27.6	

（1）视觉心理量

① 艺术类专业人员视觉心理量分析:如图 4-39 所示,烫蜡处理试材在韵味、自然、圆润、温暖感方面优于透明涂饰处理试材;在稳重、柔和、清雅、大方感方面略高于透明涂饰处理试材,与亚光硝基漆和亚光聚氨酯漆涂饰处理试材的视觉感受最接近;在明快和豪华感方面低于透明涂饰处理试材。综合分析可知,艺术类专业人员认为木材经过烫蜡处理后,能够获得自然、圆润、稳重的视觉感受,同时能够给人带来一定的韵味和温暖感,而在柔和、大方和清雅方面并不突出,在明快与豪华感方面则表现不足。

② 非艺术类专业人员视觉心理量分析:如图 4-40 所示,烫蜡处理试材在稳重、温暖、清雅、自然感方面优于透明涂饰处理试材;在柔和、韵味感方面略低于或略高于透明涂饰处理试材,与亚光聚氨酯漆和亚光硝基漆涂饰处理试材的视觉感受最接近;在明快、豪华、大方、圆润感方面低于或略低于透明涂饰处理试材。由此可知,非艺术类专业人员认为木材经过烫蜡处理后能够获得自然、温暖、稳重、清雅的视觉感受,同时能够给人带来一定程度的韵味,而在明快、豪华、大方和圆润感方面则表现不足。

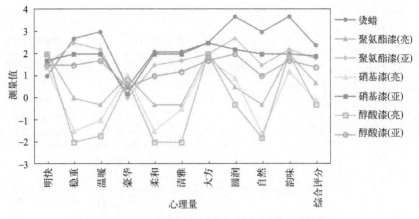

图 4-39 艺术类专业人员视觉心理量测试结果

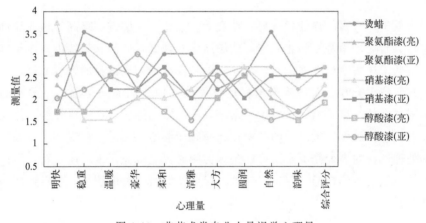

图 4-40 非艺术类专业人员视觉心理量

③ 全体人员视觉心理量分析：如图 4-41 所示，烫蜡处理试材在温暖、柔和、清雅、自然、韵味感方面优于透明涂饰处理试材；在稳重和圆润感方面略低于或略高于透明涂饰处理试材，与亚光聚氨酯漆和亚光硝基漆涂饰处理试材的视觉感受最接近；在明快、豪华、大方感方面低于透明涂饰处理试材。由此可知，全体测试人员认为木材经过烫蜡处理后能够获得温暖、柔和、清雅、自然的视觉感受，同时能够给人带来一定程度的韵味，而在明快、豪华、大方感方面则表现不足。

（2）触觉心理量

① 艺术类专业人员触觉心理量分析：如图 4-42 所示，烫蜡处理试材在温暖与柔和感方面优于透明涂饰处理试材，在黏滞、冷硬、塑感、不快感方面也

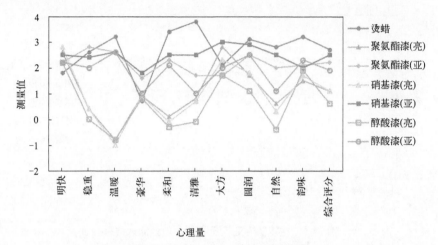

图 4-41　全体人员视觉心理量测试结果

优于（低于）透明涂饰处理试材；在爽滑、细致、快感方面略高于透明涂饰处理试材，与亚光硝基漆和亚光聚氨酯漆涂饰处理试材的触感最接近；在粗糙感方面略低于透明涂饰处理试材，与亚光硝基漆涂饰处理试材的触感最接近。由此可知，艺术类专业人员认为木材经过烫蜡处理后能够获得温暖、柔和的触感，同时有效避免了黏滞、冷硬、塑感等不舒服的触感，在一定程度上能获得触摸的快感。此外，烫蜡后的基材在触摸时能够给人一定的粗糙感，不如透明涂饰处理试材的表面光滑。这可能是因为烫蜡只是填充了基材的管孔，所以在触摸的时候会略感粗糙，但这也使基材保留了原有木材的质感，没有形成塑感很强的膜。

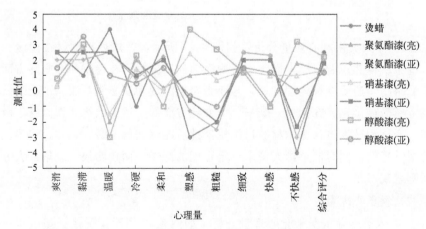

图 4-42　艺术类专业人员触觉心理量测试结果

② 非艺术类专业人员触觉心理量分析：如图 4-43 所示，烫蜡试材在细致方面优于透明涂饰试材，在黏滞、冷硬、塑感、粗糙、不快感方面也优于（低于）透明涂饰试材；在温暖、柔和、快感方面略高于透明涂饰试材，与亮光硝基漆和亮光聚氨酯漆涂饰试材的触感最接近；在爽滑感方面低于透明涂饰试材。由此可知，非艺术类专业人员认为木材经过烫蜡处理后能获得细致的触感，同时有效避免了黏滞、冷硬、塑感、粗糙等不舒服的触感，在一定程度上能获得触摸的快感。但给人的爽滑感不够，这可能是因为烫蜡选用的材料是蜂蜡，蜂蜡质软、熔点较低。

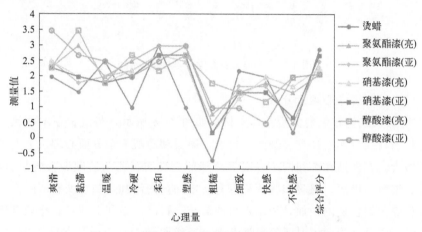

图 4-43　非艺术类专业人员触觉心理量测试结果

③ 全体人员触觉心理量分析：如图 4-44 所示，烫蜡处理试材在温暖、柔和、细致、快感方面优于透明涂饰处理试材，在黏滞、冷硬、塑感、粗糙、不快感方面也优于（低于）透明涂饰试材；在爽滑感方面略低于透明涂饰试材，与亚光聚氨酯漆涂饰试材的触感最接近。由此可知，全体测试人员认为木材经过烫蜡处理后能够获得温暖、柔和、细致的触感，同时有效避免了黏滞、冷硬、塑感、粗糙等不舒服的触感，在一定程度上能获得触摸的快感，但给人的爽滑感不够。

4.5.3　着色烫蜡木材视觉心理量

烫蜡木材视觉心理量测试通过发放调查问卷的形式完成。由于两种天然蜡混合配比进行烫蜡的木材颜色较为相近，因此选择蜂蜡、虫白蜡的配比为(1：0.3)~(1：0.5)的烫蜡云杉和榆木木材进行问卷调查。本次调查收回了有效调查问卷 107 份（男 51 份，女 56 份），然后取其平均值进行了统计。由于数据过多，具体数值不进行过多叙述，仅针对统计整理后的分析图进行分析。

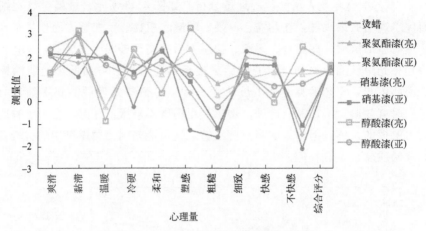

图 4-44　全体人员触觉心理量测试结果

（1）云杉视觉心理量分析

① 加入红色着色剂烫蜡云杉木材：如图 4-45 所示，与云杉原木相比，烫蜡云杉木材在自然、庄重、细腻、艳丽、温暖和冷淡 6 个方面心理量上的等级有所增大，在简洁和柔和两个方面等级降低，说明烫完蜡后的云杉木材自然、庄重、细腻、艳丽、温暖和冷淡程度有所增加，简洁和柔和程度有所降低。随着红色着色剂含量的增加，烫蜡木材的简洁、自然、柔和、细腻、冷淡等级逐渐下降，庄重、艳丽、温暖等级逐渐上升，说明随着红色着色剂含量的增加，烫蜡云杉木材给人的心理感觉越来越庄重、艳丽和温暖，而简洁、自然、柔和、细腻和冷淡的感觉逐渐减弱。

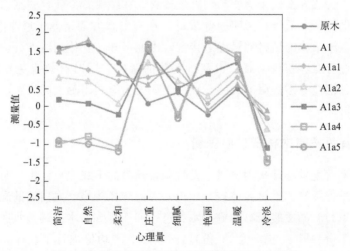

图 4-45　红色着色剂烫蜡云杉木材的视觉心理量

② 加入黄色着色剂烫蜡云杉木材：如图 4-46 所示，随着黄色着色剂含量的增加，烫蜡云杉木材的简洁、自然、柔和、细腻、冷淡等级逐渐下降，庄重、艳丽、温暖等级同加入红色着色剂一样逐渐增大，但其艳丽、庄重等级相比加入红色着色剂的烫蜡木材较低，温暖等级相比加入红色着色剂的烫蜡木材较高，说明随着黄色着色剂含量的增加，烫蜡云杉木材在简洁、自然、柔和、细腻、冷淡等方面给人的感觉减弱，在庄重、艳丽、温暖三个方面越来越强烈，但庄重、艳丽的感觉相比红色烫蜡木材较弱，温暖的感觉相比红色烫蜡木材较强。

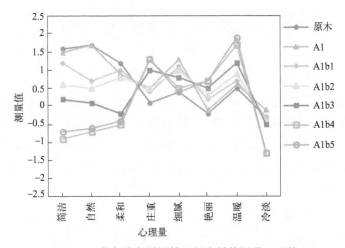

图 4-46 黄色着色剂烫蜡云杉木材的视觉心理量

③ 加入紫色着色剂烫蜡云杉木材：如图 4-47 所示，随着紫色着色剂含量的增加，烫蜡云杉木材在简洁、自然、柔和、细腻、艳丽、温暖 6 个方面的等级逐渐下降，庄重、冷淡 2 个方面的等级逐渐增大，其中庄重等级达到 1.9 左右，为三种颜色中庄重等级最高的，说明随着紫色着色剂含量的增加，烫蜡云杉木材在简洁、自然、柔和、细腻、艳丽、温暖等方面给人的感觉减弱，在庄重、冷淡 2 个方面越来越强烈，且紫色烫蜡木材庄重的感觉相比红色、黄色烫蜡木材最强。

（2）榆木视觉心理量分析

① 加入红色着色剂烫蜡榆木木材：如图 4-48 所示，与榆木原木相比，烫蜡榆木木材在简洁、庄重、细腻、艳丽、温暖、冷淡 6 个方面心理量上的等级有所增大，在自然和柔和 2 个方面的等级降低，说明烫完蜡后的榆木木材给人的感觉在简洁、庄重、细腻、艳丽、温暖、冷淡方面有所加强，而在自然、柔和方面减弱。随着红色着色剂含量的增加，烫蜡榆木木材的简洁、自然、柔

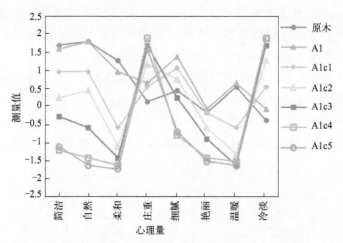

图 4-47 紫色着色剂烫蜡云杉木材的视觉心理量

和、细腻、冷淡等级逐渐下降，庄重、艳丽、温暖等级逐渐增大，但其柔和和温暖的等级相比云杉烫蜡木材较低，说明随着红色着色剂含量的增加，烫蜡榆木木材给人的心理感觉越来越庄重、艳丽和温暖，简洁、自然、柔和、细腻和冷淡的感觉在减弱，但整体上，加入红色着色剂的烫蜡云杉木材相比榆木木材更加柔和和温暖。

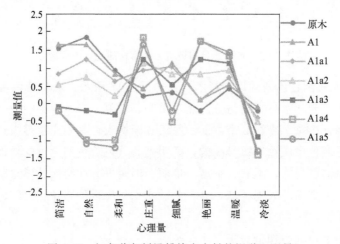

图 4-48 红色着色剂烫蜡榆木木材的视觉心理量

② 加入黄色着色剂烫蜡榆木木材：如图 4-49 所示，随着黄色着色剂含量的增加，烫蜡榆木木材的简洁、自然、柔和、细腻、冷淡等级逐渐下降，庄重、艳丽、温暖等级增大，但其艳丽等级相比加入红色着色剂较低，柔和等级相比云杉黄色着色剂烫蜡木材较低，说明随着黄色着色剂含量的增加，烫蜡榆

木木材在简洁、自然、柔和、细腻、冷淡等方面给人的感觉减弱，在庄重、艳丽和温暖三个方面的感觉增强，但其艳丽的感觉相比红色烫蜡榆木木材较弱，柔和的感觉相比黄色云杉烫蜡木材较弱。

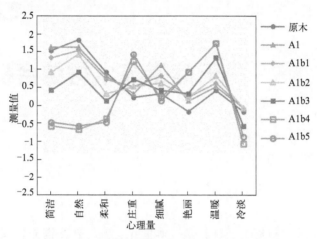

图 4-49　黄色着色剂烫蜡榆木木材的视觉心理量

③ 加入紫色着色剂烫蜡榆木木材：如图 4-50 所示，随着紫色着色剂含量的增加，烫蜡榆木木材的简洁、自然、柔和、细腻、艳丽和温暖等级渐渐下降，庄重和冷淡等级渐渐增大，在庄重等级上，其相比红色、黄色着色剂榆木烫蜡木材，紫色着色剂云杉烫蜡木材整体上都要高，说明随着紫色着色剂含量的增加，烫蜡云杉木材在简洁、自然、柔和、细腻、艳丽、温暖等方面给人的感觉减弱，在庄重、冷淡 2 个方面越来越强烈，且紫色烫蜡榆木木材庄重的感觉较红色、黄色烫蜡榆木木材和紫色烫蜡云杉木材都强。

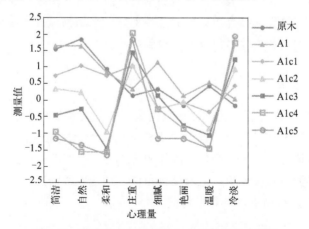

图 4-50　紫色着色剂烫蜡榆木木材的视觉心理量

5

天然蜡与木材结合机理

本章主要通过扫描电子显微镜、傅里叶变换红外光谱分析仪、X射线衍射仪对天然蜡烫蜡木材表界面的渗透性、结合度、结构进行检测，分析得出天然蜡与木材烫蜡结合机理，为现代木制品生产中的烫蜡技艺提供参考依据。

5.1 烫蜡木材疏水性

为了形成良好的结合，熔融蜡与木材应该充分接触。通常基材的润湿性不好，结合能力差，而经过表面处理后的木材润湿性明显增强。高密度木材含有大量抽提物，容易引起结合阻碍，润湿性不好，采用物理打磨或化学处理等方法可将其表面抽提物去除，使结合力得到改善。

5.1.1 试验方法

采用德国OCA20视频光学接触角测量仪测量烫蜡试件表面的接触角。对未做烫蜡处理的素材以及经混合天然蜡和合成蜡处理的试件做亲水性测试时，选用的测试液体为蒸馏水，测量液滴体积为 $5\mu L$。测试液体滴到木材表面静置一定时间后再测量其接触角，记录接触角值。均选取烫蜡试件较为平整一边的 $3\sim5$ 个不同点进行测量，取其平均值。

5.1.2 烫蜡木材疏水性分析

（1）烫蜡木材水接触角

水接触角与表面粗糙度和表面自由能有关。

烫蜡试材表面的疏水性通过接触角测试进行分析，结果如图 5-1 所示。木材具有天然多孔构造，表面含有亲水基团，水滴刚接触试材表面时接触角为 57°，静置 60s 后接触角减小为 44°，表明木材表面被润湿，且有很强的亲水性。试材经烫蜡修饰后，表面接触角有了大幅提高，如图 5-1(b) 所示，水滴在试件表面呈球状，接触角达到 123°，表明木材表面很难被润湿，疏水性明显增强。这是由于烫蜡处理作用下，一部分蜡分子填充细胞腔，在其表面形成了一层蜡膜。

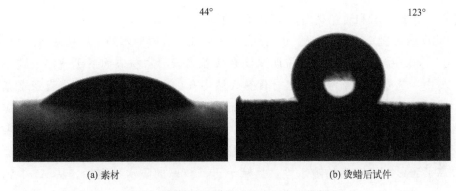

(a) 素材　　　　　　　　　　　　　　(b) 烫蜡后试件

图 5-1　烫蜡处理前后试件表面的水接触角

天然蜡烫蜡木材的水接触角如图 5-2 所示。未处理木材具有亲水性，其水接触角小于 90°，为 38°~50°，平均值为 44.0°，经烫蜡后其水接触角有了较大程度的提高。纯蜂蜡烫蜡木材的水接触角为 115~120°，平均值为 117.7°。与纯蜂蜡烫蜡木材相比，共混天然蜡烫蜡试材的表面水接触角略高。蜂蜡和虫白蜡共混蜡烫蜡木材的水接触角为 117~123°，平均值为 119.3°，蜂蜡和石蜡共混蜡烫蜡木材的水接触角与其基本接近，范围为 116~124°，平均值为 120.7°。这可能是因为两种蜡共混形成互相包裹，微观粗糙度增强，且虫白蜡的极性低于蜂蜡，石蜡为非极性材料，所以共混蜡烫蜡试材的表面自由能相对较低，导致共混蜡烫蜡试材的水接触角高于纯蜂蜡烫蜡试材。烫蜡能够赋予家具良好的疏水性。

（2）着色烫蜡木材

通过测试云杉和榆木烫蜡木材表面 0s 和静置 30s 的水接触角分析未处理

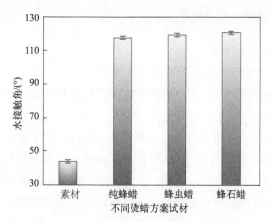

图 5-2　不同配比烫蜡试材的水接触角

木材、烫蜡木材和着色烫蜡木材的疏水性。

① 云杉烫蜡木材水接触角：由图 5-3 可知，云杉原木的初始接触角为 90°左右，30s 后变为 50°左右，说明水滴在接触到云杉木材表面后迅速渗入到了木材中，这可能是因为云杉木材具有天然多孔的结构，并且表面含有亲水基团，使得其表面具有亲水性。烫蜡后的云杉木材表面初始接触角在 110°～120°之间，30s 后接触角均有轻微的降低，降低角度均小于 5°。总的来说，木材表面进行烫蜡后，其初始接触角变大，水滴的渗入速度明显降低，说明烫蜡处理提高了云杉木材表面的疏水性，且赋予了其较好的防水稳定性。从 A1a1 到 A1a4 的初始接触角数据可以看出，随着着色剂含量的增加，木材表面的接触角逐渐上升后又轻微下降，说明随着着色剂含量的增加，烫蜡木材表面的防水性略有下降。A1a4 组的初始接触角角度和 30s 接触角角度均高于 A1a5 组，说明先染蜡后烫蜡的云杉木材防水性强于先染色后烫蜡的云杉木材。

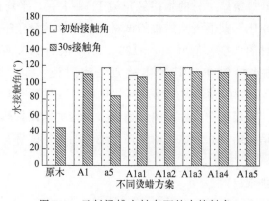

图 5-3　云杉烫蜡木材表面的水接触角

② 榆木烫蜡木材水接触角：由图 5-4 可知，未经处理的榆木木材初始水接触角为 80°左右，静置 30s 后变为 30°左右，均低于云杉原木，说明榆木木材为亲水性木材，并且相比云杉木材其亲水性强，这可能是由于榆木属于阔叶材树种，而云杉属于针叶材树种，微观结构不同所致。烫蜡后的榆木木材表面初始水接触角在 100°～120°之间，30s 后也均有轻微的降低，降低角度均小于10°，说明榆木木材表面进行烫蜡后其防水性大大增强，并具有较强的防水稳定性能。从 A1a2 到 A1a5 的初始接触角数据可以看出，随着着色剂含量的增加，榆木木材表面的水接触角先略微下降，然后又上升，但数值差异较小，说明随着着色剂含量的增加，榆木烫蜡木材表面的防水性也略有下降。A1a4 木材两组试材的初始水接触角高于 A1a5 组，30s 后接触角趋于一致，说明先染蜡后烫蜡的榆木木材疏水性略高于先染色后烫蜡的榆木木材。

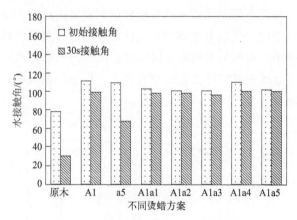

图 5-4　榆木烫蜡木材表面的水接触角

由上述分析可知，云杉、榆木木材均具有亲水性，且榆木木材的亲水性强于云杉木材；木材烫蜡后，其初始接触角角度均增大到 110°左右，并且 30s 后下降微弱，说明木材经过烫蜡修饰后大大增强了其表面的防水性；随着混合蜡中着色剂含量的增加，木材表面防水性略有降低；先染蜡后烫蜡的云杉和榆木木材表面防水性强于先染色后烫蜡的云杉和榆木木材。

5.2　天然蜡与木材的特征官能团

5.2.1　试验方法

采用傅里叶红外光谱分析仪（FTIR）对烫蜡木材表/界面的结合度进行检测。分别用蜡和烫蜡木材进行测试，采用锋利的刀片将样品裁切，尺寸大约为

5mm×5mm×1mm，厚度尽量薄。选择的材料要求整洁干净、无污染，刀片刃口在每次使用过后均要用酒精进行擦拭。测试时扫描范围为 500～4000cm⁻¹，扫描速率为 32 次/min。

5.2.2 天然蜡与木材表/界面官能团分析

（1）烫蜡木材的傅里叶红外光谱图分析

未处理木材、蜂蜡和蜂蜡烫蜡水曲柳样品的 FTIR 光谱如图 5-5 所示。未处理木材的 FTIR 光谱（图 5-5 中光谱Ⅰ）显示在 3335cm⁻¹ 处的宽带归属于木材羟基（—OH）的伸缩振动，该谱带强度在蜂蜡烫蜡水曲柳的 FTIR 光谱（图 5-5 中光谱Ⅲ）中并未发现明显变化。从蜂蜡的 FTIR 光谱（图 5-5 中光谱Ⅱ）得知，在 1732cm⁻¹ 处的峰归属于酯中非共轭羰基的伸缩振动，这种吸收归因于蜂蜡中存在的单酯。蜂蜡烫蜡水曲柳的 FTIR 光谱在 1732cm⁻¹ 处的羰基吸收没有发生变化，代表未处理木材酯的吸收峰已合并在蜂蜡烫蜡水曲柳的峰中。在蜂蜡烫蜡水曲柳的 FTIR 光谱中没有出现新的峰，并且蜂蜡和木材可能发生反应的官能团的吸收峰强度也没有变化。以上结果表明，蜂蜡和木材只是两种材料的物理结合，并未形成化学结合。

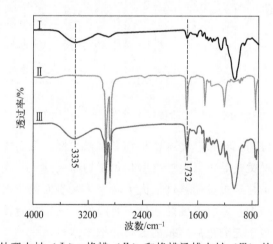

图 5-5 未处理木材（Ⅰ）、蜂蜡（Ⅱ）和蜂蜡烫蜡木材（Ⅲ）的 FTIR 光谱

（2）着色烫蜡木材的傅里叶红外光谱图分析

① 榆木、红色着色剂、蜂蜡和虫白蜡的红外光谱图分析：如图 5-6 所示，从榆木木材的 FTIR 结果曲线可以看出，在波长 3400cm⁻¹ 处的羟基伸缩振动峰（O—H）、1735cm⁻¹ 处的羰基振动峰（C —O）以及 1250cm⁻¹ 处的酚羟基伸缩振动峰（C—O）等均为其 FTIR 特征峰；从蜂蜡的曲线可以看出，

$2955cm^{-1}$、$2916cm^{-1}$ 和 $2848cm^{-1}$ 处为蜂蜡中饱和烷烃的—CH_2 和—CH_3 伸缩振动峰，$1462cm^{-1}$ 处为蜂蜡中饱和烷烃的—CH_2 和—CH_3 弯曲振动峰，$720cm^{-1}$ 为蜂蜡亚甲基的弯曲振动峰；虫白蜡的 FTIR 结果与蜂蜡相似，$2955cm^{-1}$、$2916cm^{-1}$ 和 $2848cm^{-1}$ 处为虫白蜡中饱和烷烃的—CH_2 和—CH_3 伸缩振动峰，$1462cm^{-1}$ 处为虫白蜡中饱和烷烃的—CH_2 和—CH_3 弯曲振动峰，$720cm^{-1}$ 处为虫白蜡亚甲基的弯曲振动峰，与蜂蜡不同的是，虫白蜡在 $1737cm^{-1}$ 处出现不饱和酯和芳香酸酯的伸缩振动峰；由着色剂的 FTIR 分析可得，在 $500\sim1000cm^{-1}$ 之间指纹区出现较多峰，可能由着色剂中的无机物填料所致。

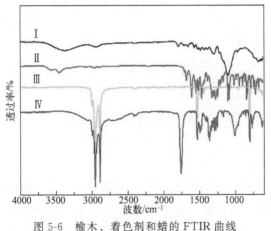

图 5-6 榆木、着色剂和蜡的 FTIR 曲线

Ⅰ—榆木；Ⅱ—着色剂；Ⅲ—蜂蜡；Ⅳ—虫白蜡

② 不同烫蜡工艺榆木木材的红外光谱图分析：如图 5-7 所示，与未烫蜡木材相比，仅染色木材除木材特征峰外并未出现明显的其他特征峰，在 $1000cm^{-1}$ 以下指纹区出现较多不明显的微弱的小峰，这与上述着色剂的测试结果相符；然而经过不同烫蜡工艺处理后的木材，除木材特征峰外还出现了蜂蜡和虫白蜡的特征峰，例如 $2955cm^{-1}$、$2916cm^{-1}$ 和 $2848cm^{-1}$ 处饱和烷烃的—CH_2 和—CH_3 伸缩振动峰，$1462cm^{-1}$ 处饱和烷烃的—CH_2 和—CH_3 弯曲振动峰，$720cm^{-1}$ 处亚甲基的弯曲振动峰，$1737cm^{-1}$ 处不饱和酯和芳香酸酯的伸缩振动峰等，说明不同烫蜡工艺处理后，木材表面形成了蜂蜡和虫白蜡的蜡层。

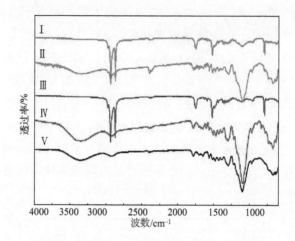

图 5-7　不同烫蜡工艺榆木木材的 FTIR 曲线
Ⅰ—A1a4；Ⅱ—A1a5；Ⅲ—a5；Ⅳ—A1；Ⅴ—榆木

5.3　天然蜡与木材的结晶结构变化

5.3.1　试验方法

本小节采用 X 射线衍射仪（XRD）对烫蜡木材表/界面的晶型结构进行检测。测试前需要制备样品（蜡和烫蜡木材），采用锋利的刀片和小锯制成，尺寸为 20mm×20mm×5mm。选择测试材料时要选用干净整洁、无污染的地方，刀片刃口只能使用一次，进行下次切割前要重新用酒精进行擦拭，防止测试材料被污染，影响测试结果。测试范围为 5°～60°，扫描速度为 5°/min。

5.3.2　天然蜡烫蜡木材结晶结构分析

（1）原料的结晶结构

首先对阔叶木材榆木、红色着色剂、蜂蜡和虫白蜡原料进行表征，如图 5-8 所示。榆木木材的 XRD 数据曲线在 22°附近出现木材的纤维素结晶特征峰；着色剂的 XRD 曲线中出现许多细小的杂峰，可能由着色剂中的填料所致，着色剂整体呈无定型态；蜂蜡和虫白蜡则具有很接近的结晶结构，均在 21°和 24°附近出现明显的特征峰。

（2）烫蜡木材的结晶结构

进行 XRD 表征分析，结果如图 5-9 所示。对未烫蜡处理榆木木材和染色

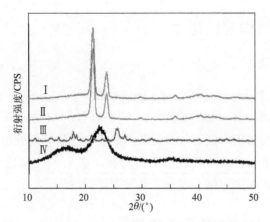

图 5-8　木材、着色剂和蜡的 XRD 曲线
Ⅰ—蜂蜡；Ⅱ—虫白蜡；Ⅲ—着色剂；Ⅳ—榆木

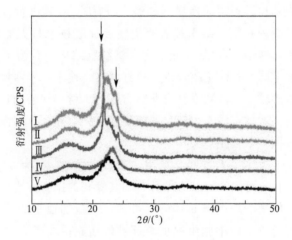

图 5-9　不同烫蜡工艺榆木木材的 XRD 曲线
Ⅰ—榆木；Ⅱ—A1；Ⅲ—a5；Ⅳ—A1a5；Ⅴ—A1a4

榆木木材的 X 射线衍射图谱进行分析可知，红色着色剂并没有改变木材表面的晶型，说明红色着色剂为无定型态，与上述原料的 XRD 结果相符；木材烫蜡处理后，除木材纤维素的特征峰外，在 21°和 24°还出现了蜂蜡和虫白蜡的衍射峰，说明烫蜡处理后木材表面覆盖有蜡层；对比不同烫蜡着色工艺发现，烫蜡后的木材均出现了蜂蜡、虫白蜡的特征峰，其表面同仅烫蜡木材一样覆盖有蜂蜡、虫白蜡涂层，并没有新的结晶峰出现。

5.4 烫蜡木材微观结构

5.4.1 试验方法

采用荷兰 FEI 公司的 QUANTA200 型扫描电子显微镜（SEM）对烫蜡水曲柳样品和对照水曲柳样品进行测试，选择的材料要求整洁干净、无污染。木材内部结构的样品需用病理刀片进行切割制备，并用导电胶将切片样品固定在样品台上，随后进行真空离子溅射喷金处理，在 5.0kV 加速电压下用扫描电镜对改性聚乙烯蜡在水曲柳中的分布和形态进行观察。

5.4.2 天然蜡烫蜡木材微观结构分析

（1）不同烫蜡木材的微观结构

以红酸枝为基材，利用天然蜡（蜂蜡/虫白蜡）对其进行烫蜡处理，烫蜡后对其表面进行微观扫描，结果都表明烫蜡后红酸枝木材大面积导管被蜡填充，说明天然蜡（蜂蜡/虫白蜡）能进入木材细胞结构中。为了进一步比较优化天然蜡配比下不同木材的烫蜡效果，将红酸枝、榆木、水曲柳、云杉、冷杉等木材进行烫蜡比较试验，选取具有典型特征的木材三切面的扫描电镜图像进行观察和分析。红酸枝、榆木、云杉的横切面、径切面和弦切面扫描电子显微镜图如图 5-10～图 5-12 所示。

① 红酸枝：红酸枝是传统烫蜡所用的珍贵木材之一，为阔叶材，黄檀属。根据管孔的分布状态可知红酸枝为散孔材，其管孔的排列方式呈星散状，管孔的导管直径大，数量少。由图 5-10(a) 可知，其横切面上的管孔被天然蜡填充，横切面上直径较小的细胞组织也全部被蜡填充；如图 5-10(b) 所示，其径切面上可明显看到木射线和木纤维等木材结构被蜡层覆盖；从其弦切面进行观察，发现少数木射线的细胞被蜡填充，如图 5-10(c) 所示，说明在弦切面蜡在木材结构中的分布并不均匀。

② 榆木：榆木是实木家具常用的硬木木材之一，为阔叶材，榆科榆属。根据管孔的分布状态可知榆木为环孔材，其管孔的排列方式为管孔团连续呈波浪形，管孔数量多。由图 5-11(a) 可知，其横切面上大部分的管孔被天然蜡填充；如图 5-11(b) 所示，其径切面上可明显看到木射线组织被蜡层覆盖；从其弦切面进行观察，发现少数木射线细胞的截面孔洞被蜡填充，如图 5-11(c) 所示。

③ 云杉：云杉是现代实木家具常用的木材之一，为针叶材，属松科，无

导管，其管胞直径从早材到晚材逐渐减小。由图 5-12(a) 可知，其横切面上大部分的管胞被天然蜡填充；如图 5-12(b) 所示，其径切面上可明显看到木射线组织中有少量的蜡存在；从其弦切面进行观察，发现少数木射线细胞的截面孔洞有蜡的存在，不易观察，如图 5-12(c) 所示。由此可知，因为云杉为针叶材，天然蜡（蜂蜡/虫白蜡）浸入管胞分布不均，且比阔叶材中的填充量小，表明天然蜡（蜂蜡/虫白蜡）在针叶材中的渗透性比在阔叶材中弱。

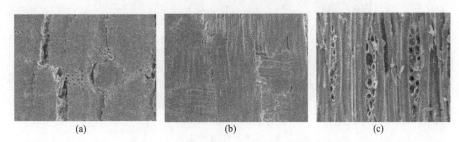

(a)　　　　　　　　　　(b)　　　　　　　　　　(c)

图 5-10　天然蜡烫蜡红酸枝木材的 SEM 图

(a)　　　　　　　　　　(b)　　　　　　　　　　(c)

图 5-11　天然蜡烫蜡榆木木材的 SEM 图

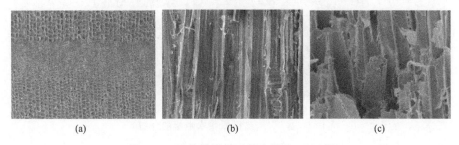

(a)　　　　　　　　　　(b)　　　　　　　　　　(c)

图 5-12　天然蜡烫蜡云杉木材的 SEM 图

（2）天然蜡在烫蜡木材中的分布

采用扫描电子显微镜对烫蜡前后榆木木材表面的微观构造进行观察分析。

① 榆木原木微观结构分析：由低倍和高倍的木材扫描电子显微镜照片可

以看出，榆木原木的微观结构清晰可见，如图 5-13 所示。其中代表性的木材微观结构有导管与导管间的纹孔、木材横向传导的木射线细胞结构和导管壁上的螺纹加厚结构等。

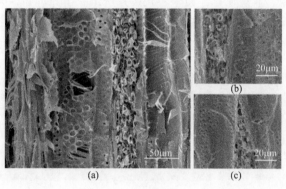

图 5-13　榆木原木

② 天然蜡在木材中的分布：由图 5-14（a）可知，木材的导管被蜡附着，横向的木射线细胞腔中也有蜡的存在；在高倍扫描电子显微镜图[图 5-14(b)、(c)]中，螺纹加厚结构和纹孔表面明显覆盖了一层蜡，其木材的特征结构变得相对模糊。由此可知，天然蜡通过烫蜡的方式可进入木材内部结构在表面覆盖薄薄一层，但木材的自身结构仍可分辨。

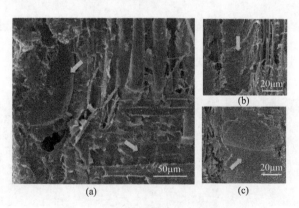

图 5-14　天然蜡烫蜡榆木中蜡的分布

③ 天然蜡在木材中的渗透深度：取烫蜡木材的剖切面作为观察面，进一步通过扫描电子显微镜对烫蜡木材的断面进行分析。在低倍扫描电子显微镜图中，靠近烫蜡表面的管孔中明显有天然蜡的堆积，如图 5-15(a) 所示，说明天然蜡渗透进木材内部至少一个导管直径的距离，蜡在一定程度上可浸入到木材内部，厚度约 50μm。如在高倍电镜图下发现，浸入木材的蜡在木材管胞内分布均匀。

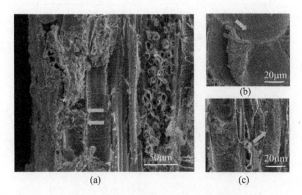

图 5-15　榆木烫蜡木材蜡的渗透

5.5　烫蜡木材的热稳定性

5.5.1　试验方法

首先使用德国耐驰 STA449 F3 型热重分析仪对未处理木材、蜂蜡烫蜡水曲柳以及改性聚乙烯蜡烫蜡水曲柳样品进行热重分析（TG），每个样品用量控制在 5～10mg，在氮气气氛下（50mL/min）以 10℃/min 的升温速率从 30℃加热到 600℃；然后绘制样品的热重分析（TG）曲线和微商热重分析（DTG）曲线，以 TG 曲线中的热失重 5%（质量分数）时的温度（$T_{5\%}$）、DTG 曲线中的最大热失重速率温度（T_{max}）来评价样品的热稳定性。

5.5.2　烫蜡木材的热稳定性分析

为了研究蜂蜡对水曲柳热分解的影响，采用热重分析（TG）对未处理木材和烫蜡水曲柳样品的热性能进行了评估。由图 5-16 和图 5-17 所示的 TG 和 DTG 曲线可知，与未处理木材相比，蜂蜡烫蜡水曲柳的初始热降解温度（$T_{5\%}$）从 233℃提高到了 262℃；蜂蜡烫蜡水曲柳的最大峰值（T_{max}）提高了 6℃，为 346℃。

300℃以下的失重主要归因于半纤维素小分子物质在低温段的热降解，而蜂蜡烫蜡水曲柳初始失重温度的提高可能是热稳定性较高的蜂蜡在水曲柳中的填充所致。300～380℃主要的失重原因是纤维素的分解，此阶段热解速率加快，失重率（失重率＝100%－热解温度对应的质量分数）大幅度增加，未处理木材的失重率达到了 47%，蜂蜡烫蜡水曲柳的失重率为 45%。当温度上升到 380℃以上时热失重缓慢降低，这主要是由于不同聚合度的木质素发生热解

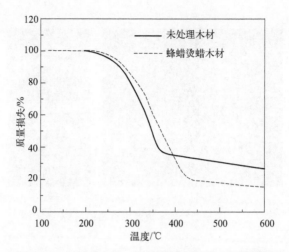

图 5-16　未处理木材、蜂蜡烫蜡木材的 TG 曲线图

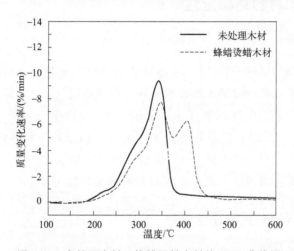

图 5-17　未处理木材、蜂蜡烫蜡木材的 DTG 曲线图

及炭化过程。与未处理木材相比，此阶段蜂蜡烫蜡水曲柳的热解温度范围变宽，热解速率下降，表明分散到水曲柳内部结构中的蜂蜡使热量传输受阻，对水曲柳的继续热解有一定的抑制作用。

　　然而与未处理木材不同的是，蜂蜡烫蜡水曲柳有第二个 DTG 峰，此峰对应于蜂蜡的最高热失重温度。这一阶段的失重率高于未处理木材，这部分失重率升高的原因主要是蜂蜡的分解和挥发。由于蜂蜡含有多种有机物，结构均一性较差，上述结果表明，水曲柳经蜂蜡烫蜡处理后热稳定性有所提高，在一定程度上减缓了其在高温环境下的热降解。

6

天然蜡烫蜡木材耐老化特性

当木材在室内和户外长期使用时，其表面会发生自然老化现象，使其物理和化学结构发生不可逆转的变化。导致木材表面老化有诸多复杂的原因，其中主要的因素是紫外线辐射、水分、温度和氧气。这些因素直接参与木材光解、热解和氧化等特定的化学降解过程，使木材表面颜色及化学成分发生变化，进而降低木材的使用寿命。紫外线是造成木材光解老化的重要原因，在木材表面建立具有保护和装饰作用的涂层屏障，隔绝水分、延缓降解，同时美化其外观，对延缓木材老化意义重大。了解天然蜡烫蜡木材的蜡层老化机理以及烫蜡处理对木材抗紫外光诱导氧化降解的影响，这对烫蜡木材技术的优化都是至关重要的。

本章主要通过对天然蜡烫蜡处理木材在紫外线加速老化过程中的颜色、光泽度、吸水率、接触角和蜡层附着力变化以及表面微观形貌和化学变化的测试和分析，揭示天然蜡的蜡层老化机制。

6.1 天然蜡烫蜡木材表面颜色变化

6.1.1 试验方法

为测定云杉和榆木木材的表面耐老化性，将木材放在紫外灯光下照射36h，检测其每个时间段的 L^*、a^*、b^* 变化值。由于测试数据过多，选取了具有代表性的云杉和榆木原木、A1a4 和 A1a5 组数据作为部分耐老化性测试数据进行分析。同时对比了未处理木材、染色烫蜡木材、烫蜡染色木材的材色数据来分析老化性能。所用天然蜡为优化的蜂蜡和虫白蜡共混蜡。A1a4 为染蜡后烫蜡试件，A1a5 为染色后烫蜡试件。

6.1.2 烫蜡云杉木材表面颜色变化

（1）明度变化 ΔL^*

如图 6-1 所示，云杉原木的明度变化 ΔL^* 数值为负值，并随着紫外光照射时间的延长迅速降低，说明经过紫外光照射后，云杉原木的颜色变深，并且随着紫外光照射时间的延长越变越深。A1a4 组云杉木材的明度变化 ΔL^* 数值为正值，在 24h 内随着紫外光照射时间的延长缓慢下降，说明 A1a4 组云杉木材在紫外光照射后明度增大，颜色变浅，但随着紫外光照射时间的延长，明度下降，颜色缓慢变深。A1a5 组云杉木材的明度变化 ΔL^* 数值为负值，并随着紫外光照射时间的延长在 24h 呈下降趋势，说明 A1a5 组云杉木材在紫外灯光照射后明度降低，颜色变深，并且随着紫外灯光照射时间的增延，明度持续下降，颜色缓慢变深。三组数据中原木的 ΔL^* 数值迅速下降，而其他两组木材的 ΔL^* 数值均缓慢下降，变化微弱，说明烫蜡处理后减缓了木材的颜色深浅变化。

（2）红绿轴色品指数变化 Δa^*

如图 6-2 所示，云杉原木的红绿轴色品指数变化 Δa^* 数值随紫外光照射时间的延长缓慢增大，说明随着紫外光照射时间的延长，其颜色逐渐趋近于红色。A1a4 组云杉木材的红绿轴色品指数变化 Δa^* 数值为负值，并随着紫外光照射时间的延长迅速下降，说明 A1a4 组云杉木材在紫外灯光照射后其颜色趋近于红色，但随着紫外光照射时间的延长，红色越来越浅。A1a5 组云杉木材的红绿轴色品指数变化 Δa^* 数值为正值，并随着紫外光照射时间的延长迅速下降变为负值，说明 A1a5 组云杉木材在紫外灯光照射后其红色变浅，并随着紫外灯光照射时间的延长越来越浅。三组数据中原木的 Δa^* 数值缓慢上升，而其他两组木材的 Δa^* 数值迅速下降，说明烫蜡处理改变了木材的红绿轴色品指数变化趋势。

（3）黄蓝轴色品指数变化 Δb^*

如图 6-3 所示，云杉原木的黄蓝轴色品指数变化 Δb^* 数值和 A1a5 组木材的 Δb^* 数值随着紫外光照射时间的延长而增大，原木的 Δb^* 数值增长趋势较A1a5 更为迅速，说明随着紫外光照射时间的延长，其颜色逐渐趋近于黄色，并且原木趋近于黄色的速度较 A1a5 组木材更快。A1a4 组木材随着紫外灯光照射时间的增长，Δb^* 数值基本保持不变，说明 A1a4 组木材随着紫外光照射时间的延长，其黄蓝轴色品基本保持不变。

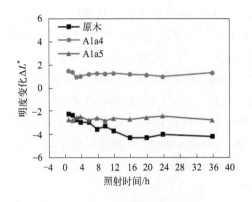

图 6-1 烫蜡云杉的明度变化 ΔL^*

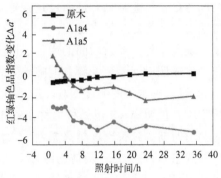

图 6-2 烫蜡云杉的红绿轴色品指数变化 Δa^*

（4）色调差值变化 ΔE^*

如图 6-4 所示，云杉原木及烫蜡木材的色调差值变化 ΔE^* 数值随着紫外灯光照射时间的延长均逐渐增大，其中原木增大的速度最快，而 A1a4 和 A1a5 组云杉木材增大缓慢，说明随着照射时间的延长，木材的颜色变化均逐渐增大，原木的颜色变化最大，耐老化性最弱，A1a4 和 A1a5 组云杉木材的颜色变化较为相近，变化较小，耐老化性较为相近。由此可知，烫蜡处理减弱了木材的颜色变化，增强了云杉木材表面的耐老化性，先染蜡后烫蜡的云杉木材耐老化性与先染色后烫蜡的云杉木材效果基本相同。

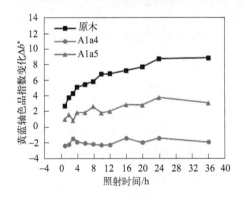

图 6-3 烫蜡云杉的黄蓝轴色品指数变化 Δb^*

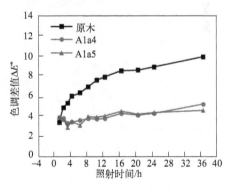

图 6-4 烫蜡云杉的色调差值 ΔE^*

6.1.3 烫蜡榆木木材表面颜色变化

（1）明度变化 ΔL^*

如图 6-5 所示，榆木原木的明度变化 ΔL^* 数值为负值，随着紫外光照射时间的延长迅速降低，说明经过紫外光照射后，榆木原木的颜色变深，并且随着照射时间的延长越来越深。A1a4 组榆木木材的明度变化 ΔL^* 数值初始为负值，随着紫外光照射时间的增长缓慢上升变为正值，说明 A1a4 组云杉木材在紫外灯光照射后颜色变深，但随着紫外光照射时间的延长，其颜色逐渐变浅。A1a5 组云杉木材的明度变化 ΔL^* 数值为正值，随着紫外光照射时间的延长缓慢增大，说明 A1a5 组云杉木材在紫外灯光照射后颜色变浅，并且随着紫外灯光照射时间的延长逐渐越来越浅。三组数据中原木的 ΔL^* 数值迅速下降，而其他两组木材的 ΔL^* 数值均缓慢上升，说明烫蜡处理后改变了榆木木材紫外光照射后的深浅变化，这可能是受到着色剂颜色的影响。

（2）红绿轴色品指数变化 Δa^*

如图 6-6 所示，榆木原木及烫蜡榆木的红绿轴色品指数变化 Δa^* 数值均为负值，随着紫外光照射时间的延长 Δa^* 数值逐渐下降，且原木的下降趋势较为缓慢，A1a5 次之，A1a4 的下降速度最快，说明紫外灯光照射后，原木、A1a4 和 A1a5 组木材的红色减弱，并且随着紫外灯光照射时间的延长还在逐渐减弱，其中原木的红色减弱最慢，A1a5 次之，A1a4 最快。

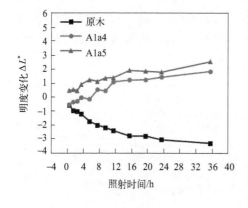

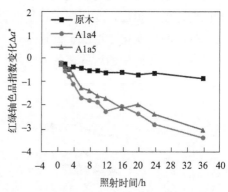

图 6-5　烫蜡榆木的明度变化 ΔL^*　　　　图 6-6　烫蜡榆木的红绿轴色品指数变化 Δa^*

（3）黄蓝轴色品指数变化 Δb^*

如图 6-7 所示，榆木原木、A1a4 和 A1a5 组木材的黄蓝轴色品指数变化 Δb^* 数值随着紫外光照射时间的延长而逐渐增大，初期增大速度较快，而后期较为缓慢，基本保持不变，原木变化最为明显，A1a4 和 A1a5 组的增大速度基本相同，说明随着紫外光照射时间的延长，榆木原木和烫蜡木材的颜色逐渐偏向于黄色，其中原木的颜色偏向于黄色最为明显，A1a4 和 A1a5 组木材偏向黄色的速度基本一致。

（4）色调差值变化 ΔE^*

如图 6-8 所示，榆木原木及烫蜡后的木材色调差值变化 ΔE^* 数值随着紫外灯光照射时间的延长也逐渐增大，同云杉木材一致，其中榆木原木的 ΔE^* 数值增大的速度最快，A1a5 组木材次之，A1a4 组木材增大最慢，说明随着照射时间的延长，榆木木材的颜色变化均逐渐增大，榆木原木的颜色变化最大，耐老化性最差，A1a5 组木材次之，A1a4 组木材最小。由此可知，烫蜡处理降低了榆木木材的颜色变化，增强了榆木木材表面的耐老化性，先染蜡后烫蜡的榆木木材表面耐老化性强于先染色后烫蜡的榆木木材耐老化性。

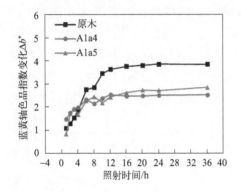
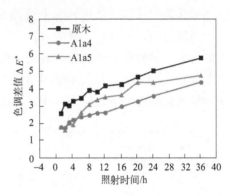

图 6-7　烫蜡榆木的黄蓝轴色品指数变化 Δb^*　　　图 6-8　烫蜡榆木的色调差值 ΔE^*

由以上 L^*、a^*、b^* 数据分析可知，经过紫外灯光照射后的榆木和云杉原木颜色变深，并且随着照射时间的增长越来越深，云杉烫蜡木材随着照射时间的延长颜色略有变深，而榆木烫蜡木材随着时间的延长则变浅；随着紫外灯光照射时间的延长，两种原木的红绿轴色品指数变化微弱，而烫蜡后的木材红色减弱明显；随着紫外灯光照射时间的延长，三组木材的颜色均趋向于黄色，其中原木的趋向速度最快；三组木材的颜色变化随照射时间的延长均逐渐增大，其中原木的颜色变化最为明显，耐老化性最低，先染蜡后烫蜡的木材表面耐老化性略强于先染色后烫蜡的木材表面耐老化性。

6.2　天然蜡烫蜡木材表面性能变化

6.2.1　试验方法

使用美国 Q-Panel 公司的 QUV 人工加速紫外老化仪对未处理木材、蜂蜡烫蜡水曲柳和改性聚乙烯蜡烫蜡水曲柳样品进行紫外加速老化试验，按照

ASTM G154 标准设定老化程序。试样尺寸为 $75\text{mm}(L) \times 50\text{mm}(R) \times 5\text{mm}$ (T)，紫外线波长为 340nm，辐照强度为 0.77W/m^2，紫外箱内的温度控制在 50℃。紫外老化过程以 12h 为一个周期，由紫外线辐射（8h）和喷水（4h）组成，其目的是模拟户外环境中的日光中的紫外光以及湿度等气候因子对材料的降解作用。整个老化时间为 480h，在老化 120h、240h、360h 和 480h 后取出试件进行性能测试。

6.2.2 颜色变化

紫外老化后，未处理木材和蜂蜡烫蜡水曲柳样品的颜色变化如图 6-9 所示。由图可知，未处理木材的 ΔL^*、Δa^*、Δb^* 和 ΔE^* 均随着老化时间的延长而增大，最明显的颜色变化出现在紫外老化 120h 后。紫外老化导致水曲柳表面变暗，Δa^* 和 Δb^* 正值表明水曲柳表面有变红和变黄的趋势。众所周知，在木材老化的情况下，变暗和变黄主要是由于木质素对紫外光的吸收而发生氧

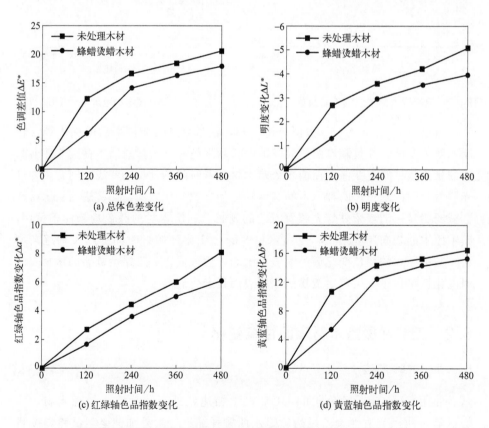

(a) 总体色差变化 (b) 明度变化

(c) 红绿轴色品指数变化 (d) 黄蓝轴色品指数变化

图 6-9 未处理木材、蜂蜡烫蜡木材在紫外老化过程中的颜色变化

化反应生成暗褐色的对位醌发色基团。未处理木材在紫外光辐射 480h 后，色调差值（ΔE^*）达到了 19.11。

蜂蜡烫蜡对水曲柳表面的老化行为影响较小，老化 480h 后，蜂蜡烫蜡水曲柳的色调差值（16.6）仅略低于未处理木材。然而在老化 120h 后，其 Δb^* 值急剧增大，在老化结束时基本与未处理木材持平。这可能是由于紫外线辐射穿透了蜂蜡的蜡层导致木材基材和蜡层老化产生叠加效应。先前的研究表明，木材的含水率与颜色变化之间有较好的相关性，在老化过程中，水分含量较低的样品变色较少。

6.2.3 光泽变化

图 6-10 显示了未处理木材和蜂蜡烫蜡水曲柳样品在紫外加速老化过程中的失光率（%）。随着老化时间的延长，各组样品的失光率均有所上升。紫外光照射 480h 后，蜂蜡烫蜡水曲柳表面的失光率为 57%，小于未处理木材（86%）。

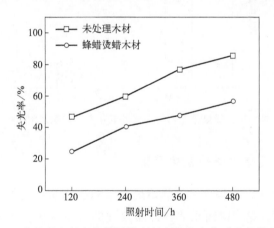

图 6-10 未处理木材和蜂蜡烫蜡木材在紫外老化过程中的失光率

光泽度的降低可能归因于紫外线辐射和水的淋溶作用使木材样品表面变得更加粗糙，如表 6-1 所示。结合 SEM 观察结果可知，蜂蜡烫蜡水曲柳表面在老化后出现了一些裂纹，这些裂纹在老化过程中会造成一定的表面失光率。

表 6-1 未处理木材和烫蜡木材在紫外老化过程中的表面粗糙度

样品	表面粗糙度 $Ra/\mu m$				
	老化 0h	老化 120h	老化 240h	老化 360h	老化 480h
未处理	9.8(1.2)	14.4(1.5)	15.7(2.1)	17.3(1.5)	18.2(2.6)
蜂蜡	9.1(0.7)	11.9(1.1)	14.2(1.4)	14.9(1.4)	15.8(2.2)

注：括号中为标准差。

6.2.4 天然蜡烫蜡木材附着力变化

图 6-11 显示了蜂蜡烫蜡水曲柳样品在紫外线加速老化前后的蜡层附着力。经过紫外老化处理后，蜂蜡烫蜡水曲柳样品的蜡层附着力下降。蜂蜡烫蜡水曲柳的蜡层附着力降低幅度达到 77%。蜡层附着力降低的主要原因可能是水分子使木材膨胀，从而损害了木材与蜡基体的界面黏附性。由于蜂蜡与木材界面间仅存在物理作用，蜡层附着力较低，因而木材吸湿膨胀容易使蜂蜡从木材基体中分离出来。

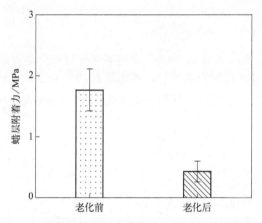

图 6-11　蜂蜡烫蜡木材在紫外老化前后的蜡层附着力

6.2.5 天然蜡烫蜡木材接触角变化

图 6-12 显示了未处理木材、蜂蜡烫蜡水曲柳样品在紫外线加速老化前后的水接触角变化。蜂蜡烫蜡水曲柳样品表面的初始水接触角为 110°，高于未处理木材表面的初始水接触角（40°），说明蜡所提供的额外低表面能对木材表面疏水性的提升起到了显著的积极作用。由图可知，随着老化时间的延长，所有样品表面的水接触角均呈现下降的趋势。紫外老化 480h 后，蜂蜡烫蜡水曲柳样品的疏水（水接触角＞90°）表面变得亲水（水接触角＝87°）。

表面接触角降低可能有以下几个原因：首先，木材表面的蜡层在老化过程中形成的裂纹会对表面沉积的水滴形状产生影响。其次，表面蜡层的裂纹形成了毛细管，由于毛细管压力驱动吸水，从而降低了表面的水接触角。最后，由于表面蜡层吸收部分紫外线辐射而发生光降解，导致表面极性基团增多。这一点可以从表面能的极性分量随老化时间的延长而升高得到验证，见表 6-2。表面极性基团的增加，使烫蜡水曲柳的表面自由能升高，从而降低了水滴的接触角。

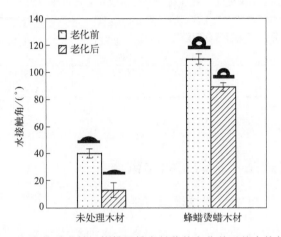

图 6-12　未处理木材、蜂蜡烫蜡木材紫外老化前后的水接触角

表 6-2　未处理木材和烫蜡木材在紫外老化前后的表面自由能、极性分量和非极性分量

样品	表面自由能 /(mJ/m^2)		极性分量 /(mJ/m^2)		非极性分量 /(mJ/m^2)	
	老化前	老化后	老化前	老化后	老化前	老化后
未处理	60.89	66.68	29.98	34.18	30.91	32.50
蜂蜡烫蜡	34.52	36.09	0.50	1.59	34.02	34.50

6.2.6　天然蜡烫蜡木材含水率变化

　　未处理木材、蜂蜡烫蜡水曲柳样品在紫外老化过程中的含水率（MC）如表 6-3 所示。未处理木材、蜂蜡烫蜡水曲柳样品在老化 120h 后，其含水率明显增加，并且在此后的老化周期内基本保持恒定。蜂蜡烫蜡水曲柳样品的初始含水率为 4.7%，低于未处理木材的水分含量（6.1%）。经过紫外老化 120h 后，未处理木材的含水率达到了 62.3%，而蜂蜡烫蜡水曲柳样品的含水率为 46.5%，烫蜡水曲柳样品的含水率增加幅度明显低于未处理木材。这一结果表明蜂蜡烫蜡处理有效减缓了水曲柳在老化过程中对水分的吸收。可能有两个原因：首先，木材经烫蜡处理在其表面固化形成的蜡层减缓了水分的渗透。其次，木材细胞腔中填充的蜡在一定程度上阻断了水分的运输途径。但随着老化时间的延长，表面蜡层在紫外光和水的负面影响下出现劣化现象，并产生裂纹，所以紫外光和水可能穿透到烫蜡水曲柳的更深层，导致水的积累，从而促进水分的渗透。

表 6-3　未处理木材和烫蜡木材在紫外老化过程中的含水率

样品	含水率/%				
	老化 0h	老化 120h	老化 240h	老化 360h	老化 480h
未处理	6.1(0.8)	62.3(3.9)	64.8(6.8)	61.6(5.1)	63.4(6.2)
蜂蜡	4.7(0.5)	46.5(4.5)	48.9(7.0)	48.2(7.1)	45.3(3.9)

注：括号中为标准差。

6.3　天然蜡烫蜡木材的耐老化机理

6.3.1　天然蜡烫蜡木材蜡层表面形貌变化

图 6-13 显示了未处理木材、蜂蜡烫蜡水曲柳样品在紫外线加速老化前

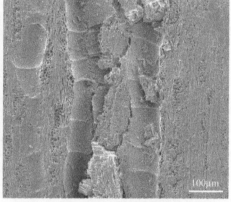

(a) 未处理木材紫外老化0h　　　　　(b) 未处理木材紫外老化480h

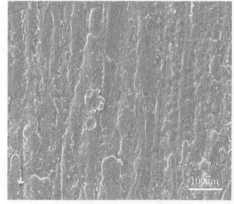

(c) 蜂蜡烫蜡木材紫外老化0h　　　　(d) 蜂蜡烫蜡木材紫外老化480h

图 6-13　未处理木材和烫蜡木材表面在紫外老化前后的 SEM 图像

后的扫描电镜表面微观形貌。经过紫外老化处理后，最初光滑的表面变得粗糙，并伴随着许多裂纹和界面缺陷产生，这种影响在未处理木材表面表现得最为严重。未处理木材的表面变得更加粗糙，并出现了许多微裂纹与严重的裂纹［图 6-13(b)］，这可能是紫外光和水分共同作用的结果。木材在紫外光辐照下发生光降解，随着时间的推移，由于长期遭受水的淋溶作用，其表面的降解产物被沥除，导致木材表面变得更加粗糙。此外，水能够渗入木材细胞壁，从而使木材膨胀，导致氢键的破坏。这有助于紫外光穿透木材细胞壁，使老化作用向木材表面的深层进展，从而加剧了其表面裂纹的形成与扩大。

对于蜂蜡烫蜡水曲柳样品而言，在紫外老化后其表面的裂纹程度明显弱于未处理木材。结果表明，水曲柳经过蜂蜡烫蜡处理后，其表面固化形成的蜡层在一定程度上防止了水曲柳表面在紫外老化后的损伤。可以推测，表面蜡层可以吸收部分紫外光，限制木材吸水，从而减缓木材表面的光降解，改善紫外老化引起的表面损伤，这也与颜色测量和 FTIR 分析的结果相一致。然而，在紫外光和水的长期老化条件下，表面蜡层也会产生劣化效应。这种情况在蜂蜡烫蜡水曲柳样品表面表现得更为明显［图 6-13(d)］。这一结果可能归因于蜂蜡蜡层对紫外光耐光降解性较差。此外，由于水的作用，木材在老化过程中吸收和解吸水分而膨胀和收缩，这可能会导致蜡层与木材的脱黏，并且使蜡基体产生开裂。因此，蜂蜡烫蜡对水曲柳表面有一定的保护效果，但是长时间的老化作用使得表面蜡膜产生一定程度的破坏。

6.3.2 天然蜡烫蜡木材界面化学结构变化

木材的颜色变化是老化作用的外部表征，由各种特定的化学变化造成。图 6-14 和图 6-15 显示了紫外线加速老化 480h 对未处理木材和蜂蜡烫蜡水曲柳样品表面化学变化的影响。

（1）未处理木材的 FTIR 图谱分析

未处理木材的光诱导降解主要引起 $1506cm^{-1}$、$1593cm^{-1}$ 和 $1731cm^{-1}$ 处吸收强度的变化（图 6-14），有关文献中也报道了相似的降解模式。这些吸收带的强度变化与木材组分的化学变化有关，木材组分中的木质素结合带在 $1506cm^{-1}$ 和 $1593cm^{-1}$ 处表现出吸收减少，非共轭羰基（$1731cm^{-1}$）吸收增加，说明木材表面的光降解主要发生于木质素。据报道，自然老化的木材也有类似的变化。

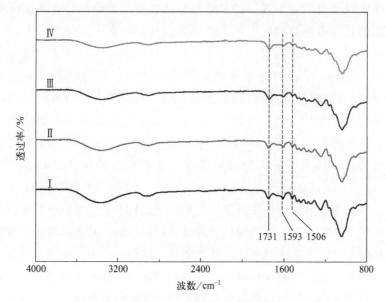

图 6-14　未处理木材在紫外老化过程中的红外光谱

Ⅰ—老化 0h；Ⅱ—老化 120h；Ⅲ—老化 240h；Ⅳ—老化 480h

（2）烫蜡木材的 FTIR 图谱分析

采用傅里叶红外光谱对不同阶段老化后的烫蜡木材的化学结构进行分析，结果如图 6-15 所示。由图可知，未老化蜂蜡的 FTIR 最大特征谱带分别位于 $1732cm^{-1}$、$1711cm^{-1}$ 和 $1170cm^{-1}$ 处，$1732cm^{-1}$ 处归属于蜂蜡的酯类物质中非共轭羰基（C=O）的伸缩振动，$1711cm^{-1}$ 处为游离脂肪酸中的非共轭羰基（C=O）伸缩振动，$1170cm^{-1}$ 处代表酯中的碳氧键（C—O）伸缩振动。在烫蜡过程中，蜂蜡主要的特征谱带没有发生明显的变化，蜂蜡与木材并未在界面处形成化学结合，蜂蜡烫蜡水曲柳的 FTIR 光谱上反映出蜂蜡的特征谱带（图 6-15 光谱Ⅰ）。

随着老化时间的延长，蜂蜡烫蜡水曲柳的 FTIR 光谱显示在 $1170cm^{-1}$ 处酯中的 C—O 吸收带强度减弱，$1732cm^{-1}$ 处酯中的羰基吸收逐渐减少，$1711cm^{-1}$ 处游离酸中的羰基吸收增加（图 6-15），这些可能表明蜂蜡中的酯类物质在紫外线辐射下发生了分裂和氧化。此外，$1506cm^{-1}$ 和 $1593cm^{-1}$ 处的木质素结合带吸收强度逐渐减弱，在紫外老化 240h 后，$1593cm^{-1}$ 处的吸收峰几乎完全消失。可以推测，随紫外老化时间的延长，紫外线辐射可能穿透了蜂蜡的蜡层导致木质素发生光降解。本结果与老化后试材的颜色变化一致。

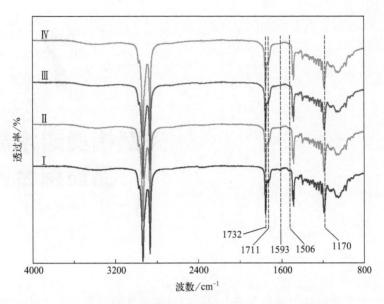

图 6-15　蜂蜡烫蜡木材在紫外老化过程中的红外光谱

Ⅰ—老化 0h；Ⅱ—老化 120h；Ⅲ—老化 240h；Ⅳ—老化 480h

7

天然蜡烫蜡木制品
品质综合评价

对一个事物的评价常涉及多个指标，以单一指标评价并不合理。传统的烫蜡品质通常由有经验的技术人员通过手摸和眼看来判断，评价方法具有较强的主观性和模糊性，所以采用科学的方法对烫蜡木材品质进行评定是必要的。由于实际综合评价往往非常复杂，各个因素之间相互影响，随着样品量的增大，数据量增大，利用计算机比人工更加具有科学性。这对于烫蜡木材品质的评价具有一定的指导意义，对企业生产的产品品质检测具有一定的社会价值。

本章主要通过测试烫蜡木材的多项性能和指标，分析比较天然蜡和改性合成蜡烫蜡木材，从而建立烫蜡木材品质评价模型。为了更加全面和科学地评价烫蜡木制品的品质，采用了层次分析法、人工神经网络和支持向量机结合的方法，主要分为以下7个部分：烫蜡木材品质评价指标构建、判断矩阵构建、判断矩阵一致性检验、权重和排序的获取、原始数据处理、评价模型构建和烫蜡木材品质评价模型校验。

7.1 烫蜡木制品品质评价指标构建

7.1.1 评价指标的选取

评价指标是评价品质的重要依据，可采用经验确定法对评价体系指标进行初期确定，然后结合相关国家标准，参照实践经验和文件资料，再加上本领域专家的意见建议，最终确定烫蜡木材品质评价体系。为了全面反映烫蜡木材品质，评价指标越多越好，但是太多的评价指标会增加评价工作的难度，而且评价指标之间的相互联系会造成评价信息相互重叠、相互干扰，所以需要选取具有代表性的评价指标来简化指标体系。

7.1.2 评价指标体系构建

为了方便评价，将多个烫蜡性能指标进行了分层，根据实际需要分为一级指标体系和二级指标体系，得到了烫蜡木材性能品质评价指标体系，其结构如图 7-1 所示。

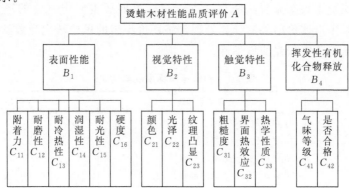

图 7-1 烫蜡木制品品质评价体系结构

7.2 烫蜡木制品的品质权重确定

7.2.1 判断矩阵构造

（1）判断矩阵形式

通过两两比较的方法构造烫蜡性能品质一级指标和二级指标的判断矩阵，同一层次下，按相对重要性赋予指标相应的权重，结合烫蜡领域专家对烫蜡性能品质的评价意见对相关指标进行赋值，然后将赋值结果列入矩阵进行计算，主观和客观相结合使算法更加科学。对于 n 个指标来说，可得到两两比较判断矩阵 $\boldsymbol{C}=(C_{ij})_{n \times n}$，$C_{ij}$ 表示指标 i 和指标 j 相对目标的重要值。构造的判断矩阵形式如下：

B_k	C_1	C_2	$\cdots$	C_n
C_1	C_{11}	C_{12}	$\cdots$	C_{1n}
C_2	C_{21}	C_{22}	$\cdots$	C_{2n}
$\vdots$	$\vdots$	$\vdots$	$\ddots$	$\vdots$
C_n	C_{n1}	C_{n2}	$\cdots$	C_{nn}

（2）判断矩阵定量化

利用判断矩阵计算出各个烫蜡性能品质指标的相对重要程度，并对重要程度进行定量化比较。为了对各个指标间的重要程度进行定量化比较，采用 1～9 的标度方法进行了标度，如表 7-1 所示。1 代表两个指标同等重要，1～9 随着数字的增大，前一个指标相比后一个指标的重要程度越来越大；从 1/3 到 1/9，随着数字的逐渐变小，代表前一个指标相对后一个指标的重要程度越来越弱。传统烫蜡木材的性能主要是烫蜡匠人通过手摸、眼观，再结合自身经验评价的，现采用层次分析法将烫蜡性能指标重要程度以定量化的形式体现出来，通过对多个评价结果的统计处理，将评价小组的思想转化为数学语言，减少主观判断，具有较强的科学性。

表 7-1　判断矩阵标度及其含义

序号	重要性等级	C_{ij} 赋值
1	i、j 两元素同等重要	1
2	i 元素相比 j 元素稍重要	3
3	i 元素相比 j 元素明显重要	5
4	i 元素相比 j 元素强烈重要	7
5	i 元素相比 j 元素极端重要	9
6	i 元素相比 j 元素稍不重要	1/3
7	i 元素相比 j 元素明显不重要	1/5
8	i 元素相比 j 元素强烈不重要	1/7
9	i 元素相比 j 元素极端不重要	1/9

（3）建立判断矩阵

A-B 判断矩阵如下：

A	B_1	B_2	B_3	B_4
B_1				
B_2				
B_3				
B_4				

将整体的计算值记作 A，即

$$A = \begin{bmatrix} 1 & 2 & 5 & 7 \\ 1/2 & 1 & 3 & 5 \\ 1/5 & 1/3 & 1 & 2 \\ 1/7 & 1/5 & 1/2 & 1 \end{bmatrix}$$

A-B 判断矩阵中的 B_i 由 B-C 判断矩阵计算得出，即

$$\boldsymbol{B}_1 = \begin{bmatrix} 1 & 5 & 2 & 1 & 1 & 2 \\ 1/5 & 1 & 1 & 1/2 & 1/2 & 1 \\ 1/2 & 1 & 1 & 1/2 & 1/2 & 1 \\ 1 & 2 & 2 & 1 & 1 & 2 \\ 1 & 2 & 2 & 1 & 1 & 2 \\ 1/2 & 1 & 1 & 1/2 & 1/2 & 1 \end{bmatrix}$$

$$\boldsymbol{B}_2 = \begin{bmatrix} 1 & 1 & 2 \\ 1 & 1 & 2 \\ 1/2 & 1/2 & 1 \end{bmatrix}$$

$$\boldsymbol{B}_2 = \begin{bmatrix} 1 & 3 & 3 \\ 1/3 & 1 & 1 \\ 1/3 & 1 & 1 \end{bmatrix}$$

$$\boldsymbol{B}_4 = \begin{bmatrix} 1 & 1 \\ 1 & 1 \end{bmatrix}$$

7.2.2 判断矩阵一致性检验

解决实际问题时，不同指标的判断矩阵之间有可能会出现相互矛盾的结果，所以需要对判断矩阵进行一致性检验。当判断矩阵具有完全一致性时，根据矩阵理论可以得到这样的结论，即如果 λ_1、λ_2、…、λ_n 是满足 $\boldsymbol{A}x = \boldsymbol{\lambda}x$ 的数，也就是矩阵 $\boldsymbol{A}$ 的特征根，并且对于所有 $a_{ii}=1$，有

$$\sum_{i=1}^{n} \lambda_i = n$$

当矩阵 $\boldsymbol{A}$ 具有完全一致性时，$\lambda_1 = \lambda_{\max} = n$，其余特征根均为零；而当矩阵 $\boldsymbol{A}$ 不具有完全一致性时，则有 $\lambda_1 = \lambda_{\max} > n$，其余特征根 λ_2、λ_3、…、λ_n 有如下关系：

$$\sum_{i=2}^{n} \lambda_i = n - \lambda_{\max}$$

当同级烫蜡指标判断矩阵不能保证具有完全一致性时，用判断矩阵特征根的变化来检验判断的一致性程度，引入判断矩阵最大特征根以外的其余特征根的负平均值作为度量判断矩阵偏离一致性的指标，即

$$\mathrm{CI} = \frac{\lambda_{\max} - n}{n - 1}$$

CI 值越小（接近于 0），表明判断矩阵的一致性越好。当 CI=0 时，$\lambda_1 = \lambda_{\max} = n$，判断矩阵具有完全一致性。为衡量不同阶判断矩阵是否具有满意的

一致性，引入了判断矩阵的平均随机一致性指标 RI 值。对于 1～9 阶判断矩阵，RI 的值见表 7-2。

表 7-2 平均随机一致性指标

项目	1	2	3	4	5	6	7	8	9
RI	0.00	0.00	0.58	0.90	1.12	1.24	1.32	1.41	1.45

1、2 阶判断矩阵总是具有完全一致性。当阶数大于 2 时，判断矩阵的一致性指标 CI 与同阶平均随机一致性指标 RI 之比成为随机一致性比例，记为 CR，如下所示。

$$CR = \frac{CI}{RI} < 0.10$$

计算矩阵最大特征根及其对应特征向量的方根法的计算步骤如下：

首先计算判断矩阵每一行元素的乘积 M_i：

$$M_i = \prod_{j=i}^{n} a_{ij}, i = 1, 2, \cdots, n$$

然后计算 M_i 的 n 次方根 $\overline{W}_i$：

$$\overline{W}_i = \sqrt[n]{M_i}$$

对向量 $\overline{W} = [\overline{W}_1, \overline{W}_2, \cdots, \overline{W}_n]^T$ 正规化（归一化处理）：

$$W_i = \frac{\overline{W}_i}{\sum_{j=1}^{n} \overline{W}_j}$$

则 $W = [W_1, W_2, \cdots, W_n]^T$ 即为所求的特征向量。所以，对于判断矩阵 A，可知

$$W = \begin{bmatrix} 0.526 \\ 0.301 \\ 0.11 \\ 0.063 \end{bmatrix}, \lambda_{max} = 4.020, CI = 0.007, RI = 0.900, CR = 0.007 < 0.10$$

具有一致性。

对于判断矩阵 B_1，计算结果为：

$$W = \begin{bmatrix} 0.254 \\ 0.093 \\ 0.109 \\ 0.218 \\ 0.218 \\ 0.109 \end{bmatrix}, \lambda_{max} = 6.095, CI = 0.019, RI = 1.248, CR = 0.015 < 0.10$$

具有一致性。

对于判断矩阵 $\boldsymbol{B}_2$，计算结果为：

$$\boldsymbol{W}=\begin{bmatrix} 0.4 \\ 0.4 \\ 0.2 \end{bmatrix}, \lambda_{\max}=3, \mathrm{CI}=0, \mathrm{RI}=0.58, \mathrm{CR}=0.0<0.10$$

具有一致性。

对于判断矩阵 $\boldsymbol{B}_3$，计算结果为：

$$\boldsymbol{W}=\begin{bmatrix} 0.6 \\ 0.2 \\ 0.2 \end{bmatrix}, \lambda_{\max}=3, \mathrm{CI}=0, \mathrm{RI}=0.58, \mathrm{CR}=0.0<0.10$$

具有一致性。

对于判断矩阵 $\boldsymbol{B}_4$，计算结果为：

$$\boldsymbol{W}=\begin{bmatrix} 0.5 \\ 0.5 \end{bmatrix}$$

具有一致性。

7.2.3 获得权重和排序

采用层次分析法和专家调查法可以有效避免单一赋值法所得重要程度排序结果不一致的情况。用于调整烫蜡性能品质指标的重要程度时，以两种方法得到的重要程度是否一致为参照，能够提高主观赋权法重要度排序的准确性。此结果作为神经网络评价模型、支持向量机评价模型所得结果重要程度排序的参考。烫蜡性能品质评价指标体系的权重和排序如表 7-3 所示。层次分析法测试所得的结果具有指导性和参考性，随着之后的研究深入，测试数据的复杂程度和数量的变化可进一步调整，提高其实践性。

表 7-3　烫蜡性能品质评价指标体系的权重和排序

指标体系	一级指标	权重	二级指标	权重	总权重	总排序
烫蜡木材品质评价指标体系 A	表面性能 B_1	0.526	附着力 C_{11}	0.254	0.133	1
			耐磨性 C_{12}	0.093	0.049	10
			耐冷热性 C_{13}	0.109	0.057	8
			润湿性 C_{14}	0.218	0.115	4
			耐光性 C_{15}	0.218	0.115	4
			硬度 C_{16}	0.109	0.057	8
	视觉特性 B_2	0.301	颜色 C_{21}	0.4	0.12	2
			光泽 C_{22}	0.4	0.12	2
			纹理凸显性 C_{23}	0.2	0.06	7

续表

指标体系	一级指标	权重	二级指标	权重	总权重	总排序
烫蜡木材品质评价指标体系 A	触觉特性 B_3	0.11	粗糙度 C_{31}	0.6	0.066	6
			界面热效应 C_{32}	0.2	0.022	13
			软硬感 C_{33}	0.2	0.022	13
	挥发性有机物释放 B_4	0.063	气味嗅觉 C_{41}	0.5	0.031	11
			是否合格 C_{42}	0.5	0.031	11

7.2.4 原始数据处理

由于不同的烫蜡指标评价标准不同，有的是正向指标，有的是逆向指标，还有的是适度指标，不同指标还有定性和定量之分，指标的数值可比性较差，因此不同指标需要进行一致化处理，按照函数关系归一到某一无量纲区间。

有的指标越大越好，如评价润湿性时，水接触数值越大，代表烫蜡木材的疏水性越好，采用下列公式：

$$y_{ij} = \frac{x_{ij} - b_j}{a_j - b_j}$$

有的指标越小越好，如划格法附着力的等级指标值，0 代表附着力最大，5 代表附着力最小，采用公式

$$y_{ij} = \frac{a_j - x_{ij}}{a_j - b_j}$$

还有的指标为区间型，如烫蜡前后木材的色调差值 ΔE^* 并不是越大越好，也不是越小越好，而是在一个区域内为最好，采用公式

$$y_{ij} = \begin{cases} 1 - \dfrac{q_1 - x_{ij}}{\max(q_1 - b_j, a_j - q_2)} & x_{ij} < q_1 \\ 1 - \dfrac{x_{ij} - q_1}{\max(q_1 - b_j, a_j - q_2)} & x_{ij} > q_2 \\ 1 & q_1 \leqslant x_{ij} \leqslant q_2 \end{cases}$$

式中，$[q_1, q_2]$ 为指标的最佳区域。

通过计算可得出不同类型的烫蜡木材性能品质归一化后的无量纲化矩阵。评价指标数据归一化处理，一方面可以方便数据的储存和运算，提高评价效率，另一方面可以剔除异常样本点，检验数据的分布情况等，提高数据的可用性。

7.3　烫蜡木制品的评价模型构建

7.3.1　层次分析法评价模型

将获得的烫蜡木材性能指标权重向量与各项指标的无量纲化数据矩阵相乘，即为评价模型。本模型可进行横向和纵向比较。

对每个指标的权重与每个指标的数据进行乘法运算，并计算各自乘积的和，即为多项指标的综合评价结果。本评价模型中采用的样本数为 20 组，指标数为 14，评价模型如下：

$$R = W \times Y$$

式中，$R = (r_1, r_2, \cdots, r_n)$ 为 n 个样本的烫蜡木材品质评价结果向量；$W = (W_1, W_2, \cdots, W_m)$ 为 m 个烫蜡木材性能品质评价指标的权向量；$Y = (y_{ij})_{m \times n}$ 为 n 个样本烫蜡木材性能品质各项指标的无量纲化数据矩阵。

即

$$A = W_1 B_1 + W_2 B_2 + W_3 B_3 + W_4 B_4，即$$
$$A = 0.526 B_1 + 0.301 B_2 + 0.11 B_3 + 0.063 B_4$$

式中，$B_1 = W_{11} C_{11} + W_{12} C_{12} + W_{13} C_{13} + W_{14} C_{14} + W_{15} C_{15} + W_{16} C_{16}$，即 $B_1 = 0.254 C_{11} + 0.093 C_{12} + 0.109 C_{13} + 0.218 C_{14} + 0.218 C_{15} + 0.109 C_{16}$；$B_2 = W_{21} C_{21} + W_{22} C_{22} + W_{23} C_{23}$，即 $B_2 = 0.4 C_{21} + 0.4 C_{22} + 0.2 C_{23}$；$B_3 = W_{31} C_{31} + W_{32} C_{32} + W_{33} C_{33}$，即 $B_2 = 0.6 C_{31} + 0.2 C_{32} + 0.2 C_{33}$；$B_4 = W_{41} C_{41} + W_{42} C_{42}$，即 $B_4 = 0.5 C_{41} + 0.5 C_{42}$。

7.3.2　人工神经网络评价模型

人工神经网络是一种机器学习方法，是模仿生物神经网络功能的一种经验模型。它主要根据所提供的数据建立神经元，通过学习和训练找出输入的烫蜡性能品质指标数值和输出的评价结果之间的内在联系。神经网络无需直接获取权重，只需用随机数（一般为 0～1 之间的数）初始化网络节点的权值和网络阈值。

人工神经网络评价模型的结构如图 7-2 所示，层数为 3 层，包括一个输入层、一个隐含层和一个输出层。在此根据研究需要采用了 3 层网络层数，由烫蜡性能品质指标数可确定输入层节点为 14，即评价指标的个数，输出层节点为 1，即评价结果，隐含层节点为 14。在进行模型训练中隐含层节点不固定，可再根据实际需要进行调整。

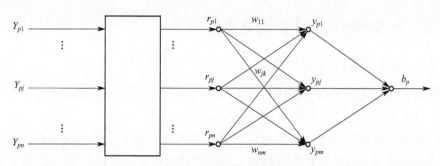

图 7-2　人工神经网络结构

采用人工神经网络评价模型进行样本训练前，首先要对初始参数进行设置，例如设置网络初始权矩阵、学习因子、势态因子 α 等；然后输入训练模式，计算输出模式，与层次分析法得出的结果（即期望值）进行比较。若有误差，则进行反向传播过程，修正初始的权值和阈值，反复迭代，直到烫蜡木材性能品质指标的误差达到容许的水平。利用训练模型就可以实现对评价对象的各项指标的综合评价，是定性和定量方法的有效结合。

图 7-2 中，n 表示输入层节点数（即评价指标数目），m 表示隐含层节点数；Y_{p1}、Y_{p2}、$\cdots$、Y_{pn} 为评价指标论域 $X=\{x_1,x_2,\cdots,x_n\}$ 上第 p 个样本模式的评价指标值：

$$\overline{Y}_p=\{Y_{p1},Y_{p2},\cdots,Y_{pn}\}$$

h 个样本模式构成样本矩阵

$$\boldsymbol{Y}=(\overline{Y}_1,\overline{Y}_2,\cdots,\overline{Y}_n)^{\mathrm{T}}=(Y_{pj})_{h\times n}$$

r_{p1}、r_{p2}、$\cdots$、r_{pn} 为 X 上 Y_p 经指标标准化转换器量化后的评价向量：

$$\overline{r}_p=\{r_{p1},r_{p2},\cdots,r_{pn}\}$$

$w_{jk}(j=1,2,\cdots,n;\ k=1,2,\cdots,m)$ 为输入层第 j 个节点到隐含层第 k 个节点的连接。在此评价模型中，每个节点的输出与输入之间的非线性关系采用 Sigmoid 函数表示，即

$$f(x)=[1+\exp(-x)]^{-1}$$

隐含层样本输出如下：

$$y_{pk}=f\Big(\sum_{j=1}^{n}w_{jk}r_{pj}-\theta_k\Big)\ k=1,2,\cdots,m$$

式中，θ_k 表示隐含层节点 k 的偏置值。

输出层样本输出如下：

$$b'_p=f\Big(\sum_{k=1}^{m}w_k y_{pk}-\theta\Big)$$

式中，θ 表示输出层输出节点的偏置值。

人工神经网络评价模型的学习训练是一个误差反向传播与修正的过程，定义 h 个样本模式的实际输出 b'_p 与期望输出 b_p 的总误差函数为

$$E = \sum_{p=1}^{h} (b'_p - b_p)^2 / 2$$

然后开始模型训练，通常用网络的均方根误差定量地反映学习的性能，利用神经网络模型的运行获得权值和阈值，每处理一次训练样本就更新一次权值和阈值。当均方根误差值低于 0.1 时，则表明对给定的训练集已满足要求。然后进行模型训练，将归一化的数值样本输入网络，并给出相应的期望输出，得出权重。但是此权重没有实际意义，不过对正向传播计算各节点的输出，统计各层节点的误差，然后通过反向传播，修正权值有指导意义。训练模型所得的权重可用于正式的评价。实际计算时，经过多次试验与调整，给定的学习精度为 10^{-4}，权值调整参数 $\alpha = 0.1$，学习因子 $\eta = 0.1$，偏置值调整参数 $\beta = 0.2$，网络隐含层神经元为 14 个，训练次数为 1000 次。

7.3.3　支持向量机评价模型

支持向量机（SVM）评价模型如图 7-3 所示，通过映射将输入向量映射到高维特征空间，在这个特征空间构造最优分类超平面。首先需要对原始数据进行特征选择，有效的特征选择可以提高性能，降低错误率。然后进行特征提取，目的是尽可能多地保存信息组合成新的特征，从而降低特征集的维度，一般通过对原始数据进行函数变换达到这个目的。

由于烫蜡木材性能品质评价为非线性问题，通过非线性映射将低维输入映射到高维空间，可以在高维空间采用线性算法对非线性样本进行分析。在选用非线性核函数进行模型构建时，结合实验，对比非线性核函数所包含的多项式核函数、径向基核函数（RBF）和 S 型核函数的性能，最终选择性能较为优异的径向基核函数。其公式如下：

$$K(x, x_i) = \exp\left\{ -\frac{|x - x_i|^2}{\sigma^2} \right\}$$

采用支持向量机评价模型进行样本训练前，首先要进行参数设置，并且确定相关参数，例如选定参数 C（惩罚系数）为 90 和 gamma（校正系数）为 0.110 等。在实际模型训练中对参数进行多次尝试调整，有利于得到较高的准确率。

然后开始模型训练，利用支持向量机对烫蜡木材性能品质指标进行综合评

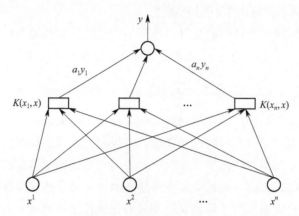

图 7-3　SVM 评价模型结构

价前，首先对综合评价结果和各指标结果进行等级标准划分，共分为 4 个等级，从优到合格。然后用 python 语言进行程序编辑，使用 sklearn 模块中的 SVM 子模块进行样本训练，再选择 openpyxl 模块对样本数据进行存储和重新组合分类，提取特征值，接着将支持向量机得到的输出值与期望值进行比较，最大误差和平均误差都在容许误差范围内，最后得出的综合评价结果与神经网络评价结果基本一致。

7.3.4　烫蜡木材品质评价模型校验

采用 10 折交叉验证法，选取评价模型的训练集和测试集，利用测试样本对评价模型进行验证，结果表明神经网络评价模型和支持向量机评价模型的评价结果基本一致，正确率均大于 90%，说明成功构建了多指标综合评价体系。通过烫蜡木材品质评价体系对天然蜡烫蜡和合成蜡烫蜡木材的品质进行评价，得知合成蜡烫蜡木材的品质达到了天然蜡烫蜡木材的品质，合成蜡可以替代天然蜡。采用综合评价体系克服了不同评价方法的缺点，实现了对烫蜡木材品质的定性和定量分析。神经网络和支持向量机两种机器学习评价模型可以相对进一步减少人为评价造成的误差影响，利用机器替代人工计算完成评价。值得注意的是，机器无法完全替代人在评价体系中的作用，因为计算机评价的数据以及综合评价期望值都源自于人工评价。

● 上篇参考文献

[1] 韩化蕊，魏书亚，静永杰，等．THM-Py-GC/MS 分析内蒙古伊和淖尔出土照明燃料[J].光谱学与光谱分析，2019, 39(12): 3868-3872.

[2] 杨帏勋，曹荣芳，刘坚辉.复方蜂蜡促进肛肠病术后创口愈合的临床研究[J].深圳中西医结合杂志，2020, 30(05): 33-34.

[3] 王玮，朱少璇，张小娜，等．蜂蜡素固体分散体对高脂血症大鼠脂代谢的影响[J].中国新药杂志，2011, 20(11): 1034-1037.

[4] 赵天波，李凤艳．中药丸密封蜡配方的改进研究[J].精细石油化工，2002(06): 4-7.

[5] 杨欢．中国青铜时代失蜡法百年研究史略论[J].中国科技史杂志，2021, 42(01): 136-149.

[6] 丁忠明，李柏华．隋唐鎏金铜释迦佛坐像铸造结构的检测分析[J].中原文物，2020(01): 140-144.

[7] 赵冠华，王雨婷．中国传统纹样蜡染服装的创新设计与应用[J].印染，2022, 48(4): 90, 91.

[8] 汪训虎，玛尔亚木·依不拉音木，曹洪勇．防染剂"蜡"与蜡染在古代织物中应用减少关系再识[J].南方文物，2021(04): 251-255.

[9] 王娜，谷岸，刘恺，等．文物中蜡类材料的热裂解-气相色谱/质谱识别[J].文物保护与考古科学，2020, 32(06): 71-77.

[10] João Paulo Assolini, Thais Peron da Silva, Bruna Taciane da Silva Bortoleti, et al. 4-nitrochalcone exerts leishmanicidal effect on L. amazonensis promastigotes and intracellular amastigotes, and the 4-nitrochalcone encapsulation in beeswax copaiba oil nanoparticles reduces macrophages cytotoxicity[J]. European Journal of Pharmacology, 2020, 884: 173392.

[11] Ngamekaue N, Chitprasert P. Effects of beeswax-carboxymethyl cellulose composite coating on shelf-life stability and intestinal delivery of holy basil essential oil-loaded gelatin microcapsules[J]. International Journal of Biological Macromolecules, 2019, 135: 1088-1097.

[12] Venturelli A, Brighenti V, Mascolo D, et al. A new strategy based on microwave-assisted technology for the extraction and purification of beeswax policosanols for pharmaceutical purposes and beyond[J]. Journal of Pharmaceutical and Biomedical Analysis, 2019, 172: 200-205.

[13] Bucio A, Moreno-Tovar R, Bucio L, et al. Characterization of beeswax, candelilla wax and paraffin wax for coating cheeses[J]. Coatings, 2021, 11(3): 261.

[14] Liu C H, Zheng Z J, Meng Z, et al. Beeswax and carnauba wax modulate the crystalli-

zation behavior of palm kernel stearin[J]. LWT, 2019, 115(8): 108446.

[15] Dinker A, Agarwal M, Agarwal G D. Experimental study on thermal performance of beeswax as thermal storage material[J]. Materials Today: Proceedings, 2017, 4(9): 10529-10533.

[16] 丁利杰, 张虹, 李胜, 等. 利用蜂蜡-米糠蜡制备大豆油凝胶油[J]. 食品科学, 2021, 42(22): 77-84.

[17] 王一川, 邓梓萌, 毛立科. 基于蜂蜡油凝胶的植物奶油制备与性质表征[J]. 食品科学, 2022, 43(10): 43-50.

[18] 杨国龙, 徐倩, 胡培泓, 等. 蜂蜡油凝胶中结晶聚集体的结构层次[J/OL]. 中国油脂, 2021: 1-7[2022-11-01]. DOI: 10.19902/j. cnki. zgyz. 1003-7969. 210372.

[19] 邹运乾, 林子桢, 许让伟, 等. 替代柑橘聚乙烯薄膜单果套袋的涂膜剂研发及保鲜效果评价[J]. 中国农业科学, 2022, 55(12): 2398-2412.

[20] 王素朋, 马利华, 赵功伟. 超声波辅助涂膜保鲜对番茄贮藏品质的影响[J]. 食品科技, 2020, 45(8): 44-50.

[21] Huang H H, Huang C X, Xu C L, et al. Development and characterization of lotus-leaf-inspired bionic antibacterial adhesion film through beeswax[J]. Food Packaging and Shelf Life, 2022, 33: 100906.

[22] 周鹏, 刘石林. 基于虫蜡水分散体增强可食性膜表面疏水性的研究[J]. 食品科技, 2022, 47(06): 63-71.

[23] 刘海洋, 耿放, 尹丽颖, 等. 基于 GC-MS 和主成分分析的蜂蜡质量控制方法研究[J]. 化学工程师, 2015, 29(06): 28-31, 47.

[24] 雷美康, 候建波, 彭芳, 等. 固相萃取-高效液相色谱-串联质谱法同时测定蜂蜡中氯霉素、甲砜氯霉素、氟苯尼考和其代谢产物氟苯尼考胺残留[J]. 食品工业科技, 2021, 42(17): 241-246.

[25] 雷美康, 候建波, 祝子铜, 等. 高效液相色谱-串联质谱法测定蜂蜡中痕量氯霉素残留[J]. 食品安全质量检测学报, 2021, 12(3): 1088-1092.

[26] 王秀林. 传统绝技——烫蜡[J]. 家具, 2010(6): 65-67.

[27] 王秀林. 烫蜡工艺中的诀窍[J]. 商品与质量, 2012(3): 84-85.

[28] 佟达. 家具烫蜡技术与装饰的研究[D]. 哈尔滨: 东北林业大学, 2008.

[29] 牛晓霆. 清代宫廷建筑、家具烫蜡技术及其优化研究[D]. 哈尔滨: 东北林业大学, 2013.

[30] 张丹. 木家具烫蜡技术及装饰研究[D]. 哈尔滨: 东北林业大学, 2017.

[31] 岳大然. 木质材料烫蜡技术优化及装饰性研究[D]. 哈尔滨: 东北林业大学, 2013.

[32] 宋晓雪. 木制品烫蜡技艺及装饰效果研究[D]. 哈尔滨: 东北林业大学, 2019.

[33] 姚爱莹. 木质材料仿珍贵材染色与烫蜡装饰研究[D]. 哈尔滨: 东北林业大学, 2016.

[34] 崔蒙蒙, 吴智慧. 上蜡硬木家具表面性能评价方法研究[J]. 林产工业, 2020, 57(07): 24-29.

[35] 崔蒙蒙, 吴智慧, 李兴畅. 打磨方式对上蜡硬木家具表面装饰性能的影响[J]. 林业工程学报, 2018, 3(03): 155-160.

[36] Janesch J, Arminger B, Gindl-Altmutter W, et al. Superhydrophobic coatings on wood made of plant oil and natural wax[J]. Progress in Organic Coatings, 2020, 148: 105891.

[37] Lozhechnikova A, Bellanger H, Michen B, et al. Surfactant-free carnauba wax dispersion and its use for layer-by-layer assembled protective surface coatings on wood[J]. Applied Surface Science, 2017, 396: 1273-1281.

[38] Wang J M, Zhong H, Ma E N, et al. Properties of wood treated with compound systems of paraffin wax emulsion and copper azole[J]. European Journal of Wood and Wood Products, 2018, 76: 315-323.

[39] Wang W, Huang Y H, Cao J Z, et al. Penetration and distribution of paraffin wax in wood of loblolly pine and Scots pine studied by time domain NMR spectroscopy[J]. Holzforschung, 2018(2): 125-131.

[40] Scholz G, Krause A, Militz H. Full impregnation of modified wood with wax[J]. European Journal of Wood and Wood Products, 2012, 70(1-3): 91-98.

[41] Wang W, Chen C, Cao J, et al. Improved properties of thermally modified wood (TMW) by combined treatment with disodium octoborate tetrahydrate(DOT) and wax emulsion(WE)[J]. Holzforschung, 2018, 72(3): 243-250.

[42] Wang W, Zhu Y, Cao J, et al. Thermal modification of Southern pine combined with wax emulsion preimpregnation: effect on hydrophobicity and dimensional stability [J]. Holzforschung, 2015, 69(4): 405-413.

[43] Humar M, Krzisnik D, Lesar B, et al. Thermal modification of wax-impregnated wood to enhance its physical, mechanical, and biological properties[J]. Holzforschung, 2016, 71(1): 57-64.

[44] Lesar B, Humar M. Use of wax emulsions for improvement of wood durability and sorption properties[J]. European Journal of Wood and Wood Products, 2011, 69(2): 231-238.

[45] Sedighi M M, Golrokh H, Mikko T, et al. Hydrophobisation of wood surfaces by combining liquid flame spray(LFS)and plasma treatment: dynamic wetting properties. [J]. Holzforschung, 2016(6): 527-537.

[46] Scholz G, Militz H, Gascón-Garrido P, et al. Improved termite resistance of wood by wax impregnation[J]. International Biodeterioration & Biodegradation, 2010, 64 (8): 688-693.

[47] Esteves B, Nunes L, Domingos I, et al. Improvement of termite resistance, dimensional stability and mechanical properties of pine wood by paraffin impregnation[J]. European Journal of Wood and Wood Products, 2014, 72(5): 609-615.

[48] Militz H, Scholz G, Adamopoulos S. Migration of blue stain fungi within wax im-

pregnated wood[J]. IAWA journal/International Association of Wood Anatomists, 2011, 32(1): 88-96.

[49] Lesar B, Kralj P, Humar M. Montan wax improves performance of boron-based wood preservatives[J]. International Biodeterioration & Biodegradationm, 2009, 63(3): 306-310.

[50] Cavallaro G, Lazzara G, Milioto S, et al. Thermal and dynamic mechanical properties of beeswax-halloysite nanocomposites for consolidating waterlogged archaeological woods[J]. Polymer Degradation and Stability, 2015, 120: 220-225.

[51] Ren L L, Cai Y C, Ren L M, et al. Preparation of modified beeswax and its influence on the surface properties of compressed poplar wood[J]. Materials, 2016, 9(4): 230.

[52] 郭伟, 牛晓霆, 蔡英春, 等. 疏水纳米 SiO_2 改性蜂蜡烫蜡缅甸花梨木对紫外光的耐久性[J]. 南京林业大学学报（自然科学版）, 2015, 39(5): 111-117.

[53] 郭伟, 牛晓霆, 李伟, 等. 纳米 ZnO 改性蜂蜡处理缅甸花梨木材表面性能[J]. 北京林业大学学报, 2016, 38(2): 113-119.

[54] Liu X Y, Timar M C, Varodi A M, et al. A comparative study on the artificial UV and natural ageing of beeswax and Chinese wax and influence of wax finishing on the ageing of Chinese Ash(Fraxinus mandshurica)wood surfaces[J]. Journal of Photochemistry and Photobiology B: Biology, 2019, 201: 111607.

[55] Capobianco G, Calienno L, Pelosi C, et al. Protective behaviour monitoring on wood photo-degradation by spectroscopic techniques coupled with chemometrics[J]. Spectrochimica Acta Part A: Molecular and Biomolecular Spectroscopy, 2017, 172: 34-42.

[56] Wang W, Chen C, Cao J, et al. Improved properties of thermally modified wood (TMW)by combined treatment with disodium octoborate tetrahydrate(DOT)and wax emulsion(WE)[J]. Holzforschung. 2018, 72(3): 243-250.

[57] 刘一星等. 木材学[M]. 北京: 中国林业出版社, 2006, 12~14.

[58] 李坚. 木材保护学[M]. 北京: 科学出版社, 2006, 12~14.

[59] 柴媛, 王慧翀, 梁善庆, 等. 进口桃花心木和辐射松木材漆膜性能评价[J]. 木材工业, 2019, 33(4): 50-53.

[60] 郭伟. 樟木材烫蜡表面性能优化[D]. 哈尔滨: 东北林业大学, 2017.

[61] 李晖. 改性竹丝装饰材性能研究及综合评价[D]. 北京: 中国林业科学研究院, 2017.

[62] 何拓. 基于机器学习的黄檀属与紫檀属木材识别方法研究[D]. 北京: 中国林业科学研究院, 2019.

[63] 杨扬. 基于泡桐木材振动特性的民族乐器声学品质预测模型研究[D]. 哈尔滨: 东北林业大学, 2017.

[64] 杨红. 高温高压蒸汽改性木材力学性能预测模型的建立与控制系统[D]. 哈尔滨: 东北林业大学, 2016.

[65] 易平涛, 李伟伟, 郭亚军. 综合评价理论与方法, 2版[M]. 北京: 经济管理出版社, 2019.

[66] 夏冰. 基于数学模型的评价方法研究[M]. 北京: 北京大学出版社, 2019.

下篇

合成蜡烫蜡技术

8

合成蜡烫蜡技术发展趋势

8.1 合成蜡烫蜡技术研究背景

　　涂料被广泛用于木材保护及表面装饰领域，随着现代木材工业的发展，溶剂型涂料因干燥速度快、成本低的特点已成为木质材料的主流涂料体系。然而，大多数溶剂型涂料，包括硝化纤维素漆、聚氨酯涂料、不饱和聚酯涂料和固化氨基酸涂料等均含有大量苯和醛类等有机化合物，其排放到大气中的挥发物（VOC）具有致癌性，给环境和人类健康带来了严重威胁。随着现代社会逐步注重追求自然、环保的生活环境，消费者和工业界对环保有机涂料的需求迅速增长。其中，蜡基涂料作为木材表面涂料污染物最少，能够在木材表面形成弹性透气涂层，保护木材免受环境影响，保持其美观和弹性，满足了木材表面装饰的绿色环保要求，因此，近年来受到了持续的关注。

　　天然蜂蜡烫蜡木材装饰工艺在我国已有 2000 多年的历史，在明清时期达到了应用的顶峰，在高档木制家具和重要木建筑上的装饰效果远好于当时俗称的"大漆"装饰。但由于天然蜂蜡资源短缺、成本较高以及烫蜡工艺传承遗失等原因，导致这项工艺在现代逐步走向衰落。尽管现在一些企业尝试沿用天然蜂蜡烫蜡处理木材，但是，传统的烫蜡装饰工艺无法从根本上解决蜂蜡蜡层附着力低、耐热和耐久性差等问题，烫蜡木材在长期使用中经常出现变色、发黏、防水效果减弱以及蜡膜严重脱落等现象。

　　近年来，人工合成蜡（如聚烯烃或费托蜡）和天然化石蜡（如石蜡或蒙旦蜡）在木材保护中的应用受到越来越多的关注。它们来源广泛、造价低廉、无毒、理化性能稳定，可以替代天然蜂蜡广泛地应用于人造板与造纸工业、抛光制革工业、纺织工业、陶瓷工业和水果保鲜与植物保护等行业。我国是合成蜡的最大生产国，丰富的蜡资源为合成蜡的开发利用提供了有力保证。然而，由于合成蜡或化石蜡几乎没有极性基团，其难以与木材纤维的极性基团结合。如尝试以合成蜡替代天然蜂蜡应用在木材烫蜡装饰工艺中，存在成膜后附着力低、柔韧性差、装饰等性能指标尚不能满足木质材料的烫蜡要求等现象，阻碍了合成蜡在烫蜡木材装饰领域的应用。

因此，通过不同的改性方法对合成蜡改性，研发具有高性能、高稳定性的新型合成蜡，实现木材与合成蜡由物理结合转化为化学结合，通过各项界面结构表征手段以及烫蜡性能测试方法揭示新型合成蜡与木材表面及界面结合机制，提出优化的合成蜡烫蜡木材技术，建立天然蜡和新型合成蜡烫蜡性能品质评定方法。这对我国烫蜡工艺相关基础研究的发展以及传承民族工业产业具有重要的理论价值，对提高烫蜡木制品的装饰质量和效果具有重要的指导意义，对拓展我国合成蜡相关产业的创新升级具有重要的经济价值和现实意义。

8.2 合成蜡改性研究

从相关论文的阅读中可以发现，目前针对人工合成蜡或天然化石蜡的改性研究主要分为化学改性和物理改性两个方面。

8.2.1 合成蜡的化学改性

化学改性方法是提升合成蜡极性的有效手段，通过化学改性引入羟基（—OH）、羧基（—COOH）和羰基（C＝O）等极性基团，有利于提高其与其他极性聚合物的相容性，改善聚乙烯蜡等合成蜡韧性不足的缺点。

化学改性方法主要包括接枝改性、氧化改性、酯化改性和皂化改性等。其中，通过自由基接枝改性聚烯烃已成为一种广泛使用的聚烯烃功能化方法。自由基接枝是将小分子官能团接枝到聚烯烃分子链上，各种单体已被用于聚烯烃的接枝改性，如马来酸酐、丙烯酸、酰胺、N-乙烯基吡咯烷酮、甲基丙烯酸缩水甘油酯、2-氨基乙基甲基丙烯酸酯盐酸盐、壳聚糖和聚乙二醇等。其中，在有机过氧化物存在下的马来酸酐（MAH）接枝改性聚烯烃受到了人们的高度关注。由于马来酸酐在自由基接枝过程中不容易发生均聚，并且马来酸酐含有的不饱和双键能与羟基（—OH）、羧基（—COOH）和氨基（—NH$_2$）等发生反应，增强聚烯烃与其他极性聚合物的相容性，因此，聚烯烃接枝马来酸酐已被广泛用于改善聚合物共混物和聚合物复合材料中各组分之间的界面相互作用。马来酸酐接枝改性聚烯烃的方法主要包括溶液自由基接枝、熔融自由基接枝和固相接枝。此外，紫外（UV）辐射、高能辐射（如 γ-射线）和光接枝引发的接枝反应也有报道。

一般认为，马来酸酐（MAH）接枝聚烯烃的反应机制首先是通过引发剂的热分解形成初级自由基（RO·），然后通过吸氢机制引发聚烯烃大分子自由基，这些大分子自由基随后与马来酸酐反应生成聚烯烃-g-MAH 聚合物。接枝到聚烯烃上的 MAH 基团的分子结构有以下四种，如图 8-1 所示。

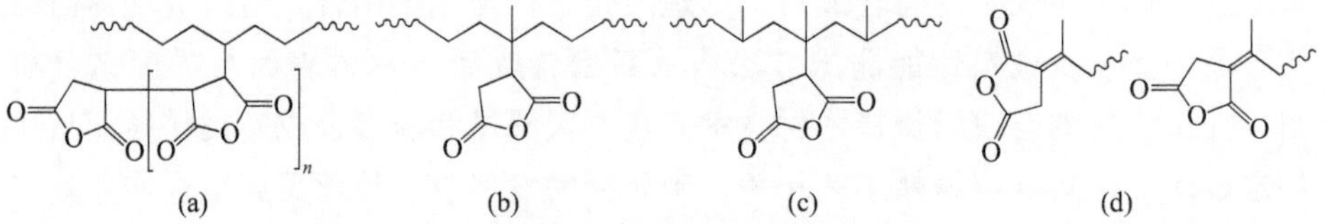

图 8-1　聚烯烃-g-MAH 的接枝结构

目前的许多实验结果表明，由于马来酸酐单体不易均聚的特性，所引入的 MAH 单元主要是单一环酸酐基团的形式，并且这种自由基接枝反应也发生了许多副反应，如图 8-2、图 8-3 所示。在马来酸酐接枝聚丙烯反应体系中，形成的大多数大分子自由基都参与分子内的 β-裂解反应，从而降解了聚丙烯分子链；而在接枝聚乙烯体系中，形成的大分子自由基相互偶联生成交联产物。人们在优化接枝反应条件方面做了许多工作，以促进预期反应进行，同时抑制副反应的发生，然而由于自由基反应的固有复杂性，很难在没有副反应的情况下获得所需的马来酸酐接枝聚烯烃的含量。马来酸酐接枝聚烯烃的性能在很大程度上取决于其分子结构。

目前一些研究人员已经针对马来酸酐接枝聚烯烃促进界面化学作用的实际机制进行了研究。Lopez-Manchado 等的研究表明马来酸酐改性聚合物可显著提高亚麻纤维与聚合物界面处的黏附性。Lu 等通过 FTIR 检测在 1650～1800cm^{-1} 波数范围内发现了表明木材表面羟基基团与马来酸酐接枝聚乙烯之间存在酯键的信号。Paunikallio 等报道了从其制备的复合材料中提取的纤维上检测到纤维胶和马来酸酐接枝聚丙烯之间的酯键。Wang 等研究了几种聚乙烯相容剂对高密度聚乙烯/木材复合材料的影响，也发现了相容剂的马来酸酐部分与提取的填料之间存在酯键的证据。Lai 等在一项类似的研究中发现羰基区域的吸收带增加，这可能表明界面上形成了共价键。Harper 等采用 FTIR 方法对 40μm 的薄膜样品进行了检测，然而他不能确定马来酸酐接枝聚丙烯与木材之间的共价键。这是因为潜在的酯键吸收带在 1745cm^{-1} 处与木质素中脂肪族酯的吸收带在很大程度上产生了重叠，从而影响了光谱分析的准确性。马来酸酐接枝聚丙烯的反应机制如图 8-2 所示。综上所述，大多数 FTIR 数据表明，接枝聚烯烃相容剂的马来酸酐部分与木质纤维/填料表面的羟基基团之间存在酯键形式的共价键。值得注意的是，采用 FTIR 研究处理界面时，潜在的酯键吸收带可能与木质素中脂肪族酯的吸收带部分重叠，这一结果需要仔细辨别。除了可能的共价键，氢键也可能有助于相互作用。马来酸酐接枝聚乙烯的反应机制如图 8-3 所示。马来酸酐接枝聚丙烯与纤维素之间的结合机制如图 8-4 所示。

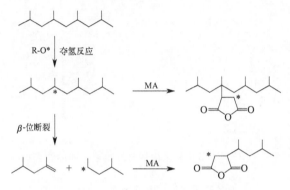

图 8-2　马来酸酐接枝聚丙烯的反应机制

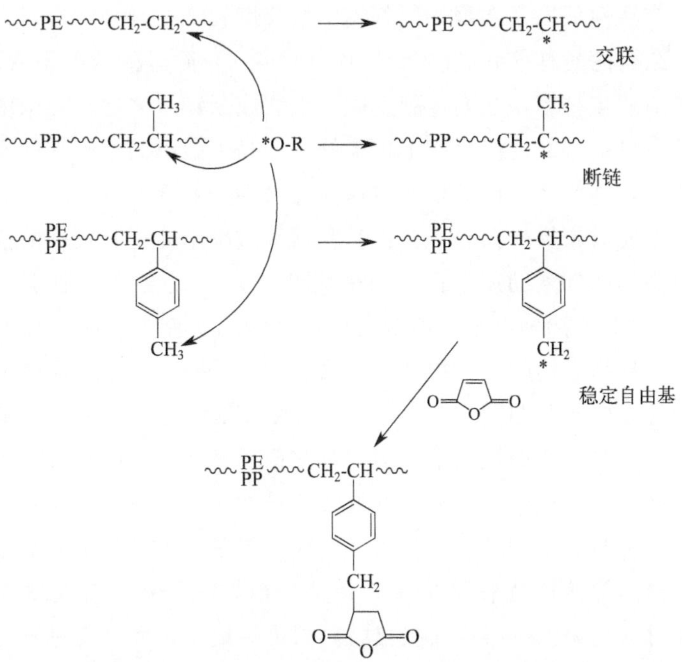

图 8-3　马来酸酐接枝聚乙烯的反应机制

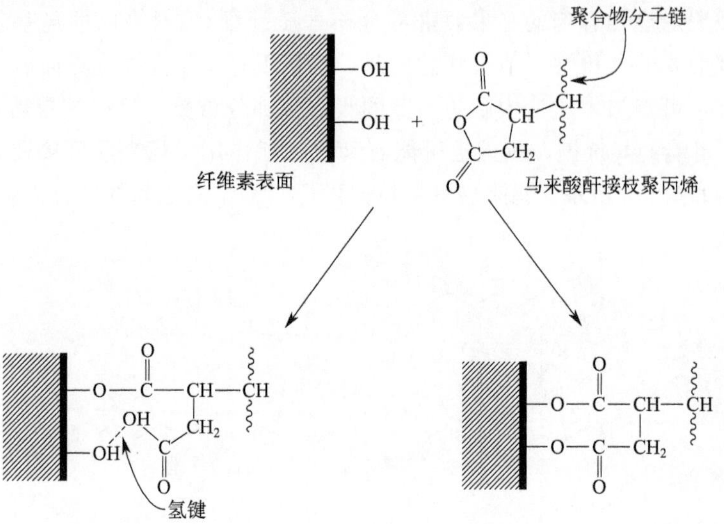

图 8-4 马来酸酐接枝聚丙烯与纤维素之间的结合机制

　　由上述研究可见，马来酸酐接枝聚烯烃是一种很有前途的化学改性聚烯烃的方法。然而，马来酸酐在聚烯烃上的接枝率通常很低。这是因为马来酸酐对自由基的反应活性低以及在聚烯烃基体中溶解度较低。马来酸酐对自由基的反应性低是其结构的对称性和碳碳双键（—C≡C—）附近的低电子密度所致的。为了获得较高的接枝率，在发生副反应（交联或断链）之前，马来酸酐单体与聚烯烃大分子自由基的反应是必不可少的。而马来酸酐的反应性端基可与非均相单体官能化，这为多单体共聚接枝提高马来酸酐的活性提供了有利条件。共聚单体通常需要对聚烯烃大分子自由基和马来酸酐单体都有较高的活性，一个例子是通过添加肉桂酸助剂来促进马来酸酐在聚丁二酸-己二酸丁二酯上的接枝。Ma 等在对苯乙烯辅助马来酸酐接枝聚乳酸的研究中表明，马来酸酐通过单体和电荷转移络合物的形式接枝到了聚乳酸分子链上。苯乙烯辅助马来酸酐接枝聚乳酸的反应机制如图 8-5 所示。苯乙烯可以弥合大分子自由基与马来酸酐单体之间的距离，从而提高聚乳酸上马来酸酐的接枝率。Gaylord 等在聚烯烃上接枝马来酸酐形成单一接枝和低聚物接枝的研究中发现，苯乙烯可以通过电荷转移络合物与马来酸酐相互作用，并在一定条件下与马来酸酐形成交替共聚。然而当聚丙烯接枝马来酸酐-苯乙烯共聚单体时，并没有发现马来酸酐均聚物。由此可知马来酸酐没有直接接枝到聚丙烯链上，而是通过苯乙烯作为桥梁进行连接。

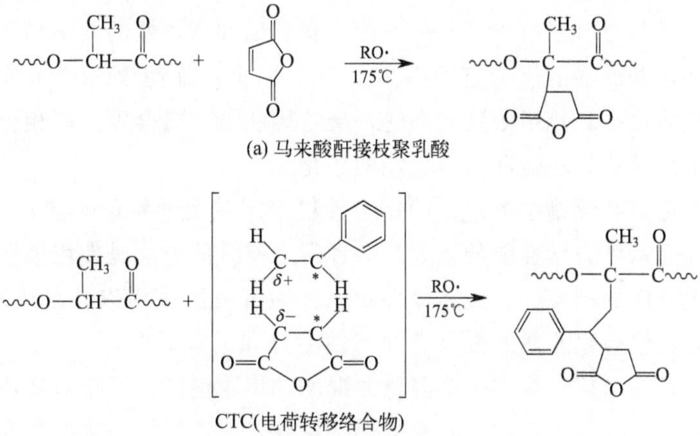

(a) 马来酸酐接枝聚乳酸

CTC(电荷转移络合物)

(b) 苯乙烯辅助马来酸酐接枝聚乳酸

图 8-5 苯乙烯辅助马来酸酐接枝聚乳酸的反应机制

8.2.2 合成蜡的物理改性

物理改性方法是将不同类型的合成蜡进行共混, 调和形成优于单独合成蜡性能的改性蜡。经过物理改性的合成蜡在硬度、光泽、熔点、结晶结构和分子量分布等方面有所改进, 能更好地应用于电缆、纺织蜡、橡胶防护和熔模铸造等。

两种或两种以上的聚合物在没有高度化学反应的情况下, 通过物理混合形成聚合物共混物, 已被认为是一种经济有效的方法。其优点在于能够实现将单一聚合物组合形成新的聚合物, 从而获得具有特定功能的新材料。这一策略可以节省开发新材料的成本, 并且具有通用性、简单性和时效性。

目前, 学者们针对不同类型的共混蜡的热性能和力学性能方面已经做了大量的工作。Mpanza 和 Luyt 研究了 H_1 蜡和 M_3 蜡等对低密度聚乙烯（LDPE）热性能和力学性能的影响, 结果表明所有共混物都有一个吸热峰, 熔融焓随着蜡含量的增加而增大, 并且熔融峰温度略有升高。而 Krupa 和 Luyt 在对聚丙烯/费托蜡共混物热性能的研究中发现, 当费托蜡含量小于 10% 时, 聚丙烯（PP）和费托蜡在宏观上是均相的; 当费托蜡含量较高时, 费托蜡和聚丙烯的熔融吸热曲线有明显的分离。此外, 热重分析表明, 费托蜡含量的增加会导致共混物热稳定性的降低。Luyt 等发现, 在蜡含量较高的情况下, 蜡可能会在聚烯烃分子链上接枝, 蜡含量和交联会对聚烯烃的热性能和力学性能产生影响。此外, 当蜡含量在一定范围内时, 蜡与聚烯烃之间存在相容。但当蜡含量过高时, 蜡与聚烯烃发生相分离。Djokovic 等在对低密度聚乙烯（LDPE）与氧化蜡共混物热性能、力学性能和黏弹性能的研究中同样发现，低密度聚乙烯与低浓度氧化蜡共混可以改善其物理性能，聚乙烯和氧化蜡的共结晶导致共混物结晶度增加，共混物的热稳定性提高了 50℃ 以上，弹性模量和屈服应力也有所提高。然而，在氧化蜡浓度较高时，聚乙烯和氧化蜡会发生晶相分离，这一现象导致了共混物热性能和力学性能的恶化。

由此可见，共混蜡中各组分的相容性决定了其力学性能和热性能的优劣。为避免聚烯烃基体力学性能的损失，一种行之有效的方法是使用极性蜡共混以改善复合组分间的相容性。许多极性蜡已经被开发出来用以共混改性聚烯烃，其中，氧化石蜡与聚乙烯共混具有加工性能好和成本低等优点。Elnahas 等的研究表明，石蜡与聚乙烯共混会降低共混物的熔融温度，石蜡对聚乙烯起到增塑剂的作用。这些行为归因于石蜡的熔融焓高于聚乙烯，并且在结晶过程中石蜡短链进入聚乙烯晶格形成共结晶效应。此外，氧化石蜡可以增加聚烯烃的表面能，从而改善其润湿性和界面相互作用，增强了聚烯烃的涂饰性。Lyut 等报道了改性石蜡在不同聚烯烃中的应用。氧化石蜡结构中含有的极性基团可以显著提升聚丙烯（PP）的表面能。

在有些研究中，氧化石蜡作为相容剂改善了粒子的分散性，增强了复合材料的热性能和力学性能。Luyt 和 Geethamma 等使用氧化石蜡作为线型低密度聚乙烯和层状硅酸盐黏土复合材料的相容剂，结果表明，在氧化石蜡不存在的情况下，黏土层没有剥落或插层；当添加氧化石蜡时，样品间的距离明显增大。氧化石蜡对黏土层有较强的穿透能力，这可能是由于蜡链上的极性基团与黏土中的有机改性剂之间存在较强的相互作用。Durmus 等在引入氧化石蜡作为聚乙烯基纳米复合材料的相容剂的研究中发现，氧化石蜡的极性和分子量会对纳米复合材料的形貌产生影响。

8.3 合成蜡在木材中的应用研究

8.3.1 合成蜡处理木材技术

目前的研究主要集中在采用高熔点蜡浸渍的方式处理木材。

为提高木材在户外的应用性能，采用性质稳定的高熔点聚乙烯蜡对户外常用的木材进行了高压浸注物理改性。通过 3 个阶段高压浸注工艺可使木材全截面含蜡，改性木材的含蜡量均可达 24% 以上，其中辐射松的含蜡量可达 58.5%，改善了改性木材的耐久性。

为了开发一种适合户外应用的新型木材产品，采用高熔点聚乙烯蜡对木材进行高压浸渍处理，研究了浸渍木材的性能。熔融状态下的蜡稳定、黏度低、流动性好，在高压下容易渗透到木材中。

郑忠国等利用两种高熔点的费托蜡对人工速生林杨木和辐射松木材进行了满细胞法填充处理，可有效提高木材的密度，显著提升人工林木材的材质。但高温下这两种费托蜡在木材中的固着效率需要进一步研究，以增强费托蜡处理木材的实用性。

采用两种不同熔点的费托蜡在熔融状态下对人工速生林杨木和辐射松进行真空-压力浸渍处理，两种费托蜡处理木材的密度相较素材均提高了近 2 倍，表明费托蜡在熔融状态下能充分渗透进入木材。

用蜡乳液，如蒙旦蜡、聚乙烯蜡、乙烯共聚物和氧化聚乙烯蜡浸渍木材，可以控制白腐病、褐腐病和蓝斑真菌，同时还可以减少吸水率。其中，聚乙烯蜡被发现特别有效。

8.3.2 合成蜡对木材的保护作用

合成蜡处理木材是将木材与外界环境隔绝，从而保护木材免受外界环境造成的损害。

采用性质稳定的高熔点聚乙烯蜡对户外常用的木材进行高压浸注物理改性，改善了改性木材的耐久性（在天然耐久性野外测试中，改性木材表现出较强的耐腐性和抗白蚁蛀蚀性，辐射松与柳桉改性木材的耐久性等级由 0 级提高到了 9 级，可用于户外园林建筑工程中），提高了木材在户外的应用性能。

用聚乙烯蜡填充木材的细胞间隙和细胞腔，通过纳米压痕试验发现，浸渍后木材的细胞壁纵向力学性能减弱，高压浸渍 3h 后，黑松木的细胞壁硬度降低 35.1%，弹性模量降低 4.9%，经处理的木材吸水率和膨胀率比未经处理的木材低得多，耐候性和抗虫性较好。

利用两种高熔点的费托蜡对人工速生林杨木和辐射松木材进行满细胞法填充处理，可显著降低木材的吸水和吸湿速率，增强处理材表面的疏水性，从而有助于减缓和抑制水分导致的木材变形及霉变腐朽等应用问题。另外，两种费托蜡处理也改善了杨木和辐射松木材的抗弯强度、抗弯弹性模量和表面硬度，基本不影响木材的冲击强度，因此费托蜡在木材中起到了增强填体的作用。采用两种不同熔点的费托蜡在熔融状态下对人工速生林杨木和辐射松进行真空-压力浸渍处理，结果表明费托蜡处理的人工林杨木和辐射松木材具有户外应用的潜能。

与未处理木材相比，蜡乳液浸渍木材中的蜡层保护木材免受真菌的侵蚀，对白腐和褐腐真菌具有更高的抗性。其中，聚乙烯和氧化聚乙烯蜡乳液的效果更强。除此之外，蜡乳液处理木材减少了对水分的吸收，而且减缓了木材的光降解过程，对木材起到了保护作用。

综上，研究中采用熔融蜡或蜡乳液对木材进行浸渍处理，可使蜡在木材表面或细胞壁表面形成薄膜和在木材细胞腔中形成填充，从而减少木材对水分的吸收，提高其耐候性、耐腐性等性能，对木材起到保护的作用。

8.4　合成蜡处理木材光降解研究

8.4.1　木材光降解

当木材在室内和户外长期使用时，在光、湿、热、风、氧气、污染物、微生物等因素的作用下，其表面会发生自然老化现象，使木材的物理和化学结构发生不可逆转的变化。

老化作用最初在木材表面表现为颜色变化（光降解是常见的老化方式之一，表面颜色变化被认为主要是阳光中的紫外线成分导致的），然后是表面失去光泽和更加粗糙。老化会使木材组分发生变化，木材组分主要包括纤维素、半纤维素和木质素。其中木质素是对光老化最敏感的木材组分，因为木质素的芳香族特性使其极易吸收紫外线，紫外线与水分、热量以及氧气等的共同作用会加强木材的老化过程，导致木材细胞壁中的木质素和纤维素发生解聚反应。老化不仅降低木材的使用寿命，而且增加维护成本，因此，研究减少木材老化的有效解决方案是至关重要的。

8.4.2　合成蜡处理木材耐光老化

对聚乙烯蜡浸渍木材进行人工加速老化，经过 30d 后，与未处理木材相比，试样略有褪色。通过显微观察可知，改性木材试样的变化仅仅发生在表层，说明聚乙烯蜡对木材具有一定的保护作用。聚乙烯蜡中添加紫外吸收剂和抗氧剂后改性木材的材色稳定性显著提高，总色差为 4.139，相比未添加助剂的聚乙烯蜡浸渍木材减小了 45.3%。

通过对两种费托蜡处理木材进行耐紫外光测试可知，在紫外光照射过程中处理后木材的表面颜色变化主要发生在前 120h；未处理材的表面颜色由浅黄色向黄褐色变化，而费托蜡处理材则由浅棕色向黄棕色变化，处理材的色差明显小于未处理材；紫外光照射期间处理材的含水率相比未处理木材要低，接触角要高，这有助减少户外应用时由水导致的劣化。FTIR 与 XPS 分析结果显示，费托蜡处理虽然并不能从化学防护角度保护木质素等细胞壁组分免于紫外光降解，但蜡在木材细胞腔中均一沉积可以起到物理屏蔽作用，阻隔紫外光到达木材细胞。

Lesar 等采用蒙旦蜡、聚乙烯蜡和氧化聚乙烯蜡三种不同浓度的蜡乳液真空浸渍挪威云杉木材，结果表明蜡乳液浸渍木材的处理方法会影响木材在人工加速老化过程中的性能。与未处理木材相比，在加速老化过程中蜡乳液浸渍木材的吸湿性较低，表面疏水性较强，且颜色变化和红外光谱变化相对较小，在一定程度上可减缓光降解；蜡乳液浓度越高，效果越好。

有研究表明，高熔点蜡相比低熔点蜡能更好地防止木材表面的颜色变化，因为它们在木材表面形成的薄膜更厚，降低了紫外光的穿透性。

事实上，了解合成蜡的蜡层老化机制以及合成蜡烫蜡处理对木材抗紫外光诱导氧化降解的影响，这对合成蜡的研发以及合成蜡烫蜡木材性能的优化都是至关重要的。

9

合成蜡改性技术

　　传统烫蜡木材工艺所用的天然蜂蜡虽然具有光泽好、相容性好和成膜柔韧性好等一系列优点，但由于产量低、成本高，其难以在现代的工业生产中大量使用。此外，由于蜂蜡蜡层的附着力低和耐热性差等缺点，导致蜂蜡烫蜡木材表面在长期使用中经常出现发黏和蜡层严重脱落等问题，而这也成为传统家具企业所面临的主要难题。如以来源广泛、造价低廉和熔点较高的聚乙烯蜡等人工合成蜡替代天然蜂蜡，将是拓展烫蜡技术在木材装饰和保护领域应用的一种新途径。近年来，人工合成蜡以其成本低、产量大、无毒和理化性能稳定的优势被广泛地用于食品包装、医药和日用化学等行业。然而人工合成蜡几乎没有极性基团，难以与木材纤维的极性基团发生相互作用，如尝试以合成蜡替代天然蜂蜡应用在木材烫蜡装饰工艺中，存在成膜后附着力低、柔韧性差等问题。目前人们开始试图研究以合成蜡改性应用在木材烫蜡装饰中，但大多用于木材烫蜡的改性蜡是采用添加助剂的物理方式制备的，导致改性蜡的柔韧性、附着力、装饰性等性能指标尚不能满足木质材料的烫蜡要求。因此采用接枝改性等化学改性方法对人工合成蜡进行改性以引入极性基团，实现合成蜡与木材的化学结合将是解决合成蜡烫蜡性能差的根本途径。

　　本章通过接枝单体对聚乙烯蜡和聚丙烯蜡进行改性制备新型改性合成蜡，深入研究了改性合成蜡的酸值、热学特性、化学结构和结晶性能等，并以天然蜂蜡的主要化学性质和结构性能作为研发依据，来制备适合烫蜡木材的高性能、高稳定性和较强极性的改性合成蜡替代天然蜂蜡。

9.1 聚乙烯蜡改性技术

聚乙烯蜡即低分子量的聚乙烯及合成蜡，由低密度的高分子量聚乙烯裂解制得，也可由中、低压法聚乙烯副产低聚物分离精制而得。聚乙烯蜡为白色或微黄色的粉末或颗粒，分子量 500～5000，相对密度 0.92～0.936，软化点 60～120℃，在常温下不溶于大多数溶剂，加热时溶于苯、甲苯和二甲苯等溶剂。

9.1.1 改性聚乙烯蜡的制备方法

改性合成蜡的制备示意图如图 9-1 所示。

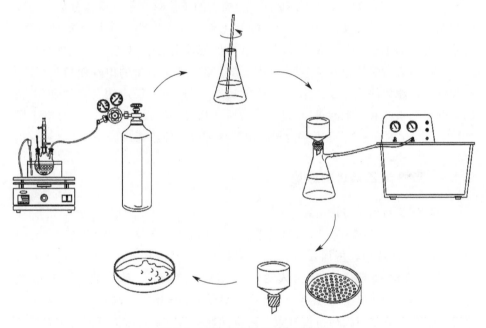

图 9-1 改性合成蜡的制备示意图

聚乙烯蜡（PEW），由泰国聚乙烯有限公司生产，熔点为 115℃，使用前先在 120℃加热的条件下经二甲苯溶解回流 2h，然后加入甲醇使其沉淀纯化。蜂蜡（BW），取自河南登封蜂场，熔点为 62℃，从蜡块中心取样，经蒸馏水加热熔化以过滤杂质。马来酸酐（MAH），分析试剂，购自天津市光复精细化工研究所。甲基丙烯酸甲酯（MMA），分析试剂，购自阿拉丁试剂（上海）有限公司。过氧化苯甲酰（BPO），分析试剂，购自上海麦克林生化科技有限公司。二甲苯和甲醇，分析试剂，由天津市富宇精细化工有限公司提供。以上试剂无需进一步纯化即可使用。

称取一定质量的提纯聚乙烯蜡和二倍于聚乙烯蜡质量的二甲苯，倒入四口瓶中，往复振荡数次，使聚乙烯蜡和二甲苯充分混合。将四口瓶置于恒温油浴锅中，四口瓶接入回流冷凝管、温度计、桨式电动搅拌器和气体导管，随后接入氮气吹扫，使四口瓶内成为氮气环境，氮气流量为20L/min。油浴锅先升温至120℃，以170r/min的速率恒速搅拌，待聚乙烯蜡完全熔化并与二甲苯形成混合体系后，再升温至目标反应温度130℃、140℃、150℃和160℃。采用恒压分液漏斗将提前制备好的过氧化苯甲酰（BPO）引发剂和马来酸酐/甲基丙烯酸甲酯（MAH/MMA）二甲苯溶液逐滴加到恒速（360r/min）搅拌的聚乙烯蜡二甲苯混合体系中，对应的两种单体马来酸酐和甲基丙烯酸甲酯的质量比分别为1:0.5、1:1、1:2和1:4。加入的单体总含量（质量分数）为聚乙烯蜡的4%、8%、16%和32%，过氧化苯甲酰引发剂的用量（质量分数）为聚乙烯蜡的1%、2%、3%和4%。加热回流恒温反应3h后，停止加热。

反应结束后快速搅拌反应液，用三倍于聚乙烯蜡质量的甲醇使粗品沉淀。甲醇洗涤过滤后使粗品在二甲苯中浸泡24h，萃取出未反应的马来酸酐/甲基丙烯酸甲酯单体和马来酸酐/甲基丙烯酸甲酯均聚物等杂质，在50℃真空干燥12h得到纯化的马来酸酐-甲基丙烯酸甲酯接枝改性聚乙烯蜡。

9.1.2 改性聚乙烯蜡的酸值

（1）试验与测试方法

按照 ASTM D1386—15 标准的规定，先称取1g蜡样（准确称至0.001g）置于250mL烧瓶中，再加入40mL二甲苯溶液，然后在油浴锅中加热回流溶解样品至清澈透明，最后加入3～5滴酚酞溶液，用标准KOH溶液（0.05mol/L）滴定至呈桃红色，10s内不褪色为滴定终点。滴定时要剧烈摇动烧瓶，如果在滴定时发生沉淀现象，则再加热样品。滴定后记录下所用氢氧化钾标准溶液的体积（mL），同时做空白试验。酸值（mg/g）可根据下式计算：

$$X_2 = (V_1 - V_2)C_1 \times 56.1/m_2 \tag{9-1}$$

式中，X_2 是蜡样中的酸值；V_1 是氢氧化钾标准溶液的用量；V_2 是空白试验氢氧化钾标准溶液的用量；C_1 是氢氧化钾标准溶液的浓度；m_2 是被测蜡样品的质量。

（2）反应条件对聚乙烯蜡酸值的影响

由国家标准 GB/T 24314—2009 对蜂蜡产品的理化要求可知，酸值是蜂蜡最重要的化学性质，直接反映了蜂蜡产品的极性和优劣。为使改性聚乙烯蜡具有与蜂蜡相似的化学性质，选取酸值作为改性聚乙烯蜡重要的性能指标。根据前期大量的试验探索可知，改性聚乙烯蜡的酸值受配方参数和工艺条件的影响。

由表 9-1 可知不同接枝条件的改性聚乙烯蜡的酸值测试结果。当 MAH/MMA 两种单体的质量比为 1∶1，单体总用量为聚乙烯蜡的 8%（质量分数），引发剂（BPO）用量为聚乙烯蜡的 2%（质量分数），反应温度为 150℃时，改性聚乙烯蜡的酸值达到 18KOHmg/g，与天然蜂蜡具有一致性并且符合国家标准的规定。

表 9-1　蜂蜡和不同接枝条件的改性聚乙烯蜡的酸值测试结果

样品	质量比 (MAH∶MMA)	单体总含量 /%	引发剂含量 /%	反应温度 /℃	酸值 /(KOH mg/g)
改性聚乙烯蜡 （组 1）	1∶0 1∶0.5 1∶1 1∶2 1∶4	8	2	150	4 9.6 18 13.6 1.6
改性聚乙烯蜡 （组 2）	1∶1	4 8 16 32	2	150	2 18 29 24
改性聚乙烯蜡 （组 3）	1∶1	8	1 2 3 4	150	6.4 18 16 13.6
改性聚乙烯蜡 （组 4）	1∶1	8	2	130 140 150 160	4.8 11.2 18 13.6
蜂蜡	—	—	—	—	18
国家标准	—	—	—	—	16～23

本小节研究了改性聚乙烯蜡的酸值与马来酸酐/甲基丙烯酸甲酯（MAH/MMA）两种单体的质量比、单体总用量、引发剂（BPO）用量和反应温度的关系，结果如图 9-2 所示。

① MAH 和 MMA 两种单体的质量比对改性聚乙烯蜡酸值的影响如图 9-2（a）所示。在没有加入 MMA 的情况下，酸值较低。随着 MMA 含量的增加，改性聚乙烯蜡的酸值逐渐增加。当 MAH/MMA 的质量比达到 1∶1 时，改性聚乙烯蜡的酸值达到最大值。从图 9-2(a) 中可以观察到，MAH/MMA 的质量比会对改性聚乙烯蜡的酸值产生显著的影响，MMA 辅助 MAH 接枝聚乙烯

蜡的机理取决于 MAH/MMA 的比值。由于 MAH 和 MMA 的摩尔质量具有相似性,加入等物质的量(MAH/MMA 的摩尔质量相似,质量比近似摩尔比)的 MAH 和 MMA 时,两种单体容易发生相互作用,理论上所有的 MAH 和 MMA 都能形成 MAH-MMA 共聚物,从而在聚乙烯蜡大分子链上形成较长的支化结构,使接枝的酸酐数量增加。因此 MAH/MMA 的质量比达到 1∶1 时,改性聚乙烯蜡的酸值最高。MAH/MMA 的质量比为 1∶0.5 时,改性聚乙烯蜡的酸值介于 MAH/MMA(1∶0)和 MAH/MMA(1∶1)之间。MAH/MMA 的质量比为 1∶4 时,改性聚乙烯蜡的酸值低于单独接枝 MAH 时的酸值。

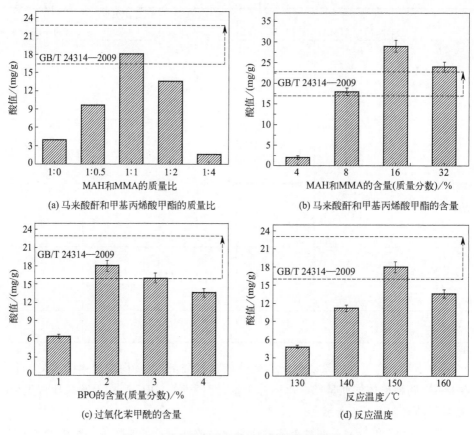

图 9-2 反应因素对改性聚乙烯蜡酸值的影响

② MAH 和 MMA 两种单体的含量对改性聚乙烯蜡酸值的影响如图 9-2(b)所示。在 MAH/MMA 的质量比为 1∶1 时,随着单体用量的增加,酸值增大。单体用量(质量分数)在 4%~8% 范围内时,酸值增长幅度较大。当单

体用量（质量分数）超过 8% 时，酸值的增长幅度减弱。然而，随着单体用量（质量分数）进一步增加，达到 32% 时，改性聚乙烯蜡的酸值发生明显的下降。自由基接枝过程实际开始于 BPO 引发剂的分解形成初级自由基，初级自由基通过氢提取反应沿聚乙烯蜡分子链形成大分子自由基。大分子自由基随后参与接枝反应引发 MAH-MMA 共单体接枝，但聚乙烯蜡大分子自由基在接枝反应中同时还伴随着交联等副反应。在引发剂含量固定的情况下，聚乙烯蜡大分子链所产生的接枝位点数相对固定，当单体用量较少时，接枝单体与聚乙烯蜡大分子自由基的碰撞概率较小。相反，大分子自由基发生副反应的概率增加，不利于接枝反应的进行。因此，改性聚乙烯蜡的酸值随着单体用量的增加而增大。

③ BPO 引发剂的用量对改性聚乙烯蜡酸值的影响如图 9-2(c) 所示。从图中可以观察到，改性聚乙烯蜡的酸值随 BPO 用量（质量分数）的增加呈现先增大后缓慢下降的趋势，当 BPO 用量达到聚乙烯蜡的 2% 时，改性聚乙烯蜡的酸值最大。在 BPO 用量较小时，接枝反应体系中的自由基数量不足以充分引发接枝反应，导致接枝酸酐数量较少，酸值较小。随着 BPO 用量的增加，产生的初级自由基数量增加，从而通过氢提取反应产生更多的聚乙烯蜡大分子自由基，这有利于充分引发 MAH-MMA 单体的接枝聚合，因此在一定范围内增加 BPO 引发剂的用量对提高改性聚乙烯蜡的酸值是有效的。然而 BPO 作为引发剂时，BPO 用量不仅与自由基数量的多少直接相关，而且还与聚乙烯蜡分子的交联程度有关。随着 BPO 用量的进一步增加，过量 BPO 增大了自由基终止概率，导致聚乙烯蜡分子的交联程度增强。此外，当 BPO 用量过大时，也增加了引发单体发生均聚反应的概率，从而阻碍了接枝反应的进行，使改性聚乙烯蜡的酸值有所下降。

④ 反应温度对改性聚乙烯蜡酸值的影响如图 9-2(d) 所示。在 MAH/MMA 的质量比、单体总含量和引发剂用量不变的情况下，改性聚乙烯蜡的酸值随反应温度的升高而逐渐增大，在 150℃ 时，酸值达到最大值。然而在酸值达到最大值后，反应温度进一步升高并不能再增大改性聚乙烯蜡的酸值。相反，在 160℃ 时酸值明显降低。引发剂的热分解产生初级自由基的过程是接枝反应的开始，也是最关键的阶段，而反应温度与引发剂的分解速率（活化能和半衰期）密切相关。反应温度较低时，引发剂的分解速率较慢，半衰期长，反应过程中产生的反应活性中心较少，致使产生的大分子自由基数量较少。此外，温度低导致溶液黏度大，不利于自由基的移动，从而降低了大分子自由基与接枝单体的碰撞概率，使接枝的酸酐数量较少，酸值较低。随着温度的升高，引发剂的分解速率增大，半衰期缩短，反应活性中心增多，从而形成了更

多的大分子自由基。然而，在温度过高时引发剂的分解速率过快、半衰期过短，致使大分子自由基的数量在短时间内急剧增多，从而加剧了聚乙烯蜡分子的交联。由于受空间位阻的影响，交联反应活化能高于接枝反应活化能，致使交联反应对温度更加敏感，在较高温度下，交联反应的加剧会消耗一部分大分子自由基，不利于接枝反应的进行，从而导致改性聚乙烯蜡酸值的下降。

9.1.3 改性聚乙烯蜡的特征官能团

与蜂蜡的 FTIR 光谱相比，聚乙烯蜡的 FTIR 光谱特征（图 9-3 中光谱 Ⅰ）反映了与碳氢化合物吸收带（位于 2955cm^{-1}、2916cm^{-1}、2849cm^{-1}、1473cm^{-1}、1462cm^{-1}、730cm^{-1} 和 719cm^{-1} 附近）相关的简单分子结构。聚乙烯蜡和蜂蜡在指纹区域中有明显的光谱差异。聚乙烯蜡不存在与酯类和游离脂肪酸相关的吸收带。

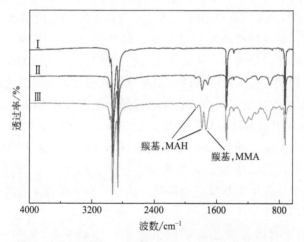

图 9-3 聚乙烯蜡（Ⅰ）、MAH 接枝聚乙烯蜡（Ⅱ）和
MAH/MMA 共单体接枝聚乙烯蜡（Ⅲ）的 FTIR 光谱

与聚乙烯蜡的 FTIR 光谱不同的是，MAH 接枝聚乙烯蜡的 FTIR 光谱（图 9-3 中光谱 Ⅱ）显示在 1861cm^{-1}、1782cm^{-1} 和 1711cm^{-1} 处出现了三个额外的吸收峰。1861cm^{-1} 和 1782cm^{-1} 处的峰归属于环酸酐羰基（C=O）的不对称和对称伸缩振动。1711cm^{-1} 处的吸收峰归因于羧酸基中羰基的伸缩振动，表明 MAH 已接枝到聚乙烯蜡上。相比于 MAH 接枝聚乙烯蜡的 FTIR 光谱，MAH/MMA 共单体接枝聚乙烯蜡的 FTIR 光谱（图 9-3 中光谱 Ⅲ）显示在 1849cm^{-1} 和 1781cm^{-1} 处出现了归属于五元酸酐环中的羰基（C=O）吸收，并且在 1731cm^{-1} 处有额外的特征峰，可归属于 MMA 上羰基（C=O）

的伸缩振动。而观察到光谱中没有出现在 1637cm^{-1} 处属于 C═C 双键的吸收峰，表明 MAH 和 MMA 发生了共聚反应并接枝到聚乙烯蜡大分子链上。此外，MAH/MMA 共单体接枝聚乙烯蜡的酸酐基团特征峰强度明显高于 MAH 接枝聚乙烯蜡，进一步证实了 MAH/MMA 共单体接枝可有效提升 MAH 的接枝率。

9.1.4　改性聚乙烯蜡的结晶结构

图 9-4 显示了蜂蜡、聚乙烯蜡、MAH 接枝聚乙烯蜡和 MAH/MMA 共单体接枝聚乙烯蜡的 X 射线衍射谱图。由蜂蜡的 XRD 曲线（图 9-4 中曲线 Ⅰ）可以观察到，蜂蜡在 $2\theta=21.3°$ 和 24°处出现了两个强烈而清晰的分离峰，并且在 $2\theta=19°$ 有一个衍射强度相对较低的峰。与蜂蜡的 XRD 曲线相比，发现聚乙烯蜡的 XRD 曲线（图 9-4 中曲线 Ⅱ）同样在 $2\theta=21.4°$ 和 24°处出现了两个高强度峰，与蜂蜡的峰相似，但在 $2\theta=19°$ 处没有额外峰出现。$2\theta=21.4°$ 和 24°处的两个衍射峰可归因于聚乙烯蜡正交晶体结构的（110）和（200）晶面。

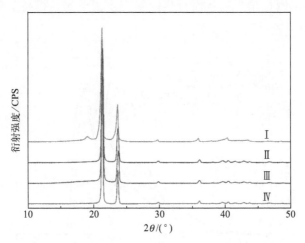

图 9-4　蜂蜡（Ⅰ）、聚乙烯蜡（Ⅱ）、MAH 接枝聚乙烯蜡（Ⅲ）和
MAH/MMA 共单体接枝聚乙烯蜡（Ⅳ）的 X 射线衍射谱图

相比于聚乙烯蜡，接枝 MAH 单体或 MAH/MMA 共单体后，MAH 接枝聚乙烯蜡和 MAH/MMA 共单体接枝聚乙烯蜡的 XRD 曲线（图 9-4 中曲线 Ⅲ 和曲线 Ⅳ）在相同的衍射角处有明显的反射，没有新的明显的衍射峰出现，但衍射峰强度略有降低。结果表明，MAH 单体接枝部分或 MAH/MMA 共单体接枝部分主要是无定形结构，而无序特征数量的增加可能导致聚乙烯蜡局部有序性的降低，从而使 MAH 接枝聚乙烯蜡和 MAH/MMA 共单体接枝聚乙烯

蜡的结晶程度有所下降，这也与 DSC 的分析结果相一致。

9.1.5 改性聚乙烯蜡的热重分析

图 9-5 显示了蜂蜡、聚乙烯蜡、MAH 接枝聚乙烯蜡和 MAH/MMA 共单体接枝聚乙烯蜡的热失重图。在 DTG 图中可以看出，蜂蜡和聚乙烯蜡的最大热失重温度分别为 400℃和 450℃，对应于蜂蜡与聚乙烯蜡的分解和挥发。纯聚乙烯蜡的热稳定性高于蜂蜡。

相比于聚乙烯蜡，MAH 接枝聚乙烯蜡的最大热失重温度向高温段移动，在 455℃达到最大失重。此外，MAH 接枝聚乙烯蜡的 DTG 曲线还显示在 200~350℃范围内出现了一个宽范围的峰，此峰可能归因于聚乙烯蜡接枝的 MAH 单体的热分解。MAH 接枝提高了聚乙烯蜡的热稳定性，这可能归因于以下几个方面：首先，聚乙烯蜡大分子链上引入的 MAH 单体提高了聚乙烯蜡的分子量，并且使聚乙烯蜡的大分子链具备了一定量的支链，这在一定程度上阻碍了聚乙烯蜡分子链的热运动。其次，接枝的 MAH 单体的五元环结构使聚乙烯蜡分子链的刚性增大，从而对热降解产生了干扰，提高了聚乙烯蜡的耐热性。

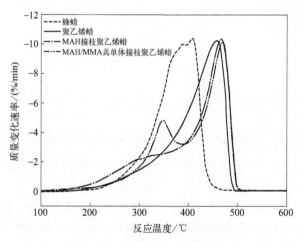

图 9-5 蜂蜡、聚乙烯蜡、MAH 接枝聚乙烯蜡和
MAH/MMA 共单体接枝聚乙烯蜡的 DTG 曲线

与 MAH 接枝聚乙烯蜡相比，MAH/MMA 共单体接枝聚乙烯蜡的最大热失重对应的温度有所升高，在 462℃达到最大热失重。此外，其在 348℃附近出现的峰应归因于聚乙烯蜡接枝的 MAH/MMA 共单体的热分解。显然，MAH/MMA 共单体接枝对聚乙烯蜡热稳定性的影响高于 MAH 单独接枝，这

可能是因为 MMA 的添加提高了 MAH 的接枝数量。此外，酸酐基团数量的增加有利于提升酸酐基团之间的相互作用，这可能在一定程度上阻碍单体的分解和挥发。

9.1.6 改性聚乙烯蜡的熔融行为分析

（1）试验与测试方法

采用日本岛津企业管理有限公司生产的 DSC-60 型差示扫描量热仪研究了蜂蜡、聚乙烯蜡和改性聚乙烯蜡样品的热性能。样品质量 5～10mg，测试气氛为氮气。测试程序分为三步：①以 10℃/min 的升温速率从 25℃ 加热到 160℃，保温 5min 以消除热历史；②将炉温从 160℃ 自然冷却至 25℃；③继续以 10℃/min 的升温速率加热到 160℃。最后记录样品的再加热 DSC 升温曲线，以研究样品的热行为。

（2）DSC 曲线分析

图 9-6(a) 显示了蜂蜡的热流和温度之间的 DSC 曲线。DSC 升温曲线取自第二次加热扫描，以消除热历史。可以观察到，蜂蜡在 62℃ 表现出一个主峰，并且在较低的温度下表现出一个肩峰，结果与文献一致。主峰由固-液转变所致，肩峰可归因于固-固转变。与蜂蜡的 DSC 曲线相比，聚乙烯蜡的 DSC 曲线 ［图 9-6(b)］ 同样观察到了双熔融峰现象。但聚乙烯蜡的熔融峰温度（T_{m1} 和 T_{m2}）明显高于蜂蜡，T_{m1} 和 T_{m2} 分别显示在 104℃ 和 115℃。其中第一个峰与聚乙烯蜡结构之间的固相转变有关，第二个峰与熔融转变有关。结果表明，纯聚乙烯蜡的分子链具有较高的迁移率和较高的熔融转变温度。

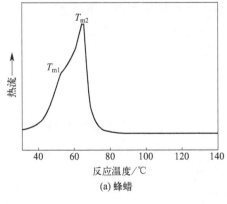

(a) 蜂蜡

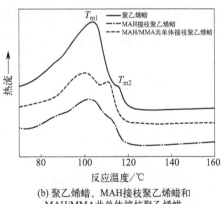

(b) 聚乙烯蜡、MAH接枝聚乙烯蜡和
MAH/MMA共单体接枝聚乙烯蜡

图 9-6 不同蜡的 DSC 二次升温曲线

MAH 接枝聚乙烯蜡和 MAH/MMA 共单体接枝聚乙烯蜡的 DSC 曲线 [图 9-6(b)] 形状与纯聚乙烯蜡相似，但熔融峰温度略低于纯聚乙烯蜡，T_{m1} 和 T_{m2} 下降了 2~4℃。MAH 接枝聚乙烯蜡和 MAH/MMA 共单体接枝聚乙烯蜡的熔融峰温度差异并不显著，表明 MMA 的存在没有对 MAH 接枝聚乙烯蜡的熔融行为产生明显的影响。熔融峰温度的降低可能是以下几点原因：首先，聚乙烯蜡大分子链上接枝的酸酐基团使聚乙烯蜡中的无定形区域有所增加。Motaung 等在对 MAH 接枝低密度聚乙烯的研究中也有类似的发现。其次，接枝侧链的空间位阻对聚乙烯蜡的结晶产生了一定程度的限制。

综上所述，采用马来酸酐-甲基丙烯酸甲酯共单体接枝对聚乙烯蜡进行改性，通过对接枝单体质量比、单体用量、引发剂用量和反应温度等工艺参数的调整实现了对蜂蜡主要化学性质的模拟，改性聚乙烯蜡的热稳定性和熔融温度远优于蜂蜡，其晶体结构和蜂蜡相似，并且共单体接枝引入的环酸酐和酯基等使聚乙烯蜡同样具备了极性基团，具体如下：

当马来酸酐和甲基丙烯酸甲酯的质量比为 1∶1，单体总用量为聚乙烯蜡的 8%（质量分数），引发剂用量为聚乙烯蜡的 2%（质量分数），反应温度为 150℃时，改性聚乙烯蜡的酸值达到 18mg/g，与天然蜂蜡具有一致性并且符合国家标准的规定。热重分析表明改性聚乙烯蜡的热稳定性明显高于蜂蜡，马来酸酐-甲基丙烯酸甲酯共单体接枝进一步提升了聚乙烯蜡的热稳定性；DSC 分析表明改性聚乙烯蜡的熔融温度明显高于蜂蜡，马来酸酐-甲基丙烯酸甲酯共单体接枝使聚乙烯蜡的熔融温度略有下降；FTIR 分析证实了马来酸酐和甲基丙烯酸甲酯发生了共聚反应并接枝到聚乙烯蜡大分子链上，其引入的环酸酐和酯基等使聚乙烯蜡同样具备了极性基团；XRD 分析表明改性聚乙烯蜡的晶体结构和蜂蜡相似，马来酸酐-甲基丙烯酸甲酯共聚单体接枝部分主要是无定形结构，无序特征数量的增加使聚乙烯蜡的结晶程度略有下降。

9.2 聚丙烯蜡改性技术

聚丙烯蜡为低分子量的聚丙烯。聚丙烯是由丙烯聚合而成的高分子化合物，也包括丙烯与少量乙烯的共聚物，分为等规、间规和无规三种构型，工业产品以等规聚丙烯为主要成分。

国内生产聚丙烯蜡的方法通常有 3 种：

① 常规的能准确控制分子量且分子量分布较窄的丙烯调节聚合；

② 高分子量的聚丙烯降解，此法在对聚丙烯蜡需求较少时采用，更安全、经济；

③ 聚丙烯蜡为高分子量聚丙烯在聚合过程中的副产物，即低分子量的丙烯经分离精制后的物质。

9.2.1 改性聚丙烯蜡的制备方法

以马来酸酐为接枝单体，采用溶液法对聚丙烯蜡进行接枝改性。试验环境为氮气，流速为 20mL/min。具体操作步骤为：首先将一定量的聚丙烯蜡置于四口瓶或三口瓶中溶于二甲苯溶液，聚丙烯蜡和二甲苯的比值（PPW：xylene）为 1：2；然后升温至 100℃，保持 30min 使聚丙烯蜡完全溶于溶液，磁力搅拌速率为 300r/min；最后升温至 120℃，加入接枝单体和引发剂，反应时间为 2.5h。聚丙烯蜡和马来酸酐的质量比（PPW：MAH）为 95.3：4.7、90.9：9.1、83.3：16.7 和 76.9：23.1，接枝单体和引发剂的质量比（MAH：BPO）为 5：1。反应达到预定时间后，以甲醇为沉淀剂，采用抽滤漏斗和真空泵对蜡液进行抽滤，抽滤操作进行三次以上；然后将抽滤后的改性蜡置于真空干燥箱中干燥 24h，干燥温度为 50℃；最后获得干燥的接枝产物。接枝产物根据聚丙烯蜡和马来酸酐的比值从大到小排列分别标记为 PMAH1、PMAH2、PMAH3 和 PMAH4。

9.2.2 改性聚丙烯蜡的酸值

改性聚丙烯蜡的酸值计算方法参考标准 ASTM D1386-15。不同单体含量对改性聚丙烯蜡酸值的影响如图 9-7 所示。由图可知，随着单体含量的增

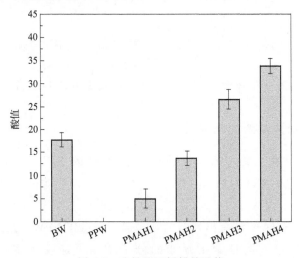

图 9-7 改性聚丙烯蜡的酸值

加，改性聚丙烯蜡的酸值呈现上升的趋势；当 PPW：MAH 为 76.9：23.1 时，改性聚丙烯蜡的酸值达到最大值。原因在于随着 MAH 含量的增大，更多数量的 MAH 极性分子被接枝到聚丙烯蜡大分子链上，所以酸值随之增加。

9.2.3 改性聚丙烯蜡的特征官能团

蜂蜡、聚丙烯蜡和改性聚丙烯蜡的 FTIR 光谱如图 9-8 所示。由图可知，1736cm^{-1} 处的特征峰为蜂蜡的酯羰基官能团，2916cm^{-1} 和 2848cm^{-1} 为脂肪酸分子链的特征峰。与 PPW 相比，PMAH 在 1776cm^{-1} 和 1716cm^{-1} 处的新峰反映了环酸酐的 C=O 振动和羧基的 C=O 振动，由此可知 MAH 基团已成功嫁接到 PPW 上。从 PMAH1 到 PMAH4，随着改性聚丙烯蜡酸值的增加，PMAH 的特征峰形状更加明显。

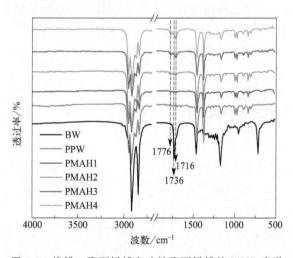

图 9-8 蜂蜡、聚丙烯蜡和改性聚丙烯蜡的 FTIR 光谱

9.2.4 改性聚丙烯蜡的结晶性能

图 9-9 为蜂蜡、聚丙烯蜡和改性聚丙烯蜡的 XRD 图谱。由图可知，21.3°和 23.6°的衍射峰为蜂蜡（BW）的结晶峰，两个峰的衍射强度都很高。PPW 的衍射峰分别为 14.0°、16.8°、18.4°和 21.6°，为典型的 α 晶结构。与 PPW 相比，PMAH 没有出现新的峰，但强度低于 PPW。结果表明，由于 MAH 基团的存在，改性聚丙烯蜡的分子结构可能发生重排，晶粒尺寸减小。

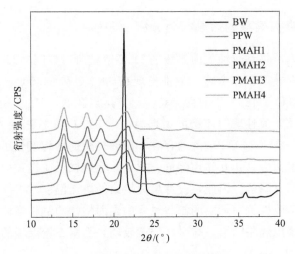

图 9-9　蜂蜡、聚丙烯蜡和改性聚丙烯蜡的 XRD 图谱

9.2.5　改性聚丙烯蜡的热重分析

蜂蜡（BW）、聚丙烯蜡（PPW）和改性聚丙烯蜡（PMAH）的热重曲线（TG 曲线）和微商热重曲线（DTG 曲线）如图 9-10 所示，以表征其热稳定性。图 9-10(a) 为 TG 曲线，蜂蜡的初始热降解温度（$T_{5\%}$）为 239.67℃，聚丙烯蜡和改性聚丙烯蜡的初始降解温度明显高于蜂蜡。图 9-10(b) 为 DTG 曲线，蜂蜡的最高降解速率对应的温度（383.4℃）低于 PPW（444.6℃）；与 PPW 相比，PMAH2 的最高降解速率对应的温度（451.2℃）略有增加，这说明改性聚丙烯蜡的耐热性提高了，原因可能是接枝单体的引入使得聚丙烯蜡的分子量增大。

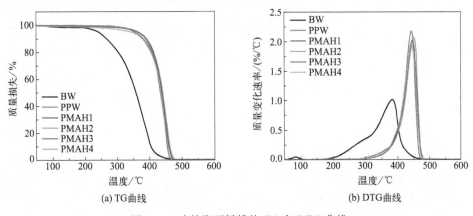

图 9-10　改性聚丙烯蜡的 TG 和 DTG 曲线

9.2.6 改性聚丙烯蜡的熔融行为分析

蜂蜡、聚丙烯蜡和改性聚丙烯蜡的 DSC 熔融曲线如图 9-11 所示。在熔融过程中，蜂蜡存在两个相变峰，分别出现在 54.5℃和 64.1℃。结果表明，聚丙烯蜡在 153.3℃和 159.5℃有两个熔融峰，熔点温度（T_{mp}）远远高于蜂蜡。与聚丙烯蜡相比，改性聚丙烯蜡的熔点温度（T_{mp}）随着 PPW/MAH 质量比的增大而降低。由于 MAH 基团的存在，聚丙烯蜡的结构发生了变化，导致大分子之间的距离增大，相互作用降低。此外，在接枝反应过程中聚丙烯蜡大分子可能发生了部分降解。因此，改性聚丙烯蜡的熔点温度（T_{mp}）略低于聚丙烯蜡。但是由于改性聚丙烯蜡的制备过程中聚丙烯蜡的链长增加导致分子量增大，使得改性聚丙烯蜡的第一熔融峰强度较弱，而第二熔融峰的强度较强。

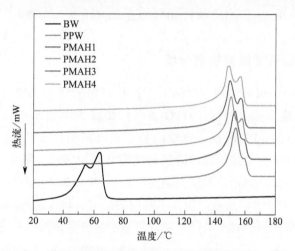

图 9-11　蜂蜡、聚丙烯蜡和改性聚丙烯蜡的 DSC 熔融曲线

10

改性合成蜡烫蜡技艺与
表面性能优化

　　水曲柳和榆木为东北地区代表性的阔叶材，采用了改性合成蜡对其进行烫蜡处理。在此基础上，对不同酸值改性合成蜡、不同烫蜡温度、不同烫蜡时间条件下的改性合成蜡烫蜡木材性能进行了评价，并与蜂蜡烫蜡木材的相关性能进行了比较，提出优化的改性合成蜡烫蜡木材装饰技术，以实现改性合成蜡在烫蜡工艺中对天然蜂蜡的替代。

10.1　材料与工具

10.1.1　材料

　　（1）树种选择

　　水曲柳（*Fraxinus mandshurica* Rupr.），属环孔阔叶材，密度为 0.63g/cm^3，因材质优良、材色花纹美丽，在中国东北地区常用作高级家具、木地板和室内装饰的材料。水曲柳试材采自黑龙江省哈尔滨市帽儿山实验林场，树龄约为100 年，在大气中自然干燥，平均含水率为 8%～12%。取水曲柳弦切板无裂纹、无节子区域沿纤维方向截取成 75mm（*L*）×50mm（*R*）×10mm（*T*）的木块。所有木块均不含心材，表面为弦切面，并且所有木块表面均无明显的缺陷，也没有霉菌、污渍或破坏木材的真菌感染。木块表面分别经过 180 目、240目和 320 目砂纸打磨，彻底去除灰尘后放入真空干燥箱中干燥 24h（103℃±2℃）直至质量恒定。

　　春榆 [*Ulmus davidiana* var. *japonica*（Rehdance.）Nakai] 为榆科榆

属，是产于中国大兴安岭的阔叶材，长期以来，一直是中国家具产品中最常见的木材之一。春榆试材的气干密度为 $0.581 \mathrm{g/cm^3}$，试件尺寸为 $50 \mathrm{mm}(L) \times 50 \mathrm{mm}(R) \times 5 \mathrm{mm}(T)$，表面无明显缺陷。

（2）改性合成蜡

① 改性聚乙烯蜡，由第 9 章制备得到。

② 改性聚丙烯蜡，由第 9 章制备得到。

10.1.2　工具

改性合成蜡烫蜡木材所需的工具如表 10-1 所示。

表 10-1　实验使用的仪器与设备

设备名称	型号	生产厂家
电子天平	AX324ZH	上海奥豪斯国际贸易有限公司
恒温加热磁力搅拌器	DF-101	巩义市予华仪器有限责任公司
电动搅拌器	DW-5	上海申胜生物技术有限公司
循环水多用真空泵	SHZ-D(Ⅲ)	巩义市予华仪器有限责任公司
真空干燥箱	DZ-A/BCIV	天津市泰斯特仪器有限公司
电碳弓		郑州市己悦工坊工艺品有限公司
起蜡刀		郑州市己悦工坊工艺品有限公司

10.2　合成蜡烫蜡技艺

10.2.1　烫蜡性能影响因素

（1）烫蜡温度

与天然蜡烫蜡相比，合成蜡和改性合成蜡烫蜡所需的温度较高。烫蜡时需注意烫蜡温度应使蜡熔融，且流动性较好，以使蜡更易附着或进入木材孔隙中。

（2）烫蜡时间

由于合成蜡烫蜡所需的温度高，因此对烫蜡时间的控制也是非常重要的，时间过长不利于烫蜡表面性能的均匀性。

（3）合成蜡极性

木材表面为极性分子，聚乙烯蜡和聚丙烯蜡自身不具有极性，改性后的合成蜡具有一定的极性，在烫蜡过程中在热的作用下极性分子间活性增强，更易发生分子间的反应。

10.2.2　表面打磨过程

未烫蜡木制品首先需进行表面打磨处理，打磨的目的是将试件表面的木刺、木毛等去掉，使表面平整。可采用手工打磨和砂光机打磨，打磨方向为顺木纹方向。打磨之后应采用吹风机和干净的白布将试件表面的木粉清理干净。

10.2.3 烫蜡过程

（1）改性聚乙烯蜡烫蜡过程

采用改性聚乙烯蜡（MPEW）和蜂蜡（BW）制备烫蜡水曲柳，首先在水曲柳表面均匀涂刷加热熔化后的蜡液，涂刷蜡量为 $600g/m^2$。然后，在 140℃、160℃ 和 180℃ 的烫蜡温度下烘烤 20min 考察烫蜡温度对烫蜡水曲柳性能的影响，并在烫蜡温度 180℃ 下分别加热 20min、40min 和 60min 考察烫蜡时间的影响。烫蜡过程中，用棉布反复擦拭木材表面，促使蜡液充分渗入木材孔隙中。最后，用起蜡刀彻底去除木材表面的浮蜡，并用细布揩擦抛光。蜂蜡烫蜡水曲柳简称 W-BW 改性聚乙烯蜡烫蜡水曲柳与对应的烫蜡条件如表 10-2 所示。

表 10-2 烫蜡条件与对应的烫蜡木材简称

烫蜡温度/℃	烫蜡时间/min	改性聚乙烯蜡烫蜡木材简称
140	20	MPEW 140℃/20min
160	20	MPEW 160℃/20min
180	20	MPEW 180℃/20min
180	20	MPEW 180℃/20min
180	40	MPEW 180℃/40min
180	60	MPEW 180℃/60min

（2）改性聚丙烯蜡烫蜡过程

首先为了去除毛刺，在木材表面依次使用 180 目、240 目和 320 目的砂纸顺纹理打磨。然后将蜡熔化，在木材表面涂上蜡，用加热器将试件表面的蜡熔融；蜂蜡烫蜡温度为 100℃，PPW 和 PMAH 烫蜡温度为 180℃。蜡熔融之后使之保持一定的流动性 5～10min。最后用干净的白布匀速擦拭木材表面，使蜡均匀地涂在木材表面，再将样品自然冷却得到 BW、PPW 和 PMAH 烫蜡木材，记作 W-BW、W-PPW 和 W-PMAH。由此类推，改性聚丙烯蜡烫蜡木材分别为 W-PMAH1、W-PMAH2、W-PMAH3 和 WPMAH4。

10.2.4 工艺流程图

合成蜡烫蜡工艺流程如图 10-1 所示。首先未烫蜡木制品进行打磨处理，主要包括粗磨和精磨；然后进行改性合成蜡的制备和复合蜡的制备，根据实际情况选择蜡的类型；之后进行烫蜡处理，包括蜡的熔蜡配蜡、布蜡、烫蜡、起蜡、擦蜡抛光、抖蜡，最后获得合成蜡烫蜡木制品（图 10-1）。

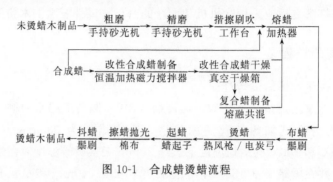

图 10-1　合成蜡烫蜡流程

10.3　改性合成蜡烫蜡木材表面性能优化

10.3.1　优化方法

以不同酸值合成蜡、不同烫蜡温度和不同烫蜡时间为研究变量，对改性合成蜡的烫蜡性能进行比较，采用方差分析方法对烫蜡性能结果进行数据处理，提出优化的改性合成蜡烫蜡木材装饰技术。

10.3.2　改性合成蜡烫蜡木材附着力

（1）试验与测试方法

附着力测试提供了将测试区域的蜡层从木材基体上拉出所需的力。蜡层附着力按照 ASTM D4541 标准的拉开试验进行评估，使用 PosiTest AT-M 数显拉拔式附着力测试仪（狄夫斯高公司，美国）对蜂蜡烫蜡水曲柳以及改性聚乙烯蜡烫蜡水曲柳样品的附着力进行测试。用双组分环氧树脂将直径为 20mm 的锭子粘在样品表面，每个样品粘接 5 个锭子；在（23±2）℃和 60%±5%（相对湿度）的条件下固化 24h 后，用切割刀划切锭子周围，以防止试验区域附近损坏。使用手动装置测量粘接强度，直至锭子从样品中分离出来，记录断裂时的最大拉力（MPa）。

（2）改性聚乙烯蜡烫蜡木材附着力

图 10-2 显示了蜂蜡烫蜡水曲柳和不同烫蜡温度条件下改性聚乙烯蜡烫蜡水曲柳的蜡层附着力。当烫蜡温度在 140℃以上时，改性聚乙烯蜡烫蜡水曲柳的蜡层附着力显著高于蜂蜡烫蜡水曲柳。随着烫蜡温度从 140℃升高到 180℃，改性聚乙烯蜡烫蜡水曲柳的蜡层附着力显著提高，在 180℃时达到最大值。改性聚乙烯蜡烫蜡水曲柳的蜡层附着力较高可能是因为烫蜡处理后，改性聚乙烯

蜡对木材表面孔隙浸润和固化后形成的结合力不仅包括如同蜂蜡和木材之间形成的机械嵌合力，而且由于聚乙烯蜡接枝的 MAH/MMA 共单体含有能与木材活性基团相连接的官能团，可以将改性聚乙烯蜡与木材通过化学键合连接起来，从而形成化学键合力，在机械嵌合力和化学键力的共同作用下其界面黏附性得到了提升。在图 10-2 中可以看到，改性聚乙烯蜡烫蜡水曲柳的蜡层附着力随烫蜡温度的升高而增大。这可能是因为烫蜡过程中，在热动力学驱动力的作用下，极性基团随温度的升高向内迁移速率加快，缩短了改性聚乙烯蜡与木材间的距离，促进了化学反应的形成，从而提高了改性聚乙烯蜡与木材间的结合强度。

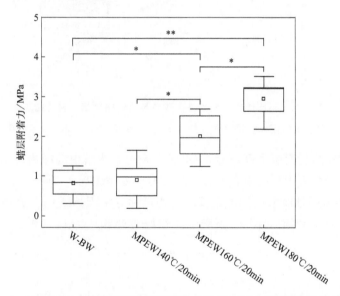

图 10-2　蜂蜡烫蜡木材和不同烫蜡温度条件下改性聚乙烯蜡烫蜡木材的蜡层
附着力（图中仅标注显著性差异，* 表示 $p < 0.05$，** 表示 $p < 0.01$）

图 10-3 中显示蜡层附着力随时间的延长表现出不同的趋势，当烫蜡时间从 20min 增加到 40min 时，蜡层附着力显著增大。但当烫蜡时间延长至 60min 时，蜡层附着力明显下降。随着烫蜡时间的延长，蜡层附着力先增大后降低，这可能是因为部分蜡粒子的重新迁出导致机械互锁力减弱。当烫蜡温度为 180℃、烫蜡时间为 40min 时，改性聚乙烯蜡烫蜡水曲柳的蜡层附着力达到 4.1MPa，相比蜂蜡烫蜡水曲柳提升了近 4 倍。

（3）改性聚丙烯蜡烫蜡木材附着力

根据国家标准 GB/T 4893.4—2013《家具表面漆膜理化性能试验　第 4 部分：附着力交叉切割法》采用划格仪进行测试可知，传统烫蜡方法制备的天然

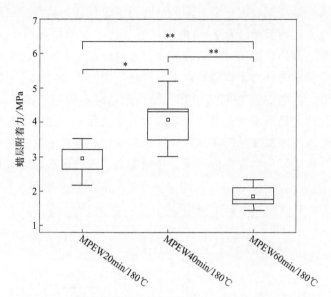

图 10-3 不同烫蜡时间条件下改性聚乙烯蜡烫蜡木材的蜡层

附着力（图中仅标注显著性差异，* 表示 $p < 0.05$，** 表示 $p < 0.01$）

蜡红酸枝烫蜡木材附着力等级为 0～1 级。采用天然蜡中的蜂蜡对榆木木材进行烫蜡，烫蜡榆木木材的附着力为 1 级，附着力等级基本相同。

采用合成蜡对榆木进行烫蜡试验，测试和分析天然蜡和合成蜡烫蜡木材蜡膜的附着力，结果如图 10-4 所示。蜂蜡烫蜡榆木木材（W-BW）的附着

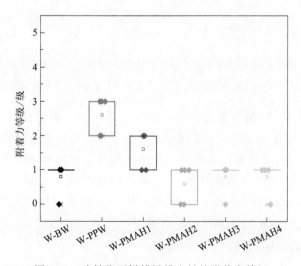

图 10-4 改性聚丙烯蜡烫蜡木材的附着力等级

力为 1 级，聚丙烯蜡烫蜡木材（W-PPW）的附着力为 3 级，明显低于蜂蜡烫蜡木材。为了提高聚丙烯蜡烫蜡木材的附着力，将极性基团接枝到聚丙烯蜡上，得到的马来酸酐接枝聚丙烯蜡烫蜡木材附着力等级比聚丙烯蜡烫蜡木材高。当马来酸酐接枝聚丙烯蜡的酸值为 14mg/g 左右时，马来酸酐接枝聚丙烯蜡烫蜡木材（W-PMAH）的附着力为 1 级，与蜂蜡烫蜡木材相似。这很可能是因为木材纤维素分子中的极性基团和羟基之间的微弱反应产生了的酯键。

10.3.3　改性合成蜡烫蜡木材硬度

根据 GB/T 6739—2006《色漆和清漆 铅笔法测定漆膜硬度》测定烫蜡木材的表面硬度。传统烫蜡木材通常采用天然蜡对珍贵木材和硬木木材进行烫蜡，红酸枝为珍贵木材之一。选取已有的天然蜡烫蜡红酸枝样品和采用传统烫蜡方法制备的烫蜡红酸枝木材作为样品进行表面硬度测试，可知硬度等级为 2B～3B。以榆木为例，采用天然蜡中的蜂蜡对其进行烫蜡，测试可知榆木烫蜡木材的表面硬度为 3B，与天然蜡烫蜡红酸枝木材基本相同。合成蜡烫蜡榆木的表面硬度如图 10-5 所示。与蜂蜡烫蜡榆木相比，聚丙烯蜡烫蜡木材（W-PPW）的表面硬度更高，为 HB，改性合成蜡（W-PMAH）烫蜡木材的硬度比聚丙烯蜡烫蜡木材更高。这可能是由于在烫蜡过程中，改性聚丙烯蜡的支链之间发生了交联反应，导致蜡膜硬度升高。

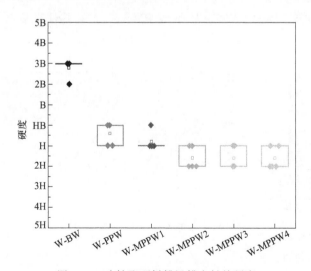

图 10-5　改性聚丙烯蜡烫蜡木材的硬度

10.3.4 改性合成蜡烫蜡木材耐热性

（1）耐干热性

根据标准 GB/T 4893.3—2020《家具表面漆膜理化性能试验 第 3 部分：耐干热测定法》进行测试，测试温度为 55℃、70℃、85℃和 100℃。由表 10-3 可知，聚丙烯蜡和改性聚丙烯蜡烫蜡木材的耐干热等级均为 1 级。

表 10-3 烫蜡木材耐热性等级

测试条件	聚丙烯蜡烫蜡木材		改性聚丙烯蜡烫蜡木材	
	耐干热	耐湿热	耐干热	耐湿热
55℃	1 级	1 级	1 级	1 级
70℃	1 级	1 级	1 级	1 级
85℃	1 级	2 级	1 级	1 级
100℃	1 级	2 级	1 级	1 级

实际使用中烫蜡木材的耐干热性如图 10-6 所示。将装有热水的杯子放在烫蜡木材，热水杯的温度为 85℃，测试时间为 30 分钟。当杯子从试件表面移开后，蜂蜡烫蜡木材（W-BW）表面出现了一个白色的圆环，聚丙烯蜡烫蜡木材（W-PPW）和改性聚丙烯蜡烫蜡木材（W-PMAH2）几乎没有变化。原因可能是蜂蜡分子量更低，更容易进入木材的孔隙结构。由于高温，蜂蜡融化并从木材的孔隙中溢出。随着温度开始下降，蜂蜡慢慢地从液体变成固体，将杯底与试件表面固定在一起。杯子与样品分离后，W-BW 与杯子底部接触的地方有一个损坏的痕迹。因此，W-PPW 和 W-PMAH2 的耐热性高于 W-BW。

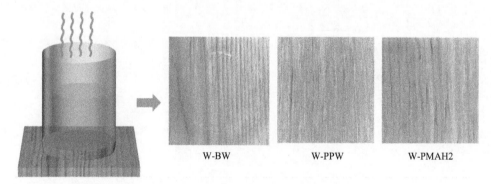

W-BW   W-PPW   W-PMAH2

图 10-6 烫蜡木材耐干热性示意图

（2）耐湿热性

耐湿热测试参考国家标准 GB/T 4893.2—2020《家具表面漆膜理化性能试验 第 2 部分：耐湿热测定法》。烫蜡木材的耐湿热性如表 10-3 所示。当测试温度为 55℃和 75℃时，聚丙烯蜡烫蜡木材的耐湿热性等级为 1 级；当测试温度为 85℃和 100℃时，其耐湿热性等级下降为 2 级，表面发生轻微变化。随着测试温度的升高，改性聚丙烯蜡烫蜡木材的耐湿热性等级均为 1 级，保持不变。改性聚丙烯蜡烫蜡木材的附着力等级高，所以在热和水的双重作用下其蜡膜仍然具有较强的附着力；而聚丙烯蜡烫蜡木材附着力相对较低，所以当测试温度升高时，其部分蜡膜与木材发生脱离，因此耐湿热性等级下降。

10.3.5 改性合成蜡烫蜡木材耐冷液性

在日常生活中最常见的液体为水、酸液和碱液，所以选择这三种液体进行耐冷液性的测试。耐液性测试参考国家标准 GB/T 4893.1—2021《家具表面漆膜理化性能试验 第 1 部分：耐冷液测定法》。

（1）耐水性

聚丙烯蜡和改性聚丙烯蜡烫蜡榆木木材的耐水性如表 10-4 所示。当时间为 10s～1h 时，聚丙烯蜡烫蜡木材的耐水性为 1 级，无可视变化；随着时间延长，当测试时间为 6h 时，光线照射到试件表面或接近印痕处，反射到观察者眼里有轻微可视的变色、变泽和不连续印痕，此时耐水性等级下降，为 2 级；当时间延长到 24h 时，其耐水性等级仍保持不变。与聚丙烯蜡烫蜡木材相比，改性聚丙烯蜡烫蜡木材的耐水性较好。当测试时间从 10s 延长至 24h 时，其耐水性等级均为 1 级，表面无可视变化。

（2）耐酸液性

聚丙烯蜡和改性聚丙烯蜡烫蜡榆木木材的耐酸液性如表 10-4 所示。当测试时间为 10s～1h 时，聚丙烯蜡烫蜡木材的耐酸液性等级一直保持在 1 级，其表面无可视变化；随着时间延长，当测试时间为 6h 时，光线照射到试件表面或接近印痕处，反射到观察者眼里有轻微可视的变色、变泽和不连续印痕，此时耐酸液性等级下降，为 2 级；当时间延长到 24h 时，其耐酸液等级仍保持不变。与聚丙烯蜡烫蜡木材相比，改性聚丙烯蜡烫蜡木材的耐酸液性较好。当测试时间从 10s 延长至 24h 时，其耐酸液性等级均为 1 级，表面无可视变化。由上述可知，聚丙烯蜡与改性聚丙烯蜡烫蜡木材的耐酸液性和耐水性等级一致。

表 10-4 烫蜡木材耐冷液性

测试条件	聚丙烯蜡烫蜡木材			改性聚丙烯蜡烫蜡木材		
	耐水	耐酸液	耐碱液	耐水	耐酸液	耐碱液
10s	1	1	1	1	1	1
2min	1	1	1	1	1	1
10min	1	1	2	1	1	1

续表

测试条件	聚丙烯蜡烫蜡木材			改性聚丙烯蜡烫蜡木材		
	耐水	耐酸液	耐碱液	耐水	耐酸液	耐碱液
1h	1	1	4	1	1	1
6h	2	2	—	1	1	1
10h	2	2	—	1	1	2
16h	2	2	—	1	1	2
24h	2	2	—	1	1	3

（3）耐碱液性

聚丙烯蜡和改性聚丙烯蜡烫蜡榆木木材的耐碱液性如表 10-4 所示。当测试时间为 10s～2min 时，聚丙烯蜡烫蜡木材的耐碱液性等级一直保持在 1 级，其表面无可视变化；随着时间延长，当测试时间为 10min 时，试件表面有轻微可视的变色和不连续印痕，此时耐碱液性等级下降，为 2 级；当测试时间为 1h 时，其耐碱液性等级下降为 4 级。与聚丙烯蜡烫蜡木材相比，改性聚丙烯蜡烫蜡木材的耐碱液性等级较好。当测试时间从 10s 延长至 6h 时，其耐碱液性等级均为 1 级，表面无可视变化；当测试时间延长至 24h 时，其试件表面出现轻微印痕，印痕完整，耐碱液性等级降低为 3 级。

综上可知，改性聚丙烯蜡烫蜡木材的耐水性、耐酸液性和耐碱液性等级都高于聚丙烯蜡烫蜡木材，且改性聚丙烯蜡烫蜡木材的耐水性和耐酸液性较强，等级一致，耐碱液性最弱。

10.3.6 改性合成蜡烫蜡木材表面耐水性

（1）试验与测试方法

按照国家标准 GB/T 1927.7—2021 测试未处理木材、蜂蜡烫蜡水曲柳以及改性聚乙烯蜡烫蜡水曲柳样品的吸水率，样品尺寸为 20mm×20mm×20mm。水曲柳未烫蜡面用环氧树脂进行封端，未处理木材依照烫蜡木材处理以做比较。样品进行称重后浸泡在（20±2）℃的蒸馏水中，距水面至少 50mm；经 6h、24h、48h、96h 和 192h 浸泡后取出样品，去除表面多余的水分并称重。样品的吸水率（%）表示为吸收的水重除以样品的初始质量（初始质量是样品浸泡在水中之前的干质量），结果以 MC 表示，按公式（10-1）进行计算。

$$MC=[(M-M_0)/M_0]\times100 \quad (10-1)$$

式中，MC 是样品的吸水率；M 是样品浸水一定时间后的质量；M_0 是样品的初始质量。

为进一步研究烫蜡木材的耐水性，采用对烫蜡木材在水中浸泡的方法进行测试观察，比较浸水前后烫蜡木材的附着力变化。附着力测试参考标准 GB/T 4893.4—2013《家具表面漆膜理化性能试验 第 4 部分：附着力交叉切割测定法》，测试用试件为蜂蜡烫蜡榆木和改性聚丙烯蜡烫蜡榆木，尺寸为 50mm（长）×50mm（宽）×5mm（高）。

（2）改性聚乙烯蜡烫蜡木材

未处理木材和烫蜡水曲柳的吸水曲线如图 10-7 所示。烫蜡水曲柳的吸水曲线与未处理木材相似，呈明显的对数曲线，在初期吸水较快（0～6h），随后吸水速率下降。但烫蜡水曲柳的吸水速率较低。烫蜡处理主要反映在浸水6h 后的含水率（MC）相差上，蜂蜡烫蜡水曲柳和改性聚乙烯蜡烫蜡水曲柳在浸水 6h 后的含水率分别为 39.9% 和 41.9%，分别比未处理木材（50.3%）低10.4% 和 8.4%。经过 192h 浸水后，蜂蜡烫蜡水曲柳和改性聚乙烯蜡烫蜡水曲柳的含水率几乎相同，与未处理木材的含水率（87.7%）相差约为 22.4%，差异具有统计学意义（$p < 0.05$）。

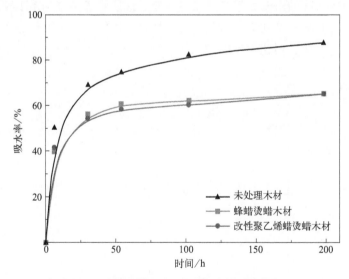

图 10-7　未处理木材、蜂蜡烫蜡木材和改性聚乙烯蜡烫蜡木材的吸水曲线

这些结果表明了所用蜂蜡和改性聚乙烯蜡的防水效果。这些 MC 值要高于文献数据，但吸水曲线的整体趋势是一致的。这并不令人惊讶，受树种、蜡的类型和蜡处理木材方法等因素的影响，含水率有所差异。烫蜡水曲柳样品的含水率较低可以归纳为两个主要原因：首先，细胞腔中至少有一部分充满了蜡，这在物理上阻止了水分的吸收。其次，经烫蜡处理后，木材表面形成的蜡

膜减缓了木材的吸水速率。用热熔蜡浸渍木材也观察到了类似的结果。

在浸水 24h 后的试验周期内，蜂蜡烫蜡水曲柳的含水率略高于改性聚乙烯蜡烫蜡水曲柳，但是两者在 192h 的含水率几乎相同。这可能和聚乙烯蜡接枝的 MAH/MMA 共单体与木材活性基团之间的相互作用有关，MAH/MMA 共单体中的 MAH 可以与木材细胞壁上的羟基发生酯化反应，从而与木材纤维连接，导致木材亲水基团大量减少，限制水对木材细胞壁的渗透。但是由于受到酯化程度的影响，酸酐可能水解产生具有吸湿性的羧基（—COOH），导致含水率上升。上述结果表明，水曲柳经蜂蜡和改性聚乙烯蜡烫蜡处理后可以明显提升其耐水性。

（3）改性聚丙烯蜡烫蜡木材

为了进一步研究烫蜡木材的耐水性，将烫蜡木材在水中浸泡 24h，比较了烫蜡木材在浸水前后附着力的变化。附着力变化越小，说明耐水性越好。浸水后烫蜡木材的附着力情况如图 10-8 所示。浸泡前样品的状态与图 10-4 一致。与图 10-4 相比，在水中浸泡后 W-BW 和 W-PPW 的附着力等级发生了明显下降，而 W-PMAH 的附着力等级则保持不变。这证明了 W-PMAH 浸水后的附着力强于 W-PPW 和 W-BW。这是因为改性聚丙烯蜡引入了极性分子，在烫蜡过程中与木材发生了弱化学反应。

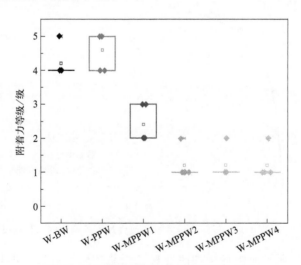

图 10-8　水浸泡后烫蜡木材的附着力等级

综上所述，改性合成蜡烫蜡木材在表面附着力、硬度、耐热性、耐冷液性和耐水性方面均达到或优于蜂蜡烫蜡木材的性能指标。

11

改性合成蜡烫蜡木材
表面装饰性能

木材作为室内环境的材料，与人们的生活紧密相连。改性合成蜡烫蜡处理对木材表面进行了防护，同时烫蜡木材的材色、光泽、粗糙度和纹理相应地发生改变，对木材也起到了装饰作用。

11.1　烫蜡木材颜色

11.1.1　试验方法

使用 CM-2300d 型分光光度计（柯尼卡美能达，日本）对紫外老化前后未处理木材、蜂蜡烫蜡水曲柳和改性聚乙烯蜡烫蜡水曲柳样品进行颜色测试。颜色变化以 CIE 1976$L^*a^*b^*$ 测色系统为基础，在最初和不同老化时间测得明度指数 L^*（从黑色的 0 至白色的 100）、红绿轴色品指数 a^*（从绿色的负值至红色的正值）和黄蓝轴色品指数 b^*（从蓝色的负值至黄色的正值）。每个测试样本进行 5 次颜色测试，并计算平均值。

11.1.2　改性聚乙烯蜡烫蜡木材颜色分析

图 11-1 显示了不同类型蜡烫蜡处理对水曲柳表面颜色的影响。对照未处理木材的色品指数值（L^* 为 68.9、a^* 为 7.2、b^* 为 21.6），各组烫蜡样品的明度指数有所下降，红绿轴和黄蓝轴色品指数有明显的提升，烫蜡处理使水曲柳表面的颜色加深并且有向红色和黄色转变的趋势。

烫蜡处理强化了木材的自然色彩，更突出了木材表面的结构特征美感。其

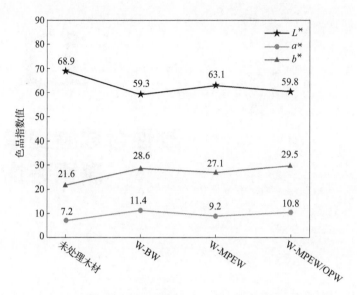

图 11-1 烫蜡处理对木材表面颜色的影响

中蜂蜡烫蜡水曲柳和复合蜡烫蜡水曲柳表面的颜色参数变化较为接近，均高于改性聚乙烯蜡烫蜡水曲柳，与未处理木材相比，明度值降低了 9～10 个单位，红度值增大了 3～4 个单位，黄度值增大了 7～8 个单位。结果表明，氧化石蜡的添加增强了改性聚乙烯蜡烫蜡的颜色变化，使其和蜂蜡烫蜡的表面颜色更为相似。

11.1.3 改性聚丙烯蜡烫蜡木材颜色分析

$L^*a^*b^*$ 颜色空间中的 L^* 分量用于表示像素的亮度，取值范围是 [0，100]，表示从纯黑到纯白；a^* 表示从红色到绿色的范围，取值范围是 [127，−128]，a^* 值越大越偏向于红色；b^* 表示从黄色到蓝色的范围，取值范围是 (127，−128)，b^* 值越大越偏向于黄色。

图 11-2 为木材烫蜡前后表面的颜色变化差值图。由图 9-7 已知聚丙烯蜡的酸值为 0，改性聚丙烯蜡（PMAH）从 PMAH1 到 PMAH4，酸值逐渐增大。因此由图 11-2 可知，改性聚丙烯蜡的酸值对烫蜡木材的颜色有一定的影响，酸值越大，烫蜡前后试材的颜色变化差值越大，整体趋势为 L^* 值下降，a^* 和 b^* 值上升，且 b^* 值的上升趋势大于 a^* 值。与未经处理的木材相比，烫蜡木材表面的颜色发生了明显变化，L^* 值降低，a^* 和 b^* 值增加。从 W-PPW 到 W-PMAH4，Δa^* 值和 Δb^* 值增加，ΔL^* 值降低。W-PPW 的

ΔE^* 值较低，说明其表面的颜色变化很小，接近于未处理木材的原色。W-PMAH2 和 W-PMAH3 试材的颜色差值与 W-BW 相似，明度倾向于低亮度，红绿轴色品指数更倾向于红色，黄蓝轴色品指数更倾向于黄色，试材颜色更加深沉。

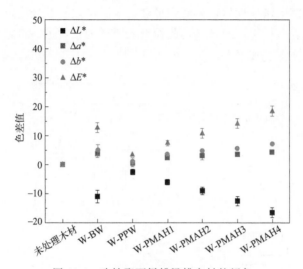

图 11-2   改性聚丙烯蜡烫蜡木材的颜色

11.2   烫蜡木材光泽

11.2.1   试验方法

按照国家标准 GB/T 4893.6—2013 使用 WCG-60 型光泽计（普申化工机械有限公司，中国上海）测定未处理木材、蜂蜡烫蜡水曲柳和改性聚乙烯蜡烫蜡水曲柳样品的表面光泽度。对每个样品表面的五个不同位置进行了测量，并计算了它们的算术平均值。测量选择 60°入射角，每测定 5 个数据就用较高光泽的工作参照标准板进行校准，结果基于镜面光泽值 100。

11.2.2   改性聚乙烯蜡烫蜡木材光泽分析

图 11-3 显示了未处理木材、蜂蜡烫蜡水曲柳和不同烫蜡温度条件下改性聚乙烯蜡烫蜡水曲柳样品的表面光泽度。蜂蜡烫蜡水曲柳与未处理木材相比，表面光泽度没有显著差异。先前的研究表明，表面粗糙度和光泽度是相关的。蜂蜡在水曲柳表面形成了相对粗糙的涂层，使入射光在蜂蜡颗粒间形成漫反射，这与木材表面的光反射特性类似，因此蜂蜡烫蜡水曲柳的表面光泽度没有

发生显著的变化。

当烫蜡温度在140℃以上时，改性聚乙烯蜡烫蜡水曲柳的表面光泽度显著高于未处理木材。随着烫蜡温度从140℃增加到180℃，表面光泽度逐渐升高，表明表面光泽度与烫蜡温度呈正相关。这与表面粗糙度测试结果一致。水曲柳经改性聚乙烯蜡烫蜡处理后，表面粗糙度显著降低，导致光反射增强，表明光泽度提高。随着烫蜡温度的升高，改性聚乙烯蜡的颗粒进一步融合，涂层连续性变好，表面变得更加平滑。

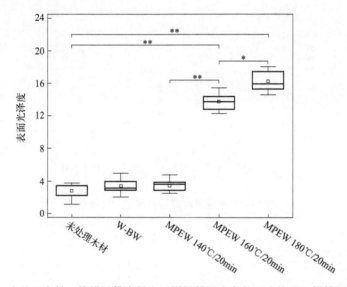

图 11-3　未处理木材、蜂蜡烫蜡木材和不同烫蜡温度条件下改性聚乙烯蜡烫蜡木材的表面光泽度（图中仅标注显著性差异，* 表示 $p<0.05$，** 表示 $p<0.01$)

由图 11-4 可知，当烫蜡时间从 20min 延长到 40min 时，表面光泽度显著提高。但当烫蜡时间增加到 60min 时，表面光泽度显著降低。这一现象与改变上述烫蜡时间所观察到的表面粗糙度变化趋势相反。结果表明，表面粗糙度越小，表面光泽度越高，当蜡膜表面渗出的固体蜡粒使入射光产生漫反射时，则表面光泽度降低。当烫蜡温度为 180℃、烫蜡时间为 40min 时，改性聚乙烯蜡烫蜡水曲柳的表面光泽度为 18.6，相比蜂蜡烫蜡水曲柳提升了近 5 倍。

11.2.3 改性聚丙烯蜡烫蜡木材光泽分析

图 11-5 显示了未经处理木材和烫蜡木材的表面光泽度，包括顺纹光泽（GZT）和横纹光泽（GZL）。与 W-BW 相比，W-PPW 和 W-PMAH 具有更高的光泽度。光泽度按大小顺序依次为 W-PMAH＞W-PPW＞W-BW。对于

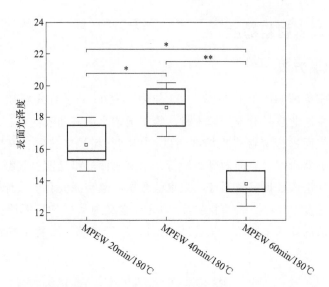

图 11-4 不同烫蜡时间条件下改性聚乙烯蜡烫蜡木材的表面光泽度（图中仅标注显著性差异，* 表示 $p < 0.05$，** 表示 $p < 0.01$）

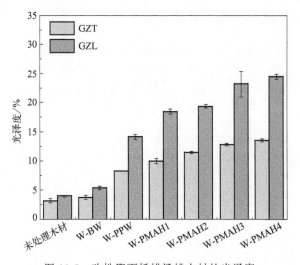

图 11-5 改性聚丙烯蜡烫蜡木材的光泽度

W-BW，基材的粗糙度可能是光泽度的关键因素，导致烫蜡木材的光泽度较差。此外，这种现象可能与 PPW 和 PMAH 的典型结晶结构有关。枝链接枝 MAH 基团的存在破坏了 PPW 晶体结构，导致晶粒尺寸减小。然而，随着 PMAH 酸值的继续增大，光泽度没有明显的改善。

11.3　烫蜡木材粗糙度

11.3.1　试验方法

按照国家标准 GB/T 12472—2003 使用 TR200 型手持式粗糙度仪（时代集团公司，中国北京）对未处理木材、蜂蜡烫蜡水曲柳和改性聚乙烯蜡烫蜡水曲柳样品的表面进行接触式粗糙度测试。TR200 粗糙度仪配备有内置触针的传感器，传感器沿木材表面做等速滑行，木材表面的粗糙度引起触针位移，从而产生电信号进入数据采集系统，采集的数据经数字滤波和参数计算之后得到木材表面粗糙度（Ra）。表面粗糙度（Ra）定义为从平均平面测量的表面高度偏差绝对值的算术平均值，按公式(11-1)进行计算。取每个样品表面的五个不同位置进行测试。

$$Ra = \frac{1}{N} \sum_{j=1}^{N} |Z_j| \tag{11-1}$$

式中，N 是点数；Z_j 是第 j 个点相对于平均平面的高度。

11.3.2　改性合成蜡烫蜡木材粗糙度分析

图 11-6 显示了未处理木材、蜂蜡烫蜡水曲柳和不同烫蜡温度条件下改性聚乙

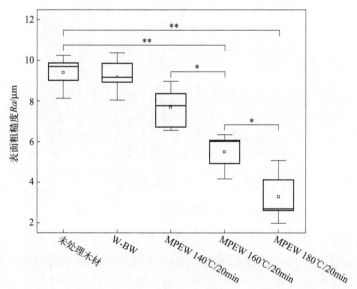

图 11-6　未处理木材、蜂蜡烫蜡木材和不同烫蜡温度条件下改性聚乙烯蜡烫蜡木材的表面粗糙度（图中仅标注显著性差异，* 表示 $p<0.05$，** 表示 $p<0.01$)

烯蜡烫蜡水曲柳样品的表面粗糙度（Ra）。蜂蜡烫蜡水曲柳和140℃烫蜡温度条件下制备的改性聚乙烯蜡烫蜡水曲柳的表面粗糙度（Ra）与未处理木材相比没有显著差异，而160℃和180℃下改性聚乙烯蜡烫蜡水曲柳表面的 Ra 水平显著低于未处理木材（$p < 0.01$）。140～180℃各组间的 Ra 值均表现出显著的差异（$p < 0.05$）。

烫蜡过程中，在高于蜂蜡熔点的温度下，木材表面不平整的微小孔隙被熔化的蜡液填充，冷却后在其表面形成蜡膜。由于蜂蜡颗粒间仅存在分子间作用力，因此颗粒间结合强度较低，蜂蜡的成膜并不连续和完整。所以，蜂蜡烫蜡水曲柳的表面粗糙度（Ra）没有表现出显著的变化。随着烫蜡温度从140℃升高到180℃，改性聚乙烯蜡烫蜡水曲柳的表面粗糙度（Ra）显著降低，最显著的变化发生在180℃。对于通过改性聚乙烯蜡产生的低粗糙度表面，烫蜡温度需高于蜡熔点。Lozhechnikova 等在将巴西棕榈蜡应用于木材表面涂层的研究中也有类似的发现。在140℃以上粗糙度（Ra）显著降低，这可能是因为蜡粒的熔化和表面蜡膜的形成。改性聚乙烯蜡由于引入了极性单体 MAH/MMA，它们的反应性端基可以相互连接，因此其颗粒间结合强度高于蜂蜡，成膜完整性，蜡膜致密性较优。所以，改性聚乙烯蜡烫蜡水曲柳的表面粗糙度（Ra）显著低于蜂蜡烫蜡水曲柳。由于改性聚乙烯蜡烫蜡水曲柳在180℃烫蜡温度下得到最低的表面粗糙度（Ra），因此选择180℃作为最佳烫蜡温度。

图 11-7 显示了不同烫蜡时间条件下改性聚乙烯蜡烫蜡水曲柳的表面粗糙

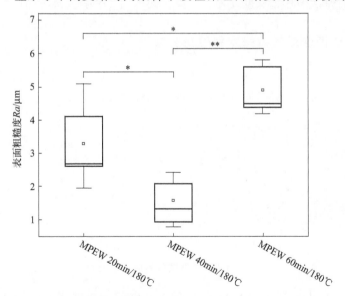

图 11-7　不同烫蜡时间条件下改性聚乙烯蜡烫蜡木材的表面粗糙度

（图中仅标注显著性差异，* 表示 $p < 0.05$，** 表示 $p < 0.01$）

度（Ra）。随着烫蜡时间从 20min 延长到 40min，改性聚乙烯蜡烫蜡水曲柳的表面粗糙度（Ra）显著降低。较低的粗糙度可能是因为较长的烫蜡时间使改性聚乙烯蜡更加充分地填充到了木材的表面孔隙中。当烫蜡时间增加到 60min 时，改性聚乙烯蜡烫蜡水曲柳的表面粗糙度（Ra）显著升高。这可能是因为过长的烫蜡时间使部分蜡粒子从表面渗出并在表面形成了突起。因此，确定最佳的烫蜡时间为 40min。当烫蜡温度为 180℃、烫蜡时间为 40min 时，改性聚乙烯蜡烫蜡水曲柳的表面粗糙度（Ra）为 1.51μm，相比蜂蜡烫蜡水曲柳降低了 84%。

11.4 烫蜡木材纹理

11.4.1 试验方法

将烫蜡前后木材的纹理图像进行数字化处理，并分析纹理凸显性。以榆木烫蜡木材为例，首先采用 Python 编程软件将图像转变成灰度图像，方便对图片进行进一步的分析；然后对图片进行二值化处理得到二值化图片，即黑白图片，获得相关纹理信息；最后对灰度值图片进行灰度统计分析，得到灰度直方图。如图 11-8～图 11-10 所示，分别为未处理试件、天然蜡烫蜡木材和合成蜡烫蜡木材的原始图片、灰度图片、二值化处理图片和灰度直方图。

11.4.2 改性合成蜡烫蜡木材纹理分析

由图 11-8(c)～图 11-10(c) 可知，与未处理木材相比，烫蜡处理后的木材曲线纹理更加明显，更有连续性，纹理对比性更强。

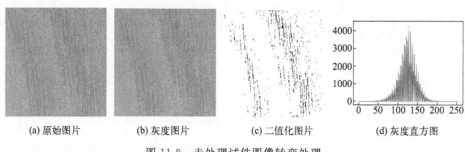

(a) 原始图片　　　(b) 灰度图片　　　(c) 二值化图片　　　(d) 灰度直方图

图 11-8　未处理试件图像转变处理

从图 11-8(d)～图 11-10(d) 可以得知，它们的灰度直方图均呈现出单峰形态，灰度左右分布较为均衡，说明烫蜡前后木材表面整体具有一致性；未处理木材的灰度更加集中，说明对比性较弱；烫蜡后木材的灰度明显分布范围更

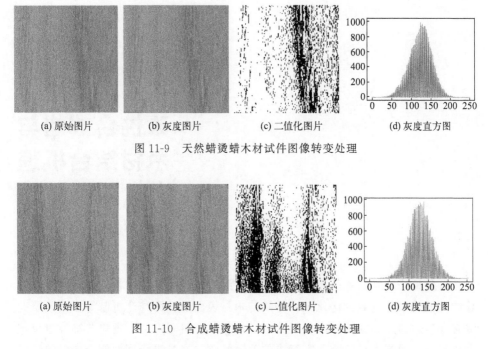

(a) 原始图片　　　　(b) 灰度图片　　　　(c) 二值化图片　　　　(d) 灰度直方图

图 11-9　天然蜡烫蜡木材试件图像转变处理

(a) 原始图片　　　　(b) 灰度图片　　　　(c) 二值化图片　　　　(d) 灰度直方图

图 11-10　合成蜡烫蜡木材试件图像转变处理

大，说明烫蜡后木材对比明显。从灰度直方图的频率来看，未处理木材的灰度最大频率集中在 4000 附近，烫蜡后木材的灰度最大频率集中在 1000 附近，明显低于未处理木材，且合成蜡烫蜡木材的灰度最大频率与天然蜡烫蜡木材接近。

对纹理图像的灰度差分统计参数，包括均值、方差、偏态和峰度进行比较可知，烫蜡后木材的参数均明显小于未处理木材，且合成蜡烫蜡木材基本达到了天然蜡烫蜡木材的水平。

综上所述，烫蜡后木材纹理凸显性更强，且合成蜡烫蜡木材的纹理凸显性可以达到天然蜡烫蜡木材的水平。

12

改性合成蜡与
木材结合机理

目前烫蜡木材技术的相关研究尚处初级阶段，主要集中在烫蜡技法的经验总结和烫蜡工艺参数的优化上，对蜡与木材表面及界面结合机制等方面的研究鲜有报道。因此研究蜡与木材组分和结构的结合机制，提出烫蜡装饰质量评定方法不仅是烫蜡木材工艺急需解决的关键问题，也是进行高性能合成蜡研发以及烫蜡工艺标准化和定量化的关键。为确定改性合成蜡与木材界面结合机制，采用 FTIR、SEM 和 XRD 等手段对表面及界面活性官能团、微观解剖特征以及晶型结构进行了表征。

12.1 改性合成蜡烫蜡木材表面疏水性

12.1.1 试验方法

使用接触角测定仪（CA-100B，盈诺精密仪器有限公司，中国上海）测定了蒸馏水和二碘甲烷两种探针液体在未处理木材、蜂蜡烫蜡水曲柳以及改性聚乙烯蜡烫蜡水曲柳样品表面的接触角及其随时间的变化。接触角测量采用座滴法，水滴体积为 $4\mu L$，二碘甲烷体积为 $1.5\mu L$；在液滴接触样品表面 40ms 后开始测量，测量的时间间隔为 1s，持续 5s。每个样品表面在不同区域上进行五次平行测量，取其平均值作为最终结果。采用 Owens 和 Wendt 的方法由两种不同探针液测定的样品表面接触角计算得到样品表面自由能及其极性、非极性分量。Owens 和 Wendt 的方法基于以下公式：

$$\gamma_L(1+\cos\theta)=2\sqrt{\gamma_S^d\gamma_L^d}+2\sqrt{\gamma_S^p\gamma_L^p} \tag{12-1}$$

$$\gamma = \gamma_S^p + \gamma_S^d \qquad (12\text{-}2)$$

式中，γ_L 是液体的表面张力，mJ/m^2；θ 是液体在固体表面的接触角，(°)；γ_L^p 和 γ_L^d 是液体的极性与非极性分量；γ 是样品的表面自由能；γ_S^p 和 γ_S^d 分别是样品的极性与非极性分量。

12.1.2　改性合成蜡烫蜡木材表面疏水性分析

（1）改性聚乙烯蜡烫蜡木材

水曲柳经蜂蜡和改性聚乙烯蜡烫蜡后其表面疏水性的改变如图 12-1 所示。未处理木材的初始水接触角为 40°，5s 后降低至 22°。而改性聚乙烯蜡烫蜡水曲柳的初始水接触角为 109°，5s 后保持在 106°；蜂蜡烫蜡水曲柳的初始水接触角为 111°，5s 后基本保持稳定。

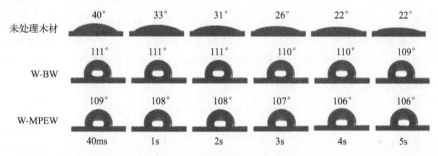

图 12-1　未处理木材、蜂蜡烫蜡木材和改性聚乙烯蜡烫蜡木材在 5s 内的水接触角

烫蜡处理后水曲柳表面水接触角的增大表明水曲柳表面由亲水变为疏水。这可能是由于木材表面的凹槽被蜡层覆盖，使自身的多孔隙可渗透结构发生转变。同时木材表面大量的亲水性官能团也被覆盖。此外烫在表面的蜂蜡和改性聚乙烯蜡的蜡层均降低了木材的表面自由能（表 12-1），致使水曲柳表面水接触角增大，并随时间增加保持稳定。

表 12-1　未处理木材和烫蜡木材的初始水接触角

样品	烫蜡温度/℃	烫蜡时间/min	水接触角/(°)
未处理木材	—	—	40
蜂蜡烫蜡木材	—	—	111
改性聚乙烯蜡烫蜡木材	140	20	102
	160		108
	180		103
	180	20	103
		40	107
		60	109

随着烫蜡温度的升高，改性聚乙烯蜡烫蜡水曲柳的表面水接触角总体变化趋势并不显著（表 12-1）。造成这一现象的原因可以从以下几个方面来解释：依据最低能量原理，疏水部分（聚乙烯蜡）倾向于分布在表面，而极性基团倾向于向内迁移。在烫蜡过程中，聚乙烯蜡经接枝 MAH/MMA 共单体引入的极性基团向内迁移，并随温度升高导致的分子迁移率加剧而加快，这增大了与木材表面羟基（—OH）等活性官能团形成化学键合的可能性，这一点可以从表面能的极性分量随温度的升高而降低得到验证（表 12-2）。此外，高温还可能会导致木材亲水性半纤维素的降解，进而能够降低表面能，增大水接触角。然而水接触角的变化并未像预想的那样呈现，甚至在高温下略有下降，平均水接触角从 160℃下的 108°降低至 180℃下的 103°。这是由于接触角除了受表面自由能的影响外，还与表面粗糙度有关。粗糙度随温度的升高而减小致使水接触角逐渐降低。同样，水接触角随时间延长的变化也支持这一推断。当烫蜡时间延长至 60min 时，在部分蜡粒子向表面迁移所导致的表面粗糙度增大和表面极性基团增多的相互作用下，水接触角仅有轻微的上升。上述结果表明，烫蜡条件的改变可对改性聚乙烯蜡烫蜡水曲柳的疏水性能产生影响。当然，相对于水曲柳烫蜡前后疏水性能的巨大转变，接触角的这些变化很小。

表 12-2　表面自由能、极性分量和非极性分量

样品	烫蜡温度/℃	烫蜡时间/min	表面自由能/(mJ/m²)	极性分量/(mJ/m²)	非极性分量/(mJ/m²)
未处理木材	—	—	59.96	29.14	30.82
蜂蜡烫蜡木材	—	—	33.02	0.19	32.83
改性聚乙烯蜡烫蜡木材	140	20	41.93	0.41	41.52
	160		36.48	0.24	36.24
	180		31.81	0.08	31.73
	180	20	31.81	0.08	31.73
		40	30.69	0.04	30.65
		60	35.63	0.2	35.43

（2）改性聚丙烯蜡烫蜡木材

图 12-2 显示了未处理木材和烫蜡木材的水接触角。由图可知，未处理木材的平均水接触角为 59°，表面显示出明显的亲水特性，烫蜡木材的水接触角高于未处理木材，可见经烫蜡后木材表面由亲水性转变为疏水性。W-BW 的平均水接触角为 122°，为最大值；W-PPW 的平均水接触角次之，为 119°；随着酸值增大，W-PMAH 的平均水接触角从 116°降低到了 105°，均低于 W-PPW。表面水接触角值一方面和表面粗糙度有关，另一方面与表面自由能有关。由于蜂蜡硬度低、韧性高，因此蜂蜡烫蜡木材的表面粗糙度与烫蜡前木材

的表面粗糙度接近；而聚丙烯蜡和改性聚丙烯蜡硬度大，烫蜡后木材表面的凹凸细胞结构更容易被填充，粗糙度下降。所以蜂蜡烫蜡木材疏水性高。聚丙烯蜡无极性，所以聚丙烯蜡烫蜡木材的表面水接触角略低于蜂蜡烫蜡木材，疏水性两者接近。与聚丙烯蜡相比，改性聚丙烯蜡在聚丙烯蜡大分子中引入了大量的 MAH 基团，极性增强，所以 W-PMAH 中表面自由能稳步增加。因此，W-PMAH 的水接触角呈减小趋势。

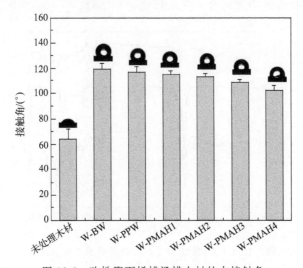

图 12-2　改性聚丙烯蜡烫蜡木材的水接触角

12.2　改性合成蜡烫蜡木材特征官能团

12.2.1　试验方法

衰减全反射傅里叶变换红外光谱（ATR-FTIR）在 Nicolet is50 型 FTIR 光谱仪（赛默飞世尔科技有限公司，美国）上进行，采用傅里叶变换红外光谱分析蜂蜡和改性聚乙烯蜡烫蜡前后的特征官能团变化，光谱扫描范围为 $400\sim4000\mathrm{cm}^{-1}$，扫描速率为 32 次/min。

12.2.2　改性合成蜡烫蜡木材官能团分析

（1）改性聚乙烯蜡烫蜡木材

未处理木材、蜂蜡和蜂蜡烫蜡水曲柳样品的 FTIR 光谱如图 12-3 所示。未处理木材的 FTIR 光谱（图 12-3 中光谱 I）显示在 $3335\mathrm{cm}^{-1}$ 处的宽带归属于木材羟基（—OH）的伸缩振动，该谱带强度在蜂蜡烫蜡水曲柳的 FTIR 光谱（图 12-3 中光谱Ⅲ）中并未发现明显变化。从蜂蜡的 FTIR 光谱（图 12-3 中光谱Ⅱ）得知，在 1732cm^{-1} 处的峰归属于酯中非共轭羰基的伸缩振动，这种吸收归因于蜂蜡中存在的单酯。蜂蜡烫蜡水曲柳的 FTIR 光谱在 1732cm^{-1} 处的羰基吸收没有发生变化，未处理木材代表酯的吸收峰已合并在蜂蜡烫蜡水曲柳的峰中。在蜂蜡烫蜡水曲柳的 FTIR 光谱中没有出现新的峰，并且蜂蜡和木材可能发生反应的官能团的吸收峰强度也没有变化。以上结果表明，蜂蜡和木材只是两种材料的物理结合，并未形成化学结合。

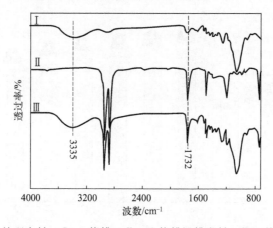

图 12-3　未处理木材（Ⅰ）、蜂蜡（Ⅱ）和蜂蜡烫蜡木材（Ⅲ）的 FTIR 光谱

相比于蜂蜡烫蜡水曲柳，改性聚乙烯蜡烫蜡水曲柳的 FTIR 光谱（图 12-4 中光谱Ⅲ）显示在 3335cm^{-1} 处的谱带强度要弱于未处理木材（图 12-4 中光谱Ⅰ），表明木材中羟基的相对数量减少。这里我们可以合理地推断木材细胞壁上的羟基与 MAH 发生了亲核取代反应，致使羟基数量减少。图 12-4 中光谱Ⅱ为改性聚乙烯蜡的 FTIR 光谱，可以观察到在 1781cm^{-1} 和 1849cm^{-1} 处的峰归属于五元酸酐环中羰基（C═O）的对称和不对称伸缩振动吸收峰，1731cm^{-1} 处的峰归因于 MMA 上羰基（C═O）的伸缩振动，而碳碳双键（C═C）在 1637cm^{-1} 处的峰并未在光谱中观察到，表明 MAH 和 MMA 发生了共聚并接枝到聚乙烯蜡的主链上。与改性聚乙烯蜡的 FTIR 光谱相比，改性聚乙烯蜡烫蜡水曲柳的 FTIR 光谱中 1781cm^{-1} 和 1849cm^{-1} 处的酸酐特征峰明显减弱，1731cm^{-1} 处的羰基伸缩振动谱带略向低波数位移至 1720cm^{-1}，并且谱带强度显著升高，表明改性聚乙烯蜡烫蜡水曲柳中的羰基数量增多。羰基的增多应归因于 MAH 与木材细胞壁上羟基的酯化反应，从而使酯基团取代了羟基；而谱带的移位可能是由于酸酐与木材羟基反应过程中产生了一定数量的羧基，酸性羰基和酯羰基在 1720cm^{-1} 处形成了重叠谱带。

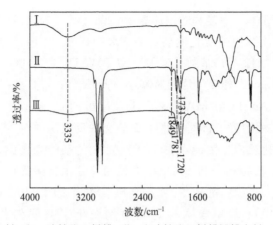

图 12-4　未处理木材（Ⅰ）、改性聚乙烯蜡（Ⅱ）和改性聚乙烯蜡烫蜡木材（Ⅲ）的 FTIR 光谱

　　基于以上分析，可以得到以下结论：在接枝反应过程中，MAH 和 MMA 之间发生了单体共聚并进一步接枝到聚乙烯蜡的主链上。在烫蜡过程中，改性聚乙烯蜡通过接枝的酸酐基团与木材细胞壁上羟基的酯化反应使其与木材基体之间产生了交联复合。改性聚乙烯蜡与木材界面间产生的酯化反应如图 12-5 所示。蜂蜡与木材的界面结合主要是物理作用，致使它与木材间的结合强度较弱。相反，改性聚乙烯蜡通过与木材界面间的化学反应产生更强的化学键合力，使木材亲水基团的数量减少并形成更多的热稳定组分，增强了改性聚乙烯蜡与木材间的界面结合强度，改善了木材的疏水性及热稳定性。这也是改性聚乙烯蜡烫蜡水曲柳在蜡层附着力和热稳定性等方面优于蜂蜡烫蜡水曲柳的原因。

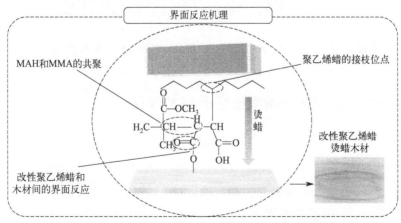

图 12-5　改性聚乙烯蜡与木材界面间发生的反应机理

（2）改性聚丙烯蜡烫蜡木材

由图 12-6 可知未处理木材和烫蜡榆木木材的 FTIR 光谱。3330cm^{-1} 处的

峰值反映了未处理木材中羟基的拉伸振动，W-BW 与未处理木材的峰值接近，而 W-PPW 的羟基振动带变宽变弱，W-PMAH2 较 W-PPW 更弱，原因是烫蜡过程中 W-PMAH2 的羟基数量减少。W-PMAH2 在 $1736 cm^{-1}$ 处吸收峰变宽变强，在 $1593 cm^{-1}$ 处吸收峰相对减小，此外，在 $1716 cm^{-1}$ 处没有观察到峰，这归因于 PMAH2 中 MAH 基团上环酸酐的 C=O 振动减弱，可能是 PMAH 在烫蜡过程中分子链间发生了部分交联反应，同时 MAH 基团与木材羧基之间发生酯化反应。因此，在 W-PMAH2 的红外光谱中，酯基的振动峰更明显、更宽。$1453 cm^{-1}$ 和 $1378 cm^{-1}$ 处的峰是木材碳骨架的振动峰，在此处 W-PMAH2 比 W-BW 和 W-PPW 更清晰。结果表明，PMAH2 与木材的结合是有效的，MAH 基团与木材之间可能发生了微弱的化学反应，这与 PMAH2 烫蜡木材的表面附着力相关。

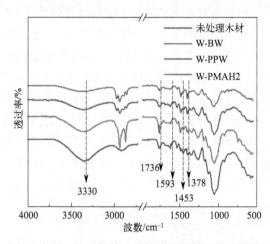

图 12-6　未处理木材，聚丙烯蜡、改性聚丙烯蜡烫蜡木材的 FTIR 光谱

12.3　改性合成蜡烫蜡木材结晶结构变化

12.3.1　试验方法

采用荷兰帕纳科公司的 Empyrean 智能 X 射线衍射仪（XRD）分析烫蜡水曲柳样品与对照水曲柳样品的晶型结构和结晶度。测试采用 Cu 靶 Kα 辐射（λ=0.154nm），辐射管电压 40kV、电流 40mA，扫描角度范围为 $10°\sim50°$，扫描速度为 $4°/min$，扫描步距为 0.02°。木材相对结晶度根据 Segal 法或 Turley 法进行计算，如公式（12-3）所示。

$$C_r I = [(I_{002} - I_{am})/I_{002}] \times 100\% \tag{12-3}$$

式中，C_rI 是相对结晶度的百分率；I_{002} 是（002）晶格衍射角的最大强度；I_{am} 表示 2θ 角接近 $18°$ 时非晶态背景衍射的散射强度。

12.3.2 改性合成蜡烫蜡木材结晶结构分析

（1）改性聚乙烯蜡烫蜡木材

图 12-7 为未处理木材、改性聚乙烯蜡和改性聚乙烯蜡烫蜡水曲柳样品的 X 射线衍射谱图。从未处理木材的 XRD 曲线（图 12-7 中曲线Ⅱ）可以得知，在 $2\theta=22°$ 附近是木材纤维素（002）晶面的衍射极大峰，在 $18°$ 附近出现的波谷为无定形区的衍射强度。而在改性聚乙烯蜡烫蜡水曲柳的 XRD 曲线（图 12-7 中曲线Ⅲ）中可以观察到 $2\theta=21.4°$ 和 $24°$ 处出现了两个衍射强度较大的新峰，对比改性聚乙烯蜡的 XRD 曲线（图 12-7 中曲线Ⅰ）可以得知，这两个峰分别代表聚乙烯蜡的（110）和（200）晶面；并且和改性聚乙烯蜡的 XRD 曲线相比，这两个峰的强度明显下降。

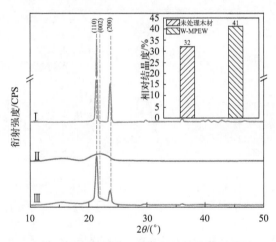

图 12-7 改性聚乙烯蜡（Ⅰ）、未处理木材（Ⅱ）和
改性聚乙烯蜡烫蜡木材（Ⅲ）的 X 射线衍射谱图

结果表明，改性聚乙烯蜡已覆盖到水曲柳表面，并且在烫蜡过程中可能在一定程度上影响了聚乙烯蜡基体的结晶行为。与未处理木材的 XRD 曲线相比，改性聚乙烯蜡烫蜡水曲柳的 XRD 曲线中（002）晶面峰值并未发生明显的变化，而 $18°$ 附近的波谷值降低，表明木材的相对结晶度提高。根据 Segal 法计算出未处理木材和改性聚乙烯蜡烫蜡水曲柳的相对结晶度分别为 32% 和 41%，进一步证实了改性聚乙烯蜡烫蜡水曲柳相对结晶度的提高。由此结果可以得知，木材经改性聚乙烯蜡烫蜡处理并未对木材纤维素的晶体结构产生破

坏，改性聚乙烯蜡最有可能和木材细胞壁中的半纤维素或木质素发生酯化反应，致使木材相对结晶度提高。

（2）改性聚丙烯蜡烫蜡木材

改性聚丙烯蜡和改性聚丙烯蜡烫蜡木材的研究以马来酸酐接枝聚丙烯蜡为例。榆木未处理木材、聚丙烯蜡烫蜡木材和改性聚丙烯蜡烫蜡木材的 X 射线衍射谱图如图 12-8 所示。对于榆木未处理木材来说，22°左右的衍射峰为榆木木材纤维素的衍射峰，18°左右的衍射峰为木材的背景峰。聚丙烯蜡烫蜡木材（W-PPW）上出现了聚丙烯蜡的衍射峰，为 14.0°（110）、16.74°（040）、18.42°（130）、21.6°（301），与其相比，改性聚丙烯蜡烫蜡木材（W-PMAH）并没有出现新的特征峰，但是特征峰的强度有微弱的上升。采用 Turley 方法计算未处理木材和烫蜡木材的相对结晶度，改性聚丙烯蜡烫蜡木材的相对结晶度最低。由于改性聚丙烯蜡的无定形区相对增加，改性聚丙烯蜡烫蜡木材的相对结晶度较聚丙烯蜡烫蜡木材略低。

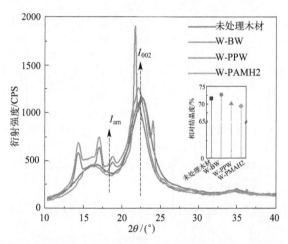

图 12-8　聚丙烯蜡烫蜡木材和改性聚丙烯蜡烫蜡木材的 X 射线衍射谱图

12.4　改性合成蜡烫蜡木材微观结构

12.4.1　试验方法

采用荷兰 FEI 公司的 QUANTA200 型扫描电子显微镜（SEM）对烫蜡水曲柳样品和对照水曲柳样品进行测试。首先样品的径切面和横截面内部用病理刀片切割暴露，并用导电胶将切片样品固定在样品台上；随后进行真空离子溅射喷金处理，在 5.0kV 加速电压下用扫描电镜对改性聚乙烯蜡在水曲柳中的分布和形态进行观察。

12.4.2 改性合成蜡烫蜡木材表/界面微观结构分析

（1）改性聚乙烯蜡烫蜡木材

采用扫描电子显微镜对未处理木材和经改性聚乙烯蜡烫蜡处理的水曲柳样品进行微观形貌分析，结果如图 12-9 所示。在图 12-9(a) 和(b) 中可以观察到木射线和木纤维细胞以及木材导管等组织清晰可见。在图 12-9(d)、(e) 中可以看出，在木射线、木纤维和导管等组织中均有改性聚乙烯蜡的存在，改性聚乙烯蜡以固体形式填充在木材细胞腔内。从图 12-9(f) 中也可以观察到，与未处理木材的空细胞腔和细胞壁结构[图 12-9(c)]不同的是，烫蜡水曲柳的部分细胞腔内充满了改性聚乙烯蜡，并且改性聚乙烯蜡不仅在木材细胞腔内填充，还与木材细胞壁的接触很紧密，没有明显的缝隙。可以推断，经过烫蜡处理后，改性聚乙烯蜡渗入木材细胞腔内，并且有可能和木材细胞壁形成复合。

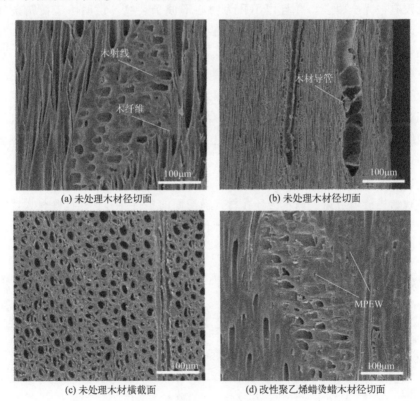

(a) 未处理木材径切面　　　　　　(b) 未处理木材径切面

(c) 未处理木材横截面　　　　　　(d) 改性聚乙烯蜡烫蜡木材径切面

图 12-9

 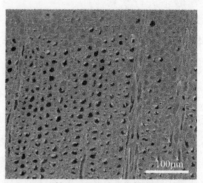

(e) 改性聚乙烯蜡烫蜡木材径切面   (f) 改性聚乙烯蜡烫蜡木材横截面

图 12-9　未处理木材、改性聚乙烯蜡烫蜡木材的 SEM 图像

（2）改性聚丙烯蜡烫蜡木材

改性聚丙烯蜡烫蜡木材表面均匀地覆盖着蜡层，但是有的样品留有少数的小孔没有被完全覆盖，并且以小孔为中心形成了裂纹，说明由于烫蜡条件不同，改性聚丙烯蜡有时并不能完全覆盖在木材表面。这可能是烫蜡过程中温度不同导致的结果。天然蜡烫蜡温度较低，而改性聚丙烯蜡烫蜡温度较高，在烫蜡过程中木材中的水蒸气蒸发，在烫蜡后降温过程中冲破蜡层导致出现孔洞。出现孔洞后，蜡层凝固收缩在孔洞周围出现应力集中，所以在孔洞的周围出现了细微的裂痕。由于未改性聚丙烯蜡容易沿大球晶扩展，因此易出现较大程度的裂纹；而接枝改性聚丙烯蜡由于支链分子的引入，其晶粒细化，引发更多的微裂纹，消耗较多的能量。

榆木原木的三切面如图 12-10 所示。榆木为多孔材料，未处理榆木的三切面微观结构清晰可见。榆木为环孔材，横切面的早材导管管孔比晚材大，管孔排列方式为团状；径切面的管孔和与管孔垂直的木射线较为明显；弦切面上有较多的纺锤形射线组织。

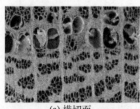  

(a) 横切面   (b) 径切面   (c) 弦切面

图 12-10　榆木原木

改性聚丙烯蜡烫蜡木材的三切面如图 12-11 所示。其横切面大部分管孔中

充满了改性聚丙烯蜡，但是部分晚材管孔和早材管孔没有被完全充满，与天然蜡烫蜡木材相比，有较少的蜡充满木材横切面。在径切面中导管和木射线细胞中均有蜡的沉积。在弦切面中可看到纺锤形木射线细胞管口部分被蜡填充，但是数量较少。从这里可看出，改性聚丙烯蜡可进入到木材内部结构。由此可知改性聚丙烯蜡最容易从木材横切面进入，径切面次之，弦切面最差。出现此种情况的原因可能是改性聚丙烯蜡柔韧性较差，受到体积收缩应力和热应力的影响，体积收缩导致部分蜡脱落。也可能是因为烫蜡温度过高，导管为水蒸气的蒸发通道，导致蜡脱落。

(a) 横切面　　　　　　　(b) 径切面　　　　　　　(c) 弦切面

图 12-11　改性聚丙烯蜡烫蜡木材

12.5　改性合成蜡烫蜡木材热稳定性

12.5.1　试验方法

使用德国耐驰 STA449 F3 型热重分析仪对未处理木材、蜂蜡烫蜡水曲柳以及改性聚乙烯蜡烫蜡水曲柳样品进行热重分析（TGA），每个样品用量控制在 5～10mg，在氮气气氛下（50mL/min）以 10℃/min 的升温速率从 30℃加热到 600℃。绘制样品的质量损失（TG）曲线和导数质量损失（DTG）曲线，以 TG 曲线中热失重 5%（质量分数）时的温度（$T_{5\%}$）、DTG 曲线中的最大热失重速率温度（T_{max}）来评价样品的热稳定性。

12.5.2　改性合成蜡烫蜡木材热稳定性分析

（1）改性聚乙烯蜡烫蜡木材

为了研究蜂蜡和改性聚乙烯蜡对水曲柳热分解的影响，采用热重分析（TGA）对未处理木材和烫蜡水曲柳样品的热性能进行了评估。由图 12-12（a）和（b）可知，蜂蜡烫蜡水曲柳和改性聚乙烯蜡烫蜡水曲柳的初始热降解温度（$T_{5\%}$）相比于未处理木材 233℃，分别提高到了 262℃和 265℃；蜂蜡烫蜡水曲柳和改性聚乙烯蜡烫蜡水曲柳的最大峰值（T_{max}）出现在 346℃和 350℃，较未处理木材提高了 6℃和 10℃。

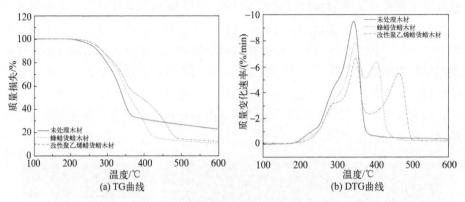

图 12-12 改性聚乙烯蜡烫蜡木材热重曲线

300℃以下的失重主要归因于半纤维素小分子物质在低温段的热降解，而蜂蜡烫蜡水曲柳和改性聚乙烯蜡烫蜡水曲柳初始失重温度的提高可能是热稳定性较高的蜂蜡和改性聚乙烯蜡在水曲柳中的填充所致。此外，由于聚乙烯蜡接枝的 MAH/MMA 共单体可能同木材的羟基发生酯化反应，使羟基被更稳定的酯基取代，进一步提高了热降解的反应温度。300～380℃的失重主要原因是纤维素的分解，此阶段热解速率加快，失重率大幅度增加，未处理木材的失重率达到 47%，蜂蜡烫蜡水曲柳为 45%。而改性聚乙烯蜡烫蜡水曲柳的失重率较低，为 34%，相比蜂蜡烫蜡水曲柳降低了 12%，并且其最快热解速率对应的温度较未处理木材有明显的提高，表明改性聚乙烯蜡可能通过化学键合作用形成了更多的热稳定组分。380℃以上热失重缓慢降低，这主要是因为不同聚合度的木质素发生了热解及炭化过程。与未处理木材相比，此阶段蜂蜡烫蜡水曲柳和改性聚乙烯蜡烫蜡水曲柳的热解温度范围变宽，热解速率下降，表明分散到水曲柳内部结构中的蜡使热量传输受阻，对水曲柳的继续热解有一定的抑制作用。

然而与未处理木材不同的是，蜂蜡烫蜡水曲柳和改性聚乙烯蜡烫蜡水曲柳均有第二个 DTG 峰，此峰对应于蜂蜡和改性聚乙烯蜡的最高热失重温度，改性聚乙烯蜡烫蜡水曲柳出现在 462℃，高于蜂蜡烫蜡水曲柳的 400℃。这一阶段蜂蜡烫蜡水曲柳和改性聚乙烯蜡烫蜡水曲柳的失重率高于未处理木材，其原因主要是因为蜂蜡和改性聚乙烯蜡的分解和挥发。由于蜂蜡含有多种有机化合物，结构均一性较差，而聚乙烯蜡结构较为单一，并且通过接枝反应提高了其分子量，引入的 MAH/MMA 支链阻碍了其分子链的热运动，因此聚乙烯蜡的热解温度向更高温度移动，并且其残渣率也高于蜂蜡。上述结果表明，水曲柳经蜂蜡和改性聚乙烯蜡烫蜡处理后热稳定性有所提高，在一定程度上减缓了水曲柳在高温环境下的热降解。

（2）改性聚丙烯蜡烫蜡木材

图 12-13 为未处理木材、聚丙烯蜡烫蜡木材和改性聚丙烯蜡烫蜡木材的TG 和 DTG 曲线，以表征其热稳定性。木材的主要成分是纤维素、半纤维素、木质素和抽提物，高温和长时间对其化学成分分解起着重要作用。如图 12-13（a）所示，未处理木材的初始热降解温度 $T_{5\%}$ 为 195.69℃，低于烫蜡木材。在图 12-13（b）中，未处理木材的 DTG 曲线只有一个降解峰可见，对应的降解温度为 285.6℃，代表木材的降解。烫蜡木材的 DTG 曲线有两个降解峰出现，第一个峰主要代表木材的降解，第二个峰代表蜡的降解。与未处理木材相比，烫蜡木材提高了最高降解速率对应的温度，这一改善可能有利于烫蜡木材的应用。W-PPW 的第二个降解峰对应的温度为 451.9℃，W-PMAH2 的第二个降解峰对应的温度为 453.1℃，明显高于 W-BW 的第二个降解峰对应的温度（384.71℃）。原因是蜡为木材形成了一层保护层，减缓了木材内部的传热，起到了保护木材的作用，从而降低了木材的降解率。由此可见，烫蜡提高了木材的初始热降解温度和最大放热温度，W-PMAH2 的热稳定性高于 W-PPW和 W-BW。

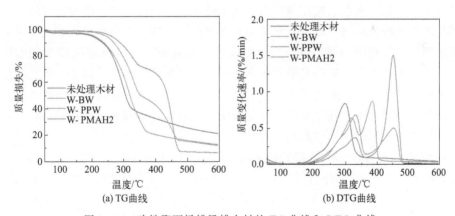

(a) TG曲线   (b) DTG曲线

图 12-13 改性聚丙烯蜡烫蜡木材的 TG 曲线和 DTG 曲线

13

复合蜡烫蜡木材表面
性能及结合机理

　　木材经过改性合成蜡烫蜡处理后，有效降低了其表面的粗糙程度，显著提高了表面光泽度和接触角，降低了其暴露在潮湿条件下的吸水率，增强了其热稳定性。在与蜂蜡烫蜡木材的性能进行比较后发现改性合成蜡的烫蜡效果优于蜂蜡，可以改性合成蜡替代天然蜂蜡用于烫蜡木材装饰工艺中。但是改性合成蜡烫蜡木材在疏水性、蜡层附着力与热稳定性等方面仍有较大的改进空间。一种行之有效的方法是将改性合成蜡与其互溶的极性蜡复配而形成优于改性聚乙烯蜡性能的复合蜡，利用复合蜡烫蜡以进一步提升改性合成蜡烫蜡木材的性能。近些年许多极性蜡已经被开发出来用以共混改性聚烯烃。其中，氧化石蜡与聚烯烃共混具有相容性好和成本低等优点。一些学者在使用氧化石蜡共混改性聚烯烃的研究中发现聚烯烃与氧化石蜡共混可以改善其润湿性和界面相互作用，增强聚烯烃的涂饰性和热稳定性。

　　因此，本章在改性聚乙烯蜡烫蜡木材研究的基础上，通过添加氧化石蜡与改性聚乙烯蜡复配的方法进行了改性聚乙烯蜡/氧化石蜡复合蜡烫蜡木材的制备研究，考察了不同氧化石蜡添加量对复合蜡烫蜡水曲柳的表面粗糙度、光泽度、表面接触角、吸水率、蜡层附着力和热稳定性等性能的影响，采用 FTIR、SEM 和 XRD 等手段对复合蜡与木材表面及界面活性官能团、微观解剖特征以及晶型结构进行表征，揭示了改性聚乙烯蜡/氧化石蜡复合蜡与木材表面及界面的结合机理。

13.1　复合蜡与烫蜡木材制备方法

　　改性聚乙烯蜡（MPEW），实验室自制，熔点为 112℃。氧化石蜡

（OPW）是一种氧化直链烷烃石蜡，熔点为55℃，由河北石家庄拓达新型防水材料有限公司提供。

水曲柳（*Fraxinus mandshurica* Rupr.），属环孔阔叶材，密度为0.63g/cm³。试材采自黑龙江省哈尔滨市帽儿山实验林场，在大气中自然干燥，平均含水率为8%～12%。取水曲柳弦切板无裂纹、无节子区域沿纤维方向截取成75mm(*L*)×50mm(*R*)×10mm(*T*)的木块。所有木块均不含心材，表面都没有明显的缺陷，也没有霉菌、污渍或破坏木材的真菌感染。木块表面先后用180目、240目和320目的砂纸打磨，彻底去除灰尘后再在（103±2）℃的真空干燥箱中干燥24h直至质量恒定。

13.1.1 复合蜡的制备

接枝马来酸酐-甲基丙烯酸甲酯改性聚乙烯蜡（MPEW）的制备方法沿用先前的研究，详情参照第9章。首先将改性聚乙烯蜡（MPEW）和氧化石蜡（OPW）按不同质量比混合倒入四口瓶中，加入二倍于复合蜡质量的二甲苯溶液。然后使混合物在150℃的油浴中加热回流1h，并以360r/min的速率搅拌。最后反应液在甲醇中沉淀，洗涤过滤后在50℃的真空干燥箱中干燥12h得到改性聚乙烯蜡/氧化石蜡复合蜡，标记为MPEW/OPW。改性聚乙烯蜡和氧化石蜡的质量比分别为100∶0、70∶30、50∶50、30∶70和0∶100。

13.1.2 复合蜡烫蜡木材的制备

采用不同质量比的改性聚乙烯蜡/氧化石蜡复合蜡制备烫蜡水曲柳，首先将加热熔化后的蜡液均匀地涂刷在水曲柳表面，布蜡量为600g/m²。改性聚乙烯蜡/氧化石蜡复合蜡的质量比分别为100∶0、70∶30、50∶50、30∶70和0∶100。不同质量比的改性聚乙烯蜡/氧化石蜡复合蜡烫蜡水曲柳的制备均在180℃的烫蜡温度和40min的烫蜡时间条件下进行。烫蜡过程中应用棉布反复擦拭木材表面，促使蜡液充分渗入木材孔隙中。最后，用起蜡刀彻底去除木材表面的浮蜡并用细布揩擦抛光。

表13-1 不同质量比的复合蜡与对应得到的烫蜡木材简称

质量比（MPEW∶OPW）	复合蜡烫蜡木材简称
100∶0	MPEW-Wood
70∶30	MPEW/OPW(70/30)-Wood
50∶50	MPEW/OPW(50/50)-Wood
30∶70	MPEW/OPW(30/70)-Wood

13.2 复合蜡烫蜡木材表面性能

13.2.1 复合蜡烫蜡木材表面附着力

使用 PosiTest AT-M 数显拉拔式附着力测试仪（狄夫斯高公司，美国）对不同质量比的改性聚乙烯蜡/氧化石蜡复合蜡烫蜡水曲柳样品的蜡层附着力进行测试。

图 13-1 显示了不同质量比的改性聚乙烯蜡/氧化石蜡复合蜡烫蜡水曲柳样品的蜡层附着力。在所有烫蜡水曲柳样品中，改性聚乙烯蜡/氧化石蜡复合蜡（70/30）烫蜡处理后的水曲柳样品蜡层附着力最大（5.4MPa）。改性聚乙烯蜡/氧化石蜡（50/50）烫蜡处理的水曲柳样品蜡层附着力高于改性聚乙烯蜡（100/0）处理的水曲柳样品，但差异不显著。而仅使用氧化石蜡烫蜡处理的水曲柳样品蜡层附着力最低。当氧化石蜡的添加量为 30％时，复合蜡烫蜡水曲柳的蜡层附着力相比于改性聚乙烯蜡烫蜡水曲柳的蜡层附着力提升了 32％。

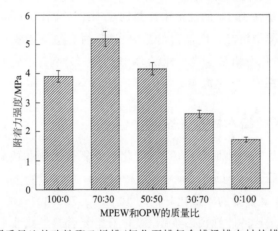

图 13-1 不同质量比的改性聚乙烯蜡/氧化石蜡复合蜡烫蜡木材的蜡层附着力强度

与改性聚乙烯蜡处理的水曲柳样品相比，改性聚乙烯蜡/氧化石蜡复合蜡（70/30）烫蜡处理后的水曲柳样品蜡层附着力得到了进一步提升。我们先前的研究表明，烫蜡后改性聚乙烯蜡渗透到木材管腔、木纤维的空隙部分以及纤维之间的间隙，形成了机械互锁效应。此外，改性聚乙烯蜡与木材羟基（—OH）等活性基团发生化学反应，形成了化学键合。机械嵌合力和化学键合力的共同作用使改性聚乙烯蜡蜡层具有比蜂蜡蜡层更强的界面黏附性。

而氧化石蜡的添加进一步增强了改性聚乙烯蜡蜡层的附着力，这可能归因于以下几点：一方面，氧化石蜡的添加可能改变了改性聚乙烯蜡在木材上的分布和渗透，使蜡基体的分布更加连续，更有利于对木材表面微细孔隙的浸润和在细胞管腔内的填充，从而提升了蜡与木材界面间的机械互锁力。另一方面，氧化石蜡提供的额外活性基团将促进复合蜡与木材界面间化学键的形成，从而通过增大化学键合力增强了界面黏附强度。改性聚乙烯蜡/氧化石蜡（70/30）复合蜡蜡层附着力的提升也可从其烫蜡处理的水曲柳表面的极性和亲水性的恶化得到验证。然而，随着氧化石蜡含量的增加，当氧化石蜡含量超过50%时，改性聚乙烯蜡/氧化石蜡复合蜡的蜡层附着力明显降低。这可能是因为氧化石蜡的过量添加会对改性聚乙烯蜡/氧化石蜡复合蜡在木材管腔内的滞留起到负作用，木材的热胀冷缩效应容易使腔内填充的复合蜡被逐渐挤压出来。这种游离蜡层在机械拉伸载荷作用下容易发生蜡层内部断裂，从而降低了复合蜡与木材之间的界面附着力。

13.2.2　复合蜡烫蜡木材吸水率

按照国家标准 GB/T 1927.7—2021 对未处理木材和不同质量比的改性聚乙烯蜡/氧化石蜡复合蜡烫蜡水曲柳样品的吸水率进行测试。

未处理木材和不同质量比的改性聚乙烯蜡/氧化石蜡复合蜡烫蜡水曲柳样品的吸水率随浸水时间的变化如图 13-2 所示。未处理木材和改性聚乙烯蜡/氧化石蜡复合蜡烫蜡水曲柳的吸水曲线具有相似性，吸水初期（0～6h），其吸水速率均较快，随后吸水速率下降。浸水 6h 后，单独使用改性聚乙烯蜡和改性聚乙烯蜡/氧化石蜡复合蜡（70/30）制备的烫蜡水曲柳含水率分别为41.9% 和 27.6%，显著低于未处理木材（50.3%）。而在氧化石蜡含量超过50% 的条件下，改性聚乙烯蜡/氧化石蜡复合蜡烫蜡水曲柳的含水率高于未处理木材，并且仅用氧化石蜡烫蜡处理的水曲柳样品含水率最高（62.7%）。短期浸水结果表明，改性聚乙烯蜡/氧化石蜡复合蜡的质量比对烫蜡水曲柳的吸水速率有较大的影响。改性聚乙烯蜡/氧化石蜡复合蜡（70/30）烫蜡处理后的水曲柳样品短期浸水后水分含量最低，表明氧化石蜡的添加进一步降低了改性聚乙烯蜡烫蜡水曲柳样品的吸水速率。而随着氧化石蜡含量的进一步增加，改性聚乙烯蜡/氧化石蜡复合蜡烫蜡水曲柳的含水率上升较快，在改性聚乙烯蜡/氧化石蜡的质量比达到 30∶70 时，其处理后的水曲柳吸水速率甚至超过了未处理木材。

我们先前的研究表明，改性聚乙烯蜡可以与木材细胞壁上的羟基发生酯化反应，导致木材亲水基团的大量减少，从而限制了水分对细胞壁的渗透。另外，烫蜡后，改性聚乙烯蜡在木材表面固化后形成了致密的蜡膜，起到水分屏

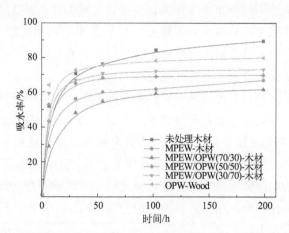

图 13-2　未处理木材和不同质量比的改性聚乙烯蜡/氧化石蜡复合蜡烫蜡木材的吸水曲线

障作用。此外，木材残留的亲水基团被蜡膜覆盖，导致木材吸水速率的降低。经过改性聚乙烯蜡/氧化石蜡复合蜡（70/30）烫蜡处理的水曲柳在浸水初期的几个小时内进一步降低了吸水速率。这可能是因为添加的氧化石蜡提供了更多的活性基团，如羧基（—COOH）等。这进一步促进了与木材亲水基团的反应概率。另外，改性聚乙烯蜡和氧化石蜡复配可能表现出协同作用，使改性聚乙烯蜡/氧化石蜡复合蜡在木材表面形成更加致密的薄膜，这对进一步提升改性聚乙烯蜡蜡膜的水分阻隔性能起到了重要作用。然而，过量氧化石蜡的添加对木材的吸水速率具有负面影响，过多的氧化石蜡可能增大复合蜡层的亲水性，使水分容易吸附在蜡颗粒表面并向木材渗透。此外，加入过量的氧化石蜡显著提高了烫蜡水曲柳的表面粗糙度，从而增加了烫蜡水曲柳样品的比表面积，这可能会为水分提供更多的吸附位置，导致吸水速率提高。

浸水 192h 后，所有改性聚乙烯蜡/氧化石蜡复合蜡烫蜡水曲柳样品的含水率均明显低于未处理木材，表明使用改性聚乙烯蜡/氧化石蜡复合蜡烫蜡木材具有疏水效果。对于所有烫蜡水曲柳样品，改性聚乙烯蜡/氧化石蜡（70/30）处理的水曲柳在浸水 192h 后的含水率达到了 60%，相比单独使用改性聚乙烯蜡处理的水曲柳含水率降低了 10%；而改性聚乙烯蜡/氧化石蜡（30/70）和氧化石蜡处理的水曲柳含水率明显高于改性聚乙烯蜡处理的水曲柳。

我们先前的研究表明，烫蜡处理后，木材细胞腔内和细胞壁上沉积的改性聚乙烯蜡的疏水作用是导致木材在长期浸水后含水率降低的主要原因。随着氧化石蜡的加入，改性聚乙烯蜡/氧化石蜡复合蜡进一步降低了烫蜡木材的吸水率。这可能是因为改性聚乙烯蜡和氧化石蜡复配促进了蜡在木材细胞管腔内的填充，使蜡的分布更加均匀，减少了积水空间。相反，氧化石蜡的过量加入使改性聚乙烯蜡/氧化石蜡复合蜡烫蜡水曲柳样品的疏水性在长期浸水后有所减弱。这可能是因为，过量氧化石蜡的添加会使烫进木材管腔内的改性聚乙烯蜡/氧化石蜡复合蜡在木材热胀冷缩效应下容易被挤出。这会导致改性聚乙烯蜡/氧化石蜡复合蜡在长期浸水过程中更容易从木材基体中分离，从而减弱了复合蜡的水分屏障效应，增加了长期暴露的烫蜡木材样品的水分含量。短期和长期浸水结果表明，改性聚乙烯蜡和氧化石蜡的最佳质量比为 70：30。

13.2.3 复合蜡烫蜡木材表面光泽度

使用 WCG-60 型光泽计（普申化工机械有限公司，中国上海）测定了未处理木材和不同质量比的改性聚乙烯蜡/氧化石蜡复合蜡烫蜡水曲柳样品的表面光泽度。

未处理木材和不同质量比的改性聚乙烯蜡/氧化石蜡复合蜡烫蜡水曲柳样品的表面光泽度如图 13-3 所示。不同质量比的改性聚乙烯蜡/氧化石蜡复合蜡烫蜡水曲柳样品的表面光泽度明显高于未处理木材样品。其中，单独使用改性聚乙烯蜡烫蜡处理的水曲柳样品表面光泽度最大（18.2）。相反，氧化石蜡的添加导致烫蜡水曲柳的表面光泽度下降，并且表面光泽度随着氧化石蜡含量的增加而减小。在改性聚乙烯蜡/氧化石蜡的质量比达到 30：70 时，烫蜡水曲柳样品的表面光泽度减小到 6.1，而仅用氧化石蜡（0/100）烫蜡处理的水曲柳样品表面光泽度相对较小（4.8）。

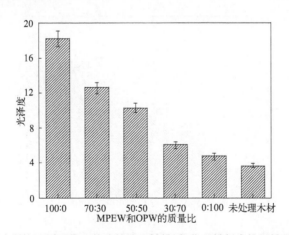

图 13-3 未处理木材和不同质量比的改性聚乙烯蜡/氧化石蜡复合蜡烫蜡木材的表面光泽度

样品表面光泽度的变化与改变改性聚乙烯蜡和氧化石蜡的质量比时观察到的表面粗糙度变化趋势相反。先前的研究表明，样品的表面光泽度取决于其表面粗糙程度，表面粗糙度越低，表面光泽度越高。一方面，木材经改性聚乙烯蜡烫蜡处理后，其表面形成的光滑连续的蜡膜降低了木材的表面粗糙度，导致光反射提升，从而表面光泽度增加。另一方面，添加氧化石蜡增大了改性聚乙烯蜡涂层的粗糙程度，使入射光在相对粗糙的涂层表面发生漫反射而形成消光效应，从而导致改性聚乙烯蜡/氧化石蜡复合蜡烫蜡水曲柳样品表面光泽度的降低。

13.2.4 复合蜡烫蜡木材表面粗糙度

使用 TR200 型手持式粗糙度仪（时代集团公司，中国北京）测定未处理木材和不同质量比的改性聚乙烯蜡/氧化石蜡复合蜡烫蜡水曲柳样品的表面粗糙度（Ra）。

图 13-4 显示了未处理木材和不同质量比的改性聚乙烯蜡/氧化石蜡复合蜡烫蜡水曲柳样品的表面粗糙度（Ra）。与未处理木材样品相比，经过不同质量比的改性聚乙烯蜡/氧化石蜡复合蜡烫蜡处理的水曲柳样品表面粗糙度（Ra）较低。未处理木材表面的粗糙度（Ra）为 $9.8\mu m$，而改性聚乙烯蜡烫蜡处理的水曲柳样品和改性聚乙烯蜡/氧化石蜡复合蜡（70/30）烫蜡处理的水曲柳样品表面的粗糙度分别为 $1.6\mu m$ 和 $4.4\mu m$。改性聚乙烯蜡/氧化石蜡复合蜡（70/30）烫蜡处理的水曲柳样品表面粗糙度高于单独使用改性聚乙烯蜡烫蜡处理的水曲柳样品表面粗糙度。

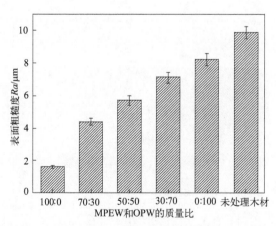

图 13-4 未处理木材和不同质量比的改性聚乙烯蜡/氧化石蜡复合蜡烫蜡木材的表面粗糙度

氧化石蜡的加入导致改性聚乙烯蜡烫蜡水曲柳表面粗糙度的提高，并且表面粗糙度随着氧化石蜡含量的增加而增大。当改性聚乙烯蜡/氧化石蜡的质量

比为 30：70 时，烫蜡水曲柳样品的表面粗糙度增大到 7.1μm，而仅用氧化石
蜡烫蜡处理的水曲柳样品表面粗糙度相对较大（8.4μm）。扫描电镜图像表明，
经过改性聚乙烯蜡烫蜡处理，木材凹凸不平的表面微槽[图 13-5(a)]被光滑连
续的蜡膜覆盖[图 13-5(b)]，其表面平整度提高，粗糙度降低，这与我们先前
的研究结果相一致。而氧化石蜡的添加改变了改性聚乙烯蜡蜡层的表面形态，
导致表面粗糙程度更大[图 13-5(c)]，从而使改性聚乙烯蜡/氧化石蜡复合蜡蜡
层具有更高的表面粗糙度。

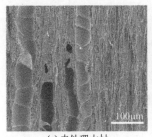

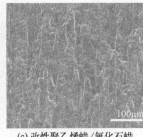

(a) 未处理木材　　　　　(b) 改性聚乙烯蜡烫蜡木材　　　(c) 改性聚乙烯蜡/氧化石蜡
　　　　　　　　　　　　　　　　　　　　　　　　　　　(70/30)复合蜡烫蜡木材

图 13-5　未处理木材和烫蜡木材的表面微观形貌

13.3　复合蜡与木材烫蜡结合机理

13.3.1　烫蜡木材表面接触角

使用接触角测定仪（CA-100B，盈诺精密仪器有限公司，中国上海）测定
蒸馏水和二碘甲烷两种探针液体在未处理木材与不同质量比的改性聚乙烯蜡/
氧化石蜡复合蜡烫蜡水曲柳样品表面的接触角，采用 Owens 和 Wendt 的方法
由两种不同探针液测定的样品表面接触角计算得到样品表面自由能及其极性、
非极性分量。

图 13-6 显示了未处理木材和不同质量比的改性聚乙烯蜡/氧化石蜡复合蜡
烫蜡水曲柳样品表面的水接触角。与未处理木材样品相比，经过不同质量比的
改性聚乙烯蜡/氧化石蜡复合蜡烫蜡处理的水曲柳样品均表现出较高的表面水
接触角。在所有的改性聚乙烯蜡/氧化石蜡复合蜡烫蜡水曲柳样品中，改性聚
乙烯蜡/氧化石蜡复合蜡（70/30）烫蜡处理后的水曲柳样品初始水接触角最大
（119°），其次是改性聚乙烯蜡烫蜡水曲柳样品（105°）和改性聚乙烯蜡/氧化
石蜡（50/50）烫蜡水曲柳样品（101°）。而当氧化石蜡的含量超过 50% 时，
烫蜡水曲柳的表面水接触角减小，改性聚乙烯蜡/氧化石蜡（30/70）处理的水

曲柳样品表面水接触角为96°，仅使用氧化石蜡处理的水曲柳样品表面水接触角最小，为87°。当氧化石蜡的添加量为30％时，复合蜡烫蜡水曲柳的表面水接触角相比于改性聚乙烯蜡烫蜡水曲柳的表面水接触角提升了13％。

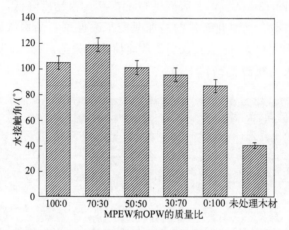

图 13-6　未处理木材和不同质量比的改性聚乙烯蜡/氧化石蜡复合蜡烫蜡木材表面的水接触角

水曲柳表面经改性聚乙烯蜡/氧化石蜡复合蜡烫蜡处理后水接触角增大，这可能是木材的多孔结构被蜡堵塞和结构中填充的复合蜡的疏水性所致。另外，烫蜡后，改性聚乙烯蜡/氧化石蜡复合蜡在木材表面形成了一层致密的蜡膜[图 13-5(c)]，木材表面的亲水基团被蜡膜覆盖，导致水接触角增大。相比于改性聚乙烯蜡，改性聚乙烯蜡/氧化石蜡（70/30）复合蜡烫蜡进一步增大了木材表面的水接触角。

表 13-2　表面自由能、极性分量和非极性分量

样品	质量比 （MPEW：OPW）	表面自由能 /(mJ/m²)	极性分量 /(mJ/m²)	非极性分量 /(mJ/m²)
未处理木材	—	60.89	29.98	30.91
复合蜡烫蜡木材	100：0	32.98	0.02	32.96
	70：30	32.40	0.13	32.27
	50：50	33.10	0.45	32.65
	30：70	34.50	1.63	32.87
	0：100	36.20	3.41	32.79

众所周知，优异的表面疏水性与复杂的表面粗糙结构和低表面能密切相关。

我们先前的研究表明，改性聚乙烯蜡和木材表面的羟基（—OH）等亲水基团形成化学键合，从而降低了表面自由能。然而，改性聚乙烯蜡形成相对光滑的蜡层，大大降低了表面粗糙度，这对接触角的增大起到了负面作用。而改性聚乙烯蜡与氧化石蜡复配进一步降低了表面自由能（表 13-2），这可能是因

为氧化石蜡提供了更多的活性基团，增加了与木材亲水基团形成化学结合的可能性。此外，扫描电镜图像和表面粗糙度测试结果表明，氧化石蜡的添加使烫蜡水曲柳表面的粗糙程度增大，这可能会形成气囊，阻止水滴穿透木材表面，从而增大水接触角。另外，由于氧化石蜡含有多种极性基团，较高含量的氧化石蜡会对改性聚乙烯蜡/氧化石蜡复合蜡烫蜡水曲柳表面的疏水性产生负面影响。这一点也可以从表面自由能的极性分量随氧化石蜡含量的增加而升高得到验证（表 13-2）。过量氧化石蜡的添加使其亲水性的贡献开始超过其提供的粗糙度的贡献，从而导致烫蜡水曲柳表面的水接触角降低。

13.3.2　界面化学结构分析

衰减全反射傅里叶变换红外光谱（ATR-FTIR）在 Nicolet is50 型 FTIR 光谱仪（赛默飞世尔科技有限公司，美国）上进行。采用傅里叶变换红外光谱分析了改性聚乙烯蜡/氧化石蜡复合蜡烫蜡前后的相关活性基团和分子结构的变化。

图 13-7 显示了改性聚乙烯蜡、氧化石蜡和改性聚乙烯蜡/氧化石蜡（70/30）复合蜡的 FTIR 光谱。改性聚乙烯蜡的 FTIR 光谱（图 13-7 中光谱Ⅰ）显示，在 $2916cm^{-1}$ 和 $2849cm^{-1}$ 处出现了尖锐的强峰，并且在 $2955cm^{-1}$ 处伴有肩峰，这是由聚乙烯蜡长有机烃链中甲基（$-CH_3$）和亚甲基（$-CH_2-$）的 C—H 不对称和对称伸缩振动引起的；出现在 $1473cm^{-1}$ 和 $1462cm^{-1}$ 附近的吸收峰归属于 $-CH_3$ 和 $-CH_2$ 的弯曲振动，$730cm^{-1}$ 和 $719cm^{-1}$ 附近的吸收峰代表 $-CH_3$ 和 $-CH_2$ 的面内摇摆振动。

同时，由于化学结构的相似性，氧化石蜡的 FTIR 光谱（图 13-7 中光谱Ⅱ）在上述波数位置具有与改性聚乙烯蜡几乎相同的吸收峰。此外，改性聚乙烯蜡在 $1781cm^{-1}$ 和 $1849cm^{-1}$ 处有归属于五元酸酐环中的羰基（C=O）吸收，在 $1731cm^{-1}$ 处有归属于甲基丙烯酸甲酯（MMA）中的羰基（C=O）吸收。与改性聚乙烯蜡不同的是，氧化石蜡的羰基（C=O）吸收峰出现在 $1715cm^{-1}$ 处，为羧酸中的羰基吸收，并且在 $3386cm^{-1}$ 处有附加的特征峰，归属于羟基（—OH）的伸缩振动。

改性聚乙烯蜡/氧化石蜡（70/30）复合蜡的 FTIR 光谱（图 13-7 中光谱Ⅲ）在相似的波数下显示了改性聚乙烯蜡和氧化石蜡两组分的全部特征谱带，相比于改性聚乙烯蜡的光谱，随着氧化石蜡的添加，改性聚乙烯蜡/氧化石蜡复合蜡的光谱在 $2955cm^{-1}$、$2916cm^{-1}$、$2849cm^{-1}$、$1473cm^{-1}$、$1462cm^{-1}$、$730cm^{-1}$ 和 $719cm^{-1}$ 处的谱峰强度升高，表明改性聚乙烯蜡和氧化石蜡中的

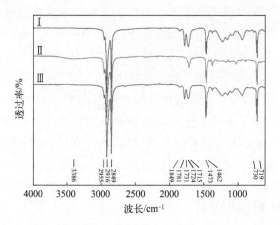

图 13-7 改性聚乙烯蜡（Ⅰ）、氧化石蜡（Ⅱ）和
改性聚乙烯蜡/氧化石蜡（70/30）复合蜡（Ⅲ）的 FTIR 光谱

大部分特征吸收峰由于二者相似的化学结构而发生了重叠。此外，改性聚乙烯蜡在 $1731cm^{-1}$ 处的羰基吸收和氧化石蜡在 $1715cm^{-1}$ 处的羰基吸收向 $1724cm^{-1}$ 处位移并发生重合，而氧化石蜡在 $3386cm^{-1}$ 处的羟基特征峰没有出现在改性聚乙烯蜡/氧化石蜡复合蜡的 FTIR 光谱上。以上结果表明，改性聚乙烯蜡和氧化石蜡之间可能存在化学相互作用。

烫蜡木材样品的 FTIR 光谱反映了蜡的处理过程，未处理木材、改性聚乙烯蜡/氧化石蜡（70/30）复合蜡、改性聚乙烯蜡/氧化石蜡（70/30）复合蜡烫蜡水曲柳以及改性聚乙烯蜡烫蜡水曲柳的 FTIR 光谱如图 13-8 所示。与未处理木材的光谱相比（图 13-8 中光谱Ⅰ），改性聚乙烯蜡/氧化石蜡（70/30）复合蜡烫蜡水曲柳的光谱（图 13-8 中光谱Ⅲ）中出现了复合蜡的特征谱带，对应的特征峰如图 13-7 中的光谱Ⅲ所示，表明改性聚乙烯蜡/氧化石蜡复合蜡已渗透到木材结构中。另外，经改性聚乙烯蜡/氧化石蜡复合蜡烫蜡处理后的木材在 $3335cm^{-1}$ 处归属于羟基（—OH）的伸缩振动明显减弱，表明木材中羟基的相对数量减少。

此外，烫蜡后，改性聚乙烯蜡/氧化石蜡复合蜡位于 $1781cm^{-1}$ 和 $1849cm^{-1}$ 处的环酸酐特征峰明显减弱，$1724cm^{-1}$ 处的羰基吸收带向 $1719cm^{-1}$ 处位移，并且谱峰强度明显升高，表明改性聚乙烯蜡/氧化石蜡复合蜡烫蜡水曲柳中羰基的数量增加。酸酐基团的减少以及羰基的增加可能归因于改性聚乙烯蜡/氧化石蜡复合蜡与木材羟基在界面处发生了酯化反应，从而使羟基被酯基取代。改性聚乙烯蜡/氧化石蜡复合蜡和木材界面间的反应机理与改性聚乙烯蜡和木材间的机理相似，不同的是改性聚乙烯蜡/氧化石蜡复合蜡烫蜡水曲柳的羰基吸收峰强度高于改性聚乙烯蜡烫蜡水曲柳的羰基吸收峰强度。这可能是因为氧化石蜡提供了更多的活性基团，如羧基（—COOH）等，提升了改性聚乙烯蜡/氧化石蜡复合蜡与木材羟基之间的反应概率，增强了蜡与木材界面间的结合强度，导致木材羟基等亲水基团的减少，从而使木材的疏水性得到改善。这也与吸水性测试和附着力测试结果相一致。

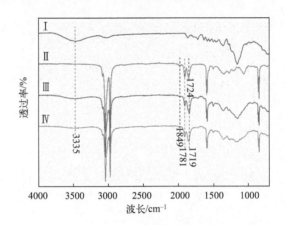

图 13-8　未处理木材（Ⅰ）、改性聚乙烯蜡/氧化石蜡（70/30）
复合蜡（Ⅱ）、改性聚乙烯蜡/氧化石蜡（70/30）复合蜡烫蜡木材（Ⅲ）
和改性聚乙烯蜡烫蜡木材（Ⅳ）的 FTIR 光谱

13.3.3　界面结晶结构分析

采用荷兰帕纳科公司的 Empyrean 智能 X 射线衍射仪（XRD）分析改性聚乙烯蜡/氧化石蜡复合蜡烫蜡水曲柳样品和对照水曲柳样品的晶型结构和结晶度。

图 13-9 为改性聚乙烯蜡、氧化石蜡和改性聚乙烯蜡/氧化石蜡（70/30）复合蜡的 X 射线衍射谱图。从改性聚乙烯蜡的 XRD 曲线（图 13-9 中曲线Ⅱ）中可以得知，改性聚乙烯蜡在 $2\theta=21.4°$ 和 $24°$ 处出现了两个明显的衍射峰，这两个峰分别代表改性聚乙烯蜡正交晶体结构的（110）和（200）晶面。而氧化石蜡同样具有正交晶相，在氧化石蜡的 XRD 曲线（图 13-9 中曲线Ⅰ）中可以观察到 $2\theta=21.4°$ 和 $24°$ 处也出现了两个尖锐的衍射峰，这两个衍射峰分别归因于氧化石蜡的（110）和（200）晶面，并且这两个峰的衍射强度明显高于改性聚乙烯蜡，表明氧化石蜡相比改性聚乙烯蜡更具结晶性。改性聚乙烯蜡的半结晶特性使其包含有结晶区和非晶区，而氧化石蜡中含有大量的结晶物质，这与其结晶性高是一致的。

改性聚乙烯蜡/氧化石蜡（70/30）复合蜡的 XRD 曲线（图 13-9 中曲线Ⅲ）在相同的衍射角处有明显的反射，没有新的衍射峰出现，表明具有相似结构的改性聚乙烯蜡和氧化石蜡之间可能形成了复合。与改性聚乙烯蜡相比，改性聚乙烯蜡/氧化石蜡复合蜡（110）和（200）晶面的衍射峰强度增大，结晶性提升，这是低分子量的氧化石蜡穿透改性聚乙烯蜡的链状网络导致的。

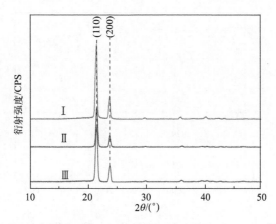

图 13-9 氧化石蜡（Ⅰ）、改性聚乙烯蜡（Ⅱ）和改性
聚乙烯蜡/氧化石蜡（70/30）复合蜡（Ⅲ）的 X 射线衍射谱图

接下来，我们研究改性聚乙烯蜡/氧化石蜡复合蜡烫蜡处理对木材结晶行为的影响。未处理木材、改性聚乙烯蜡/氧化石蜡（70/30）复合蜡和改性聚乙烯蜡/氧化石蜡（70/30）复合蜡烫蜡水曲柳的 X 射线衍射谱图如图 13-10 所示。由未处理木材的 XRD 曲线（图 13-10 中曲线Ⅱ）可以得知，在 $2\theta = 22°$ 附近出现了一个高强度峰，对应于木材纤维素的（002）晶面，在 18°附近出现的波谷对应于木材的无定形区。而在改性聚乙烯蜡/氧化石蜡（70/30）复合蜡烫蜡水曲柳的 XRD 曲线（图 13-10 中曲线Ⅲ）中可以观察到，在 $2\theta = 21.4°$ 和 24°处出现了改性聚乙烯蜡/氧化石蜡复合蜡（110）和（200）晶面的衍射峰，但衍射峰强度明显下降，表明改性聚乙烯蜡/氧化石蜡复合蜡已均匀地分布在木材表面，并且烫蜡处理可能对改性聚乙烯蜡/氧化石蜡复合蜡的结晶行为产生了一定影响。与未处理木材的 XRD 曲线相比，改性聚乙烯蜡/氧化石蜡复合蜡烫蜡水曲柳的 XRD 曲线中（002）衍射峰强度没有发生明显的变化，而 18°附近的波谷值减小，表明木材的相对结晶度升高。由 Segal 法计算出的未处理木材与改性聚乙烯蜡/氧化石蜡复合蜡烫蜡水曲柳的相对结晶度分别为 32%和 47%，进一步证实了木材相对结晶度的提高。改性聚乙烯蜡/氧化石蜡复合蜡烫蜡处理没有对木材纤维素的晶体结构产生明显的影响，木材相对结晶

度的提升可能归因于改性聚乙烯蜡/氧化石蜡复合蜡和木材中的半纤维素或木质素发生相互作用导致无定形区减少。这一结果与先前改性聚乙烯蜡烫蜡处理水曲柳的研究一致。

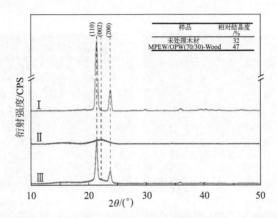

图 13-10　改性聚乙烯蜡/氧化石蜡（70/30）复合蜡（Ⅰ）、未处理木材（Ⅱ）和改性聚乙烯蜡/氧化石蜡（70/30）复合蜡烫蜡木材（Ⅲ）的 X 射线衍射谱图

13.3.4　界面微观结构分析

采用荷兰 FEI 公司的 QUANTA200 型扫描电子显微镜（SEM）对改性聚乙烯蜡/氧化石蜡复合蜡烫蜡水曲柳样品和对照水曲柳样品进行测试，用扫描电镜对改性聚乙烯蜡/氧化石蜡复合蜡在木材中的分布和形态进行观察。

图 13-11 显示了未处理木材、改性聚乙烯蜡烫蜡水曲柳和改性聚乙烯蜡/氧化石蜡复合蜡烫蜡水曲柳样品的横截面和径切面微观结构。与未处理木材的空细胞腔和细胞壁结构不同[图 13-11（b）]，改性聚乙烯蜡烫蜡水曲柳和改性聚乙烯蜡/氧化石蜡复合蜡烫蜡水曲柳样品的细胞腔内均发现了蜡的沉积[图 13-11（e）和（d）]，并且蜡与木材细胞壁的接触很紧密。这为木材腔壁提供了一层疏水物质。此外，改性聚乙烯蜡/氧化石蜡复合蜡还导致木材射线管胞和纹孔的堵塞[图 13-11（c）]，而这是液态水在木材中的主要横向通道。结果表明，改性聚乙烯蜡和改性聚乙烯蜡/氧化石蜡复合蜡通过烫蜡处理渗透并填充于木材内部结构中，在一定程度上阻断了水分的传输途径，提高了对液态水的抵抗力。这也与吸水性的测试结果相一致。

相比于改性聚乙烯蜡烫蜡水曲柳，改性聚乙烯蜡/氧化石蜡复合蜡烫蜡水曲柳的细胞腔中沉积的蜡分布更加均匀[图 13-11（d）]，这可能是因为氧化石蜡的加入提升了改性聚乙烯蜡对木材的渗透，更有利于蜡在木材细胞腔内的填充。然而，值得注意的是，氧化石蜡的过量添加不利于填充在细胞腔内的改性聚乙烯蜡/氧化石蜡复合蜡的驻留，烫蜡前后的温度变化容易使木材内部的改性聚乙烯蜡/氧化石蜡复合蜡随着木材的热胀冷缩被挤压出来[图13-11(f)]。

(a) 未处理木材径切面

(b) 未处理木材横截面

(c) 改性聚乙烯蜡/氧化石蜡(70/30)
复合蜡烫蜡木材径切面

(d) 改性聚乙烯蜡/氧化石蜡(70/30)
复合蜡烫蜡木材横截面

(e) 改性聚乙烯蜡烫蜡木材横截面

(f) 改性聚乙烯蜡/氧化石蜡(30/70)
复合蜡烫蜡木材横截面

图 13-11 未处理木材、改性聚乙烯蜡/氧化石蜡（70/30）复合蜡烫蜡木材、
改性聚乙烯蜡烫蜡木材、改性聚乙烯蜡/氧化石蜡（30/70）复合蜡烫蜡木材的 SEM 图像

13.3.5 热稳定性分析

使用德国耐驰 STA449 F3 型热重分析仪对未处理木材和不同质量比的改性聚乙烯蜡/氧化石蜡复合蜡烫蜡水曲柳样品进行热重分析（TGA）。

图 13-12 和图 13-13 显示了改性聚乙烯蜡、氧化石蜡和不同质量比的改性聚乙烯蜡/氧化石蜡复合蜡的 TG 和 DTG 曲线。由 TG 曲线（图 13-12）可知，改性聚乙烯蜡具有最高的初始热降解温度（对应于样品 5%（质量分数）的质量损失）为 276℃，而氧化石蜡的初始热降解温度（230℃）比改性聚乙烯蜡低得多。与改性聚乙烯蜡相比，改性聚乙烯蜡/氧化石蜡（70/30）复合蜡的初始热降解温度略有降低，但随着氧化石蜡含量的增加，改性聚乙烯蜡/氧化石蜡复合蜡的初始热降解温度下降明显，在改性聚乙烯蜡和氧化石蜡的质量比达到 30∶70 时，其初始热降解温度下降到 232℃，基本与氧化石蜡持平。

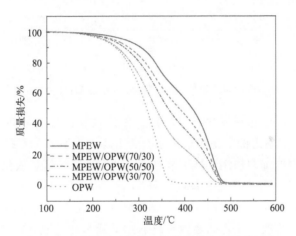

图 13-12 改性聚乙烯蜡、氧化石蜡和不同质量比的改性聚乙烯蜡/氧化石蜡复合蜡的 TG 曲线

改性聚乙烯蜡/氧化石蜡复合蜡初始热降解温度的小幅下降可能归因于氧化石蜡的低热稳定性。Krupa 和 Luyt 等在对低密度聚乙烯/氧化蜡共混物的研究中也发现了类似的行为。由于热降解开始于弱键或链端，氧化石蜡较不稳定的蜡链可能会导致复合蜡初始热降解温度的降低，并且随着氧化石蜡含量的增加，复合蜡的初始热降解温度向更低温度移动。从 DTG 曲线（图 13-13）中可以看出，改性聚乙烯蜡在 348℃ 和 462℃ 附近出现了两个 DTG 峰。其中在 348℃ 附近出现的峰应归因于聚乙烯蜡接枝的马来酸酐-甲基丙烯酸甲酯共单体的热分解，而在 462℃ 附近对应于最快热降解速率的峰，主要与聚乙烯蜡的热降解有关。对于氧化石蜡，DTG 曲线在 323℃ 表现出一个肩峰，这代表了氧

化石蜡中含氧化合物的分解；而在 350℃ 表现出一个主峰，对应于氧化石蜡基体的热降解。有趣的是，相比于改性聚乙烯蜡，改性聚乙烯蜡/氧化石蜡（70/30）复合蜡在相同的峰值温度下同样存在两个阶段的降解过程，没有出现新的峰，表明改性聚乙烯蜡和氧化石蜡之间具有较高程度的互溶性和共结晶性。

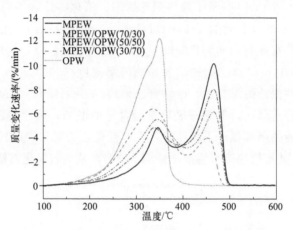

图 13-13　改性聚乙烯蜡、氧化石蜡和不同质量比的改性聚乙烯蜡/氧化石蜡复合蜡的 DTG 曲线

　　此外，还可以注意到氧化石蜡的加入使改性聚乙烯蜡的热分解范围扩大了，并且使 462℃ 附近的最快热解速率有所下降，表明氧化石蜡对改性聚乙烯蜡的热解有一定的抑制作用。这可能是因为改性聚乙烯蜡和氧化石蜡蜡链上的官能团存在相互作用，降低了蜡链的迁移率，从而抑制降解产物的产生。然而，随着氧化石蜡含量的增加，改性聚乙烯蜡/氧化石蜡复合蜡的最快热解速率向低温移动，当改性聚乙烯蜡和氧化石蜡的质量比达到 30:70 时，改性聚乙烯蜡/氧化石蜡复合蜡的两个峰值温度分别为 331℃ 和 452℃。此时，氧化石蜡使改性聚乙烯蜡更容易发生热降解，这可能归因于氧化石蜡相对较低的分子量，氧化石蜡的过量添加使其更易在较低的温度下从改性聚乙烯蜡中分离，在降解过程中氧化石蜡产生的自由基引发了改性聚乙烯蜡的热降解。

　　接下来，我们研究不同质量比的改性聚乙烯蜡/氧化石蜡复合蜡对水曲柳热稳定性的影响。采用热重分析（TGA）对未处理木材和不同质量比的改性聚乙烯蜡/氧化石蜡复合蜡烫蜡水曲柳样品的热性能进行评价，结果如图 13-14 和图 13-15 所示。由图 13-14 所示的 TG 曲线可知，除了仅用氧化石蜡烫蜡处理的水曲柳初始热降解温度（228℃）低于未处理木材（233℃）外，其他配比的改性聚乙烯蜡/氧化石蜡复合蜡烫蜡水曲柳的初始热降解温度均高于未处理木材。

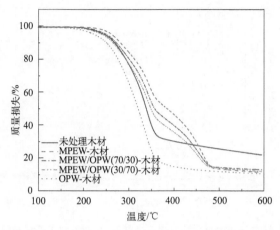

图 13-14　未处理木材和不同质量比的改性聚乙烯蜡/氧化石蜡复合蜡烫蜡木材的 TG 曲线

　　此外，还可以注意到复合蜡烫蜡水曲柳样品的初始热降解温度随着氧化石蜡含量的增加而降低，改性聚乙烯蜡烫蜡水曲柳最高，为 265℃，当改性聚乙烯蜡和氧化石蜡的质量比达到 30：70 时，复合蜡烫蜡水曲柳的初始热降解温度下降到 243℃。改性聚乙烯蜡/氧化石蜡复合蜡烫蜡水曲柳初始热降解温度的提高可能是因为热稳定性相对较高的改性聚乙烯蜡/氧化石蜡复合蜡在木材内部结构中的填充导致复合蜡和木材的分解重叠。此外，改性聚乙烯蜡/氧化石蜡复合蜡可以同木材的羟基在界面处发生酯化反应，使羟基被更稳定的酯基取代，从而提高木材的初始热降解温度。但氧化石蜡的存在使改性聚乙烯蜡/氧化石蜡复合蜡烫蜡水曲柳的初始热降解温度比单独使用改性聚乙烯蜡烫蜡处理的水曲柳低，这是因为与改性聚乙烯蜡基体相比，氧化石蜡的热稳定性较低。

　　从 DTG 图（图 13-15）中可以看出，未处理木材在 290℃ 附近表现出一个肩峰，肩峰的出现主要归因于半纤维素小分子物质在低温段的热降解；而在 340℃ 附近表现出一个对应最快热降解速率的主峰，主要归因于纤维素中糖苷键的断裂。此外，还可以注意到从 380℃ 往上，热失重缓慢降低，这可能是木质素分解的结果。

　　与未处理木材的 DTG 曲线相比，除了仅用氧化石蜡烫蜡处理的水曲柳的 DTG 曲线形状与其相似外，其他不同配比的改性聚乙烯蜡/氧化石蜡复合蜡烫蜡木材最快热降解速率对应的温度均有所升高，热降解速率下降，这可能是因为填充到木材内部结构中的改性聚乙烯蜡/氧化石蜡复合蜡使热量传输受阻，并且改性聚乙烯蜡/氧化石蜡复合蜡可能通过与木材界面间的化学键合作用导致更多热稳定组分的生成。

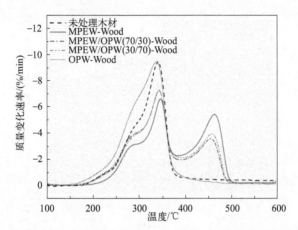

图 13-15　未处理木材和不同质量比的改性聚乙烯蜡/氧化石蜡复合蜡烫蜡木材的 DTG 曲线

值得注意的是，改性聚乙烯蜡/氧化石蜡复合蜡烫蜡水曲柳的最快热降解速率对应的温度随着氧化石蜡含量的增加有向低温段移动的趋势，而最快热降解速率的峰值随着氧化石蜡含量的增加而增大，这可能是氧化石蜡较不稳定的蜡链所致。此外，与未处理木材不同的是，改性聚乙烯蜡/氧化石蜡复合蜡烫蜡水曲柳在 462℃ 附近出现额外的 DTG 峰，此峰对应于改性聚乙烯蜡的最高热失重温度。而氧化石蜡的添加降低了改性聚乙烯蜡的热降解速率，但随着氧化石蜡含量的进一步增加，其热解速率有所上升。上述结果表明，水曲柳经过改性聚乙烯蜡/氧化石蜡复合蜡烫蜡处理后，其热稳定性有所提高。此外，氧化石蜡的适量添加对抑制改性聚乙烯蜡热降解起到了积极作用。

综上所述，可知：

① 氧化石蜡的添加改变了改性聚乙烯蜡的蜡层表面形态，使改性聚乙烯蜡烫蜡水曲柳的表面粗糙度增大，表面光泽度降低。

② 氧化石蜡的添加赋予了蜡层复杂的表面粗糙度和更低的表面自由能，进一步提升了烫蜡水曲柳的表面水接触角。当氧化石蜡的添加量为 30% 时，复合蜡烫蜡水曲柳的表面水接触角达到 119°，相比改性聚乙烯蜡烫蜡水曲柳的表面水接触角提升了 13%。但当氧化石蜡的添加量超过 50% 时，较高含量的氧化石蜡会对烫蜡水曲柳表面水接触角的提升产生负面影响。

③ 氧化石蜡的添加进一步减缓了改性聚乙烯蜡烫蜡水曲柳的吸水速度，降低了吸水率。当氧化石蜡的添加量为 30% 时，复合蜡烫蜡水曲柳在浸水 192h 后含水率达到 60%，相比单独使用改性聚乙烯蜡烫蜡处理的水曲柳含水率降低了 10%。但当氧化石蜡的添加量超过 50% 时，较高含量的氧化石蜡会对烫蜡水曲柳吸水率的降低产生负面影响。

④ 氧化石蜡的添加进一步提升了改性聚乙烯蜡烫蜡水曲柳的蜡层附着力，当氧化石蜡的添加量为 30% 时，复合蜡烫蜡水曲柳的蜡层附着力达到 5.4MPa，相比改性聚乙烯蜡烫蜡水曲柳的蜡层附着力提升了 32%。但当氧化石蜡的添加量超过 50% 时，复合蜡烫蜡水曲柳的蜡层附着力明显降低。

⑤ 水曲柳经过改性聚乙烯蜡/氧化石蜡复合蜡烫蜡处理后，其热稳定性有所提高；氧化石蜡的添加对改性聚乙烯蜡的热降解有一定的抑制作用，但较高含量的氧化石蜡会使改性聚乙烯蜡更容易发生热降解。改性聚乙烯蜡和氧化石蜡的最佳质量比为 70∶30。

⑥ 氧化石蜡的添加提升了改性聚乙烯蜡对木材的渗透能力，促进了蜡对木材表面微细孔隙的浸润和在细胞管腔内的填充，使细胞腔中沉积的蜡分布更加均匀，提高了对液态水的抵抗力。但氧化石蜡的过量添加不利于填充在细胞腔内的复合蜡的驻留。

⑦ 氧化石蜡的添加提供了更多的活性基团，提升了改性聚乙烯蜡与木材羟基之间的反应概率，进一步增强了蜡与木材界面间的结合强度，提高了木材的相对结晶度。

14

改性合成蜡与复合蜡
烫蜡木材耐老化特性

当木材在室内和户外长期使用时，其表面会发生自然老化现象，使木材的物理和化学结构发生不可逆转的变化。导致木材表面老化有诸多复杂的原因，其中的主要因素是紫外线辐射、水分、温度和氧气，这些因素会导致光降解、热降解和氧化降解等特定的化学降解，从而造成木材表面颜色和化学成分的变化。老化降低了木材的使用寿命，增加了维护成本。因此，对木材表面进行防护，以改善其外观，延缓老化降解过程是至关重要的。有报道称，合成蜡乳液浸渍处理木材会降低木材在老化过程中的吸水率，从而减缓光降解。此外，高熔点蜡相比低熔点蜡能更好地防止木材表面的颜色变化。然而，几乎没有关于合成蜡的老化机制以及烫蜡处理对木材表面老化影响的报道。因此，了解合成蜡的蜡层老化机理以及烫蜡处理对木材抗紫外光诱导氧化降解的影响对改性合成蜡的研发以及合成蜡烫蜡木材技术的优化都是至关重要的。

本章主要通过对改性合成蜡和复合蜡烫蜡处理木材在紫外线加速老化过程中的颜色、光泽度、吸水率、接触角和蜡层附着力变化以及表面微观形貌和化学变化的测试和分析，揭示蜡层老化机制以及蜡层对木材对抗紫外光诱导氧化降解的影响。

14.1　改性合成蜡烫蜡木材表面性能变化

蜂蜡和改性聚乙烯蜡烫蜡处理对水曲柳表面颜色、光泽度与粗糙度的影响如图 14-1 所示。烫蜡处理后，水曲柳表面明度指数（L^*）降低，而红绿轴色品指数（a^*）和黄蓝轴色品指数（b^*）增大，表明烫蜡水曲柳表面变暗，呈棕色调。其中，蜂蜡烫蜡处理的水曲柳表面颜色参数变化大于改性聚乙烯蜡烫蜡处理。

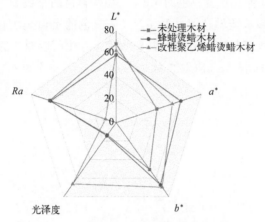

图 14-1　蜂蜡和改性聚乙烯蜡烫蜡处理对
木材表面颜色、粗糙度（$Ra/\mu m$）和光泽度的影响

　　图 14-1 显示改性聚乙烯蜡烫蜡水曲柳的表面光泽度明显高于未处理木材，而用蜂蜡烫蜡对水曲柳的表面光泽度没有显著影响。先前的研究表明，表面光泽度和表面粗糙度是相关的。扫描电镜和表面粗糙度测试结果表明，蜂蜡烫蜡水曲柳表面形成的蜡层相对粗糙，导致入射光在蜂蜡颗粒间形成漫反射，因此其表面光泽度没有发生明显变化；而改性聚乙烯蜡的蜡层表面粗糙度较低，使烫蜡水曲柳表面的光反射增强，因此其表面光泽度显著提升。

14.1.1　改性合成蜡烫蜡木材表面颜色变化

（1）试验与测试方法

　　使用 QUV 人工加速紫外老化仪（Q-Panel 公司，美国）对未处理木材、蜂蜡烫蜡水曲柳和改性聚乙烯蜡烫蜡水曲柳样品进行紫外加速老化试验，按照 ASTM G154 标准设定老化程序。试样尺寸为 $75mm(L) \times 50mm(R) \times 5mm$ (T)，紫外线波长为 340nm，辐照强度为 $0.77W/m^2$，紫外箱内的温度控制在 50℃。紫外老化过程以 12h 为一个周期，由紫外线辐射（8h）和喷水（4h）组成，其目的是模拟户外环境中的日光中的紫外光以及湿度等气候因子对材料的降解作用。整个老化时间为 480h，分别在老化 120h、240h、360h 和 480h

后取出试件进行性能测试。

使用 CM-2300d 型分光光度计（柯尼卡美能达，日本）对紫外老化前后未处理木材、蜂蜡烫蜡水曲柳和改性聚乙烯蜡烫蜡水曲柳样品进行颜色测试，颜色变化以 CIE 1976$L^*a^*b^*$ 测色系统为基础，在最初和不同老化时间测得明度指数 L^*（从黑色的 0 至白色的 100）、红绿轴色品指数 a^*（从绿色的负值至红色的正值）和黄蓝轴色品指数 b^*（从蓝色的负值至黄色的正值）。每个测试样本进行 5 次颜色测试，并计算平均值。老化前后颜色的总体变化情况以 ΔE^* 表示。按照标准 ASTM D2244-02，根据 L^*、a^* 和 b^* 值计算 ΔE^* 值，具体如下：

$$\Delta L^* = L_2^* - L_1^*$$

$$\Delta a^* = a_2^* - a_1^*$$

$$\Delta b^* = b_2^* - b_1^*$$

$$\Delta E^* = \left[(\Delta L^*)^2 + (\Delta a^*)^2 + (\Delta b^*)^2 \right]^{1/2}$$

式中，L_2^*、a_2^* 和 b_2^* 是老化后样品的测量值；L_1^*、a_1^* 和 b_1^* 是老化前样品的测量值；ΔL^* 是老化前后的明度变化；Δa^* 是老化前后的红绿色变化；Δb^* 是老化前后的黄蓝色变化；ΔE^* 是老化前后的总体色差变化。

（2）改性合成蜡烫蜡木材

紫外老化后，在未处理木材、蜂蜡烫蜡水曲柳和改性聚乙烯蜡烫蜡水曲柳样品中观察到的全部颜色变化如图 14-2 所示。可以看到，未处理木材的 ΔL^*、Δa^*、Δb^* 和 ΔE^* 的绝对值均随着老化时间的延长而增大，最明显的颜色变化出现在紫外老化 120h 后。紫外老化导致水曲柳表面变暗，Δa^* 和 Δb^* 的正值表明水曲柳表面有变红和变黄的趋势。众所周知，在木材老化的情况下，变暗和变黄主要是因为木质素对紫外光的吸收而发生氧化反应生成暗褐色的对位醌发色基团。未处理木材在紫外光辐射 480h 后，总体色差变化（ΔE^*）达到 19.11。

对于蜂蜡烫蜡水曲柳和改性聚乙烯蜡烫蜡水曲柳样品而言，用蜂蜡烫蜡对水曲柳表面的老化行为影响较小，老化 480h 后，蜂蜡烫蜡水曲柳的总体色差变化（16.6）仅略低于未处理木材。然而当老化时间由 120h 延长至 240h 时，其 Δb^* 值急剧增大，在老化结束后基本与未处理木材持平。这可能是因为紫外线辐射穿透了蜂蜡的蜡层，导致木材基材和蜡层老化产生叠加效应。相比于蜂蜡烫蜡水曲柳，改性聚乙烯蜡烫蜡水曲柳的 ΔL^*、Δa^*、Δb^* 和 ΔE^* 相对变化较小；其总体色差变化为 8.1，相比未处理木材降低了 58%，相比蜂蜡烫

蜡水曲柳降低了 51%。结果表明，改性聚乙烯蜡烫蜡相比蜂蜡烫蜡能更有效
地改善水曲柳表面的变色现象。值得注意的是，改性聚乙烯蜡烫蜡水曲柳样品
在老化过程中的含水率也较低（表 14-3）。先前的研究表明，木材的含水率与
颜色变化之间有较好的相关性，在老化过程中，水分含量较低的样品颜色变化
较小。

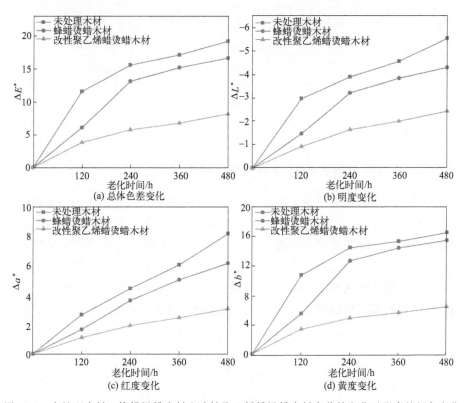

图 14-2　未处理木材、蜂蜡烫蜡木材和改性聚乙烯蜡烫蜡木材在紫外老化过程中的颜色变化

14.1.2　改性合成蜡烫蜡木材表面光泽度变化

图 14-3 显示了未处理木材、蜂蜡烫蜡水曲柳和改性聚乙烯蜡烫蜡水曲柳
样品在紫外加速老化过程中的失光率（%）。随着老化时间的延长，各组样品
的失光率均有所上升。紫外光照射 480h 后，蜂蜡和改性聚乙烯蜡烫蜡水曲柳
样品表面的失光率均小于未处理木材（86%）；蜂蜡烫蜡水曲柳表面的失光率
为 57%，而改性聚乙烯蜡烫蜡水曲柳表面的失光率较低，为 23%，相比未处
理木材降低了 73%，相比蜂蜡烫蜡水曲柳降低了 60%。

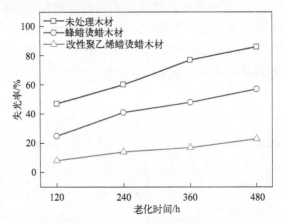

图 14-3 未处理木材、蜂蜡烫蜡木材和改性聚乙烯蜡烫蜡木材在紫外老化过程中的失光率

14.1.3 改性合成蜡烫蜡木材表面粗糙度变化

光泽度的降低可能归因于紫外线辐射和水的淋溶作用使木材样品表面变得更加粗糙（表 14-1）。而改性聚乙烯蜡烫蜡水曲柳在紫外老化前后表面粗糙度的增加幅度低于蜂蜡烫蜡水曲柳，结合 SEM 观察结果，相比于蜂蜡烫蜡水曲柳，改性聚乙烯蜡烫蜡水曲柳表面在老化后出现相对较少的表面裂纹，因此改性聚乙烯蜡烫蜡水曲柳表面在老化过程中表现出相对较低的失光率。结果表明，改性聚乙烯蜡烫蜡对水曲柳表面失光现象的改善效果优于蜂蜡烫蜡。

表 14-1 未处理木材、蜂蜡烫蜡木材和改性聚乙烯蜡烫蜡木材在紫外老化过程中的表面粗糙度

样品	表面粗糙度 $Ra/\mu m$				
	老化 0h	老化 120h	老化 240h	老化 360h	老化 480h
未处理木材	9.8(1.2)	14.4(1.5)	15.7(2.1)	17.3(1.5)	18.2(2.6)
蜂蜡烫蜡木材	9.1(0.7)	11.9(1.1)	14.2(1.4)	14.9(1.4)	15.8(2.2)
改性聚乙烯蜡烫蜡木材	1.6(0.8)	1.9(0.6)	2.2(0.6)	2.4(0.5)	2.8(0.9)

注：括号中为标准差。

14.1.4 改性合成蜡烫蜡木材附着力变化

图 14-4 显示了蜂蜡烫蜡水曲柳和改性聚乙烯蜡烫蜡水曲柳样品在紫外线加速老化前后的蜡层附着力。经过紫外老化处理后，蜂蜡和改性聚乙烯蜡烫蜡水曲柳样品的蜡层附着力均呈现不同程度的下降。蜂蜡烫蜡水曲柳的蜡层附着力降低幅度达到 77%，而改性聚乙烯蜡烫蜡水曲柳的蜡层附着力降低幅度为 26%，明显低于蜂蜡烫蜡水曲柳样品。

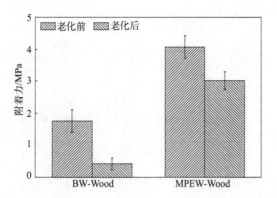

图 14-4　蜂蜡烫蜡木材和改性聚乙烯蜡烫蜡木材在紫外老化前后的蜡层附着力

蜡层附着力降低的主要原因可能是水分子使木材膨胀，从而损害了木材与蜡基体的界面黏附性。由之前的研究得知，蜂蜡与木材界面间仅存在物理作用，蜡层附着力较低，木材吸湿膨胀容易使蜂蜡从木材基体中分离。而改性聚乙烯蜡通过与木材界面间的化学反应产生了较强的化学键合力，并且由于半纤维素或木质素的亲水基团在与改性聚乙烯蜡反应过程中减少，从而改善了木材的吸湿性，这有助于保持改性聚乙烯蜡的蜡层附着力。

14.1.5　改性合成蜡烫蜡木材接触角变化

图 14-5 显示了未处理木材、蜂蜡烫蜡水曲柳和改性聚乙烯蜡烫蜡水曲柳样品在紫外线加速老化前后的水接触角变化。蜂蜡烫蜡水曲柳和改性聚乙烯蜡烫蜡水曲柳样品表面的初始水接触角分别为 110° 和 105°，高于未处理木材表面的初始水接触角（40°）。由此可知，不同类型的蜡对木材表面疏水性的提升起到了显著的积极作用，这与我们先前的研究一致。随着老化时间的延长，所有样品表面的水接触角均呈现下降的趋势。紫外老化 480h 后，蜂蜡烫蜡水曲柳样品的疏水表面（水接触角＞90°）变得亲水（87°）。相比于蜂蜡烫蜡水曲柳，改性聚乙烯蜡烫蜡水曲柳样品表面的水接触角变化相对较小，降低幅度为 9%，低于蜂蜡烫蜡水曲柳的 21%；在老化结束后其表面水接触角降低至 96°，基本保持了疏水性。

表面水接触角降低可能有以下几个原因：首先，木材表面蜡层在老化过程中形成的裂纹会对表面沉积的水滴形状产生影响。其次，表面蜡层的裂纹形成了毛细管，由于毛细管压力驱动吸水，从而降低了表面的水接触角。最后，由于表面蜡层吸收部分紫外线辐射而发生光降解，导致表面极性基团增多。这一点可以从表面自由能的极性分量随老化时间的延长而升高得到验证（表 14-2）。

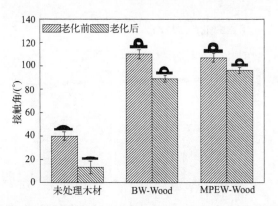

图 14-5 未处理木材、蜂蜡烫蜡木材和改性聚乙烯蜡烫蜡木材在紫外老化前后的水接触角

表面极性基团增多使烫蜡水曲柳的表面自由能升高，从而降低了水滴的接触角。相对于蜂蜡烫蜡水曲柳，一方面，改性聚乙烯蜡烫蜡水曲柳样品老化后出现的表面裂纹相对较少；另一方面，改性聚乙烯蜡烫蜡水曲柳样品的表面自由能变化幅度相对较小（表 14-2）。因此，改性聚乙烯蜡烫蜡水曲柳在老化结束时的表面水接触角高于蜂蜡烫蜡水曲柳。

表 14-2 未处理木材、蜂蜡烫蜡木材和改性聚乙烯蜡烫蜡木材
在紫外老化前后的表面自由能、极性分量和非极性分量

样品	表面自由能/(mJ/m^2)		极性分量/(mJ/m^2)		非极性分量/(mJ/m^2)	
	老化前	老化后	老化前	老化后	老化前	老化后
未处理木材	60.89	66.68	29.98	34.18	30.91	32.50
蜂蜡烫蜡木材	34.52	36.09	0.50	1.59	34.02	34.50
改性聚乙烯蜡烫蜡木材	32.98	33.72	0.02	0.54	32.96	33.18

14.1.6 改性合成蜡烫蜡木材含水率变化

未处理木材、蜂蜡烫蜡水曲柳和改性聚乙烯蜡烫蜡水曲柳样品在紫外老化过程中的含水率（MC）如表 14-3 所示。未处理木材、蜂蜡烫蜡水曲柳和改性聚乙烯蜡烫蜡水曲柳样品在老化 120h 后，其含水率明显增大，并且在此后的老化周期内基本保持恒定。这一结果与蜡乳液浸渍木材的风化研究（Lesar等）是相似的。蜂蜡烫蜡水曲柳和改性聚乙烯蜡烫蜡水曲柳样品的初始含水率分别为 4.7% 和 3.2%，低于未处理木材的水分含量（6.1%）。经过 120h 紫外老化后，未处理木材的含水率达到 62.3%，而蜂蜡和改性聚乙烯蜡烫蜡水曲柳样品的含水率分别为 46.5% 和 38.3%。烫蜡水曲柳样品含水率的增大幅度明显低于未处理木材，这一结果表明蜂蜡和改性聚乙烯蜡烫蜡处理有效地减缓

了水曲柳在老化过程中对水分的吸收。这有两个可能的原因：首先，木材经烫蜡处理在其表面固化形成的蜡层减缓了水分的渗透；其次，木材细胞腔中填充的蜡在一定程度上阻断了水分的运输途径。我们先前的浸水试验同样表明，蜂蜡和改性聚乙烯蜡烫蜡水曲柳样品的水分吸收速率较低，在浸水 192h 后的含水率明显低于未处理木材。

表 14-3　未处理木材、蜂蜡烫蜡木材和改性聚乙烯蜡烫蜡木材在紫外老化过程中的含水率

样品	含水率/%				
	老化 0h	老化 120h	老化 240h	老化 360h	老化 480h
未处理木材	6.1(0.8)	62.3(3.9)	64.8(6.8)	61.6(5.1)	63.4(6.2)
蜂蜡烫蜡木材	4.7(0.5)	46.5(4.5)	48.9(7.0)	48.2(7.1)	45.3(3.9)
改性聚乙烯蜡烫蜡木材	3.2(0.7)	38.3(5.6)	35.8(3.4)	34.5(2.7)	37.1(4.8)

注：括号中为标准差。

　　然而，蜂蜡烫蜡水曲柳样品在老化过程中的含水率明显高于改性聚乙烯蜡烫蜡水曲柳样品。在老化过程中，表面蜡层在紫外光和水的负面影响下出现劣化，并产生裂纹。由于裂纹，紫外光和水可能穿透到烫蜡水曲柳的更深层，导致水的积累，从而促进水分的渗透。因此，蜂蜡烫蜡水曲柳样品含水率较高的原因可能是蜂蜡蜡层在老化后形成的裂纹数量和大小大于改性聚乙烯蜡蜡层。此外，我们先前的研究表明，在烫蜡过程中，改性聚乙烯蜡与木材细胞壁上的羟基发生了酯化反应，致使木材亲水基团的含量减少，从而降低了改性聚乙烯蜡烫蜡水曲柳样品在老化过程中的含水率。

14.2　复合蜡烫蜡木材表面性能变化

14.2.1　复合蜡烫蜡木材表面颜色变化

　　图 14-6 给出了未处理木材、改性聚乙烯蜡和复合蜡烫蜡水曲柳样品在不同老化时间后的颜色参数变化曲线。由图可知，各组样品的 ΔL^*、Δa^*、Δb^* 和 ΔE^* 均随着老化时间的延长而逐渐增大，表明样品表面发生了一定程度的褪色现象，但未处理木材各色品指数曲线的变化幅度明显高于改性聚乙烯蜡和复合蜡烫蜡水曲柳。

　　未处理木材的 ΔL^* 和 Δb^* 的绝对值在紫外老化 120h 后急剧增大，这是因为木质素对紫外光的吸收导致氧化反应生成暗褐色的对位醌发色基团。经过 480h 紫外老化后，改性聚乙烯蜡和复合蜡烫蜡水曲柳样品的 ΔL^*、Δa^* 和 Δb^* 的绝对值均低于未处理木材；其 ΔL^* 值相比未处理木材分别降低了 56%

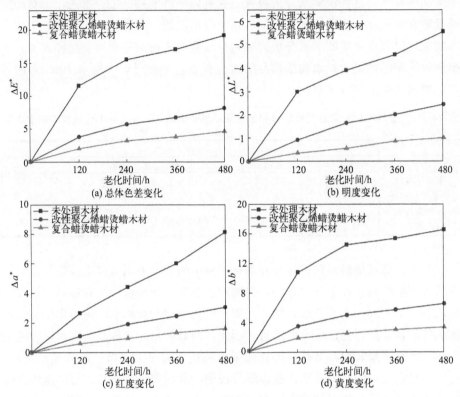

图 14-6 未处理木材、改性聚乙烯蜡烫蜡木材和
复合蜡烫蜡木材在紫外老化过程中的颜色变化

和 82%，Δa^* 值分别降低了 62% 和 80%，Δb^* 值分别降低了 73% 和 84%。这些结果表明，用改性聚乙烯蜡和复合蜡烫蜡能有效抑制木材表面的光氧化降解，从而改善木材表面的变色现象。可以看出，复合蜡对明度、红度和黄度的延缓程度要优于单独的改性聚乙烯蜡，表明复合蜡相比改性聚乙烯蜡对木材的表面变色有更好的保护作用，更有效地防止了对位醌发色基团的产生。老化结束后，未处理木材的总体色差变化（ΔE^*）达 19.11，而复合蜡烫蜡水曲柳的总体色差变化为 4.6，相比未处理木材降低了 76%，相比改性聚乙烯蜡烫蜡水曲柳降低了 43%，表明复合蜡烫蜡对木材表面长期颜色稳定性的提高最为显著。我们在之前的研究中发现，颜色变化与样品在老化过程中的水分含量有关，含水率较低的样品颜色变化较小。相比于改性聚乙烯蜡，复合蜡进一步降低了木材在老化过程中的含水率（表 14-3），这可能是复合蜡烫蜡水曲柳样品颜色变化最小的主要原因。

14.2.2 复合蜡烫蜡木材表面光泽度变化

图 14-7 显示了未处理木材、改性聚乙烯蜡和改性聚乙烯蜡/氧化石蜡复合蜡烫蜡水曲柳样品在不同老化时间后的失光率（％）。各组样品的失光率均随老化时间的延长有所上升，但改性聚乙烯蜡和复合蜡烫蜡水曲柳的失光率明显低于未处理木材。

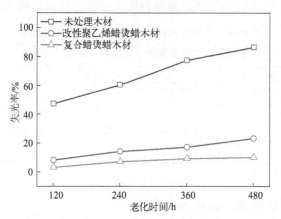

图 14-7 未处理木材、改性聚乙烯蜡烫蜡木材和复合蜡烫蜡木材在紫外老化过程中的失光率

紫外老化 480h 后，未处理木材的失光率达到 86％，根据国家标准 GB/T 1766—2008 的涂层老化失光等级评价（表 14-4）可知，其属于等级 5 完全失光。经改性聚乙烯蜡和改性聚乙烯蜡/氧化石蜡复合蜡烫蜡处理后，木材表面的失光现象得到了有效改善，改性聚乙烯蜡烫蜡水曲柳在老化后的失光率为 23％，属于等级 2 轻微失光；而复合蜡烫蜡水曲柳表现出最低的失光率（10％），属于等级 1 很轻微失光。

表 14-4 未处理木材、改性聚乙烯蜡烫蜡木材和
复合蜡烫蜡木材在紫外老化 480h 后的失光率

样品	失光率/%	失光程度	等级	等级标准/%
未处理木材	86	完全失光	5	＞80
改性聚乙烯蜡烫蜡木材	23	轻微失光	2	16～30
复合蜡烫蜡木材	10	很轻微失光	1	4～15

复合蜡烫蜡水曲柳在老化后的失光率相比未处理木材降低了 88％，相比改性聚乙烯蜡烫蜡水曲柳降低了 57％。结果表明，改性聚乙烯蜡/氧化石蜡复合蜡烫蜡对木材表面失光现象的改善优于改性聚乙烯烫蜡。

14.2.3　复合蜡烫蜡木材表面粗糙度变化

表面光泽度的降低与未处理木材和烫蜡木材样品在老化过程中的表面粗糙度增加有关，粗糙表面会使入射光发生漫反射而形成消光效应，而改性聚乙烯蜡/氧化石蜡复合蜡烫蜡水曲柳在紫外老化前后表面粗糙度的增加幅度低于改性聚乙烯蜡烫蜡水曲柳（表 14-5），结合 SEM 观察结果可知，复合蜡烫蜡水曲柳样品表现出最低的失光率，与复合蜡蜡层最佳的表面保护效果相一致。

表 14-5　未处理木材、改性聚乙烯蜡烫蜡木材和
复合蜡烫蜡木材在紫外老化过程中的表面粗糙度

样品	表面粗糙度 $Ra/\mu m$				
	老化 0h	老化 120h	老化 240h	老化 360h	老化 480h
未处理木材	9.8(1.2)	14.4(1.5)	15.7(2.1)	17.3(1.5)	18.2(2.6)
改性聚乙烯蜡烫蜡木材	1.6(0.8)	1.9(0.6)	2.2(0.6)	2.4(0.5)	2.8(0.9)
复合蜡烫蜡木材	4.4(0.5)	4.4(0.4)	4.5(0.9)	4.9(0.7)	5.1(0.7)

注：括号中为标准差。

14.2.4　复合蜡烫蜡木材附着力变化

图 14-8 显示了改性聚乙烯蜡烫蜡水曲柳和复合蜡烫蜡水曲柳样品在紫外线加速老化前后的蜡层附着力。经过紫外老化处理后，各组烫蜡水曲柳样品的蜡层附着力呈现不同程度的下降。复合蜡烫蜡水曲柳的蜡层附着力在老化后降低幅度为 13%，低于改性聚乙烯蜡烫蜡水曲柳的 26%。

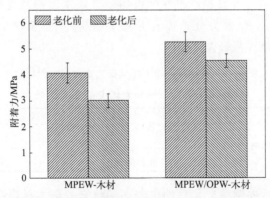

图 14-8　改性聚乙烯蜡烫蜡木材和复合蜡烫蜡木材在紫外老化前后的蜡层附着力

蜡层附着力降低的主要原因可能是烫蜡木材在老化过程中反复吸湿解吸后的膨胀收缩作用导致蜡基体与木材间的界面黏附性受到了破坏。先前的研究表

明，改性聚乙烯蜡通过与木材界面间的化学反应形成了较强的化学键合力，并且由于半纤维素或木质素的亲水基团在与改性聚乙烯蜡反应过程中减少从而改善了木材的吸湿性，这有助于保持改性聚乙烯蜡的蜡层附着力。而氧化石蜡提供的额外活性基团使改性聚乙烯蜡与木材羟基间的反应概率得到进一步提升，促进了界面化学键的形成，增大了化学键合力。另外，复合蜡烫蜡进一步降低了木材在紫外老化过程中的含水率，从而限制了老化作用对蜡层附着力的影响。因此，复合蜡烫蜡水曲柳的蜡层附着力降低幅度低于改性聚乙烯蜡烫蜡水曲柳。

14.2.5 复合蜡烫蜡木材接触角变化

图 14-9 显示了未处理木材、改性聚乙烯蜡和复合蜡烫蜡水曲柳样品在紫外线加速老化前后的水接触角。水的初始接触角在复合蜡烫蜡水曲柳样品上最大（119°），其次是改性聚乙烯蜡烫蜡水曲柳样品（105°），未处理木材的初始水接触角最低，为 40°。改性聚乙烯蜡和复合蜡的蜡层所提供的额外低表面自由能对木材表面疏水性的提升起到了显著的积极作用，这与我们先前的研究一致。

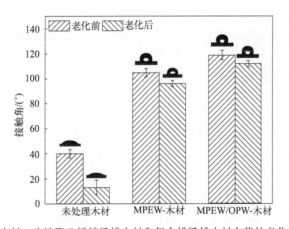

图 14-9　未处理木材、改性聚乙烯蜡烫蜡木材和复合蜡烫蜡木材在紫外老化前后的水接触角

随着老化时间的延长，各组样品表面的水接触角均呈现下降的趋势，但未处理木材表面水接触角的下降幅度远大于改性聚乙烯蜡和复合蜡烫蜡水曲柳。紫外老化 480h 后，改性聚乙烯蜡烫蜡水曲柳表面的水接触角降低至 96°，而复合蜡烫蜡水曲柳样品表面水接触角的变化较小，降低幅度为 5%，低于改性聚乙烯蜡烫蜡水曲柳的 9%，在老化结束时仍然较高（112°），表明复合蜡可以在紫外老化过程中对木材起到持久的疏水保护作用。改性聚乙烯蜡烫蜡水曲

柳相比复合蜡烫蜡水曲柳表面水接触角降低幅度较大的原因可能有以下几个：第一，改性聚乙烯蜡烫蜡水曲柳表面在老化后观察到有明显的小裂纹，这阻止了其表面形成形状清晰的液滴。第二，表面蜡层的裂纹形成了毛细管，由于毛细管压力驱动吸水，从而降低了表面的水接触角。第三，由于表面蜡层吸收部分紫外线辐射而发生光降解，导致表面极性基团增多。这一点可以从表面自由能的极性分量随老化时间的延长而升高得到验证（表14-6）。表面极性基团的增多，使改性聚乙烯蜡烫蜡水曲柳的表面自由能升高，从而降低了水滴的接触角。而复合蜡烫蜡水曲柳表面在老化后没有观察到明显的裂纹。此外，改性聚乙烯蜡和氧化石蜡的复配表现出协同作用，增强了抗紫外光氧化降解的能力，使复合蜡烫蜡水曲柳样品的表面自由能变化幅度较小（表14-6）。因此，复合蜡烫蜡水曲柳样品在老化结束时仍保持较高的表面接触角。

表 14-6 未处理木材、改性聚乙烯蜡烫蜡木材和复合蜡烫蜡木材
在紫外老化前后的表面自由能、极性分量和非极性分量

样品	表面自由能/(mJ/m²)		极性分量/(mJ/m²)		非极性分量/(mJ/m²)	
	老化前	老化后	老化前	老化后	老化前	老化后
未处理木材	60.89	66.68	29.98	34.18	30.91	32.50
改性聚乙烯蜡烫蜡木材	34.52	36.09	0.50	1.59	34.02	34.50
复合蜡烫蜡木材	32.98	33.72	0.02	0.54	32.96	33.18

14.2.6 复合蜡烫蜡木材含水率变化

表 14-7 给出了未处理木材、改性聚乙烯蜡和复合蜡烫蜡水曲柳样品在不同老化时间后的含水率（MC）。老化 120h 后，未处理木材和烫蜡水曲柳样品的含水率均有显著的增加，但在之后的老化周期内基本保持稳定。改性聚乙烯蜡和复合蜡烫蜡水曲柳样品的初始含水率分别为 3.2% 和 2.4%，未处理木材的初始水分含量较高，为 6.1%。经过 120h 紫外老化后，未处理木材的含水率最高（62.3%），改性聚乙烯蜡烫蜡水曲柳的含水率为 38.3%，而复合蜡烫蜡水曲柳表现出最低的含水率，为 26.9%。老化 120h 后，烫蜡水曲柳的含水率明显低于未处理木材，相比未处理木材分别降低了 39% 和 57%。在更多的老化周期中也注意到了类似的差异。

以上结果表明，改性聚乙烯蜡和复合蜡烫蜡处理有效地减缓了木材在老化过程中对水分的吸收。烫蜡木材在老化过程中含水率较低可以归结为以下几个主要的原因：首先，烫蜡处理后，木材细胞腔中沉积的蜡在物理上阻止了水分的吸收。其次，烫蜡后，木材表面形成了致密的蜡膜，这减缓了木材的吸水速

率。最后，改性聚乙烯蜡和复合蜡均可以与木材细胞壁上的羟基发生酯化反应，导致木材的亲水基团大量减少，从而限制了水分对细胞壁的渗透。先前的浸水试验同样表明，改性聚乙烯蜡和复合蜡烫蜡水曲柳样品的水分吸收速率较低，在浸水 192h 后的含水率明显低于未处理木材。

表 14-7　未处理木材、改性聚乙烯蜡烫蜡木材和
复合蜡烫蜡木材在紫外老化过程中的含水率

样品	含水率/%				
	老化 0h	老化 120h	老化 240h	老化 360h	老化 480h
未处理木材	6.1(0.8)	62.3(3.9)	64.8(6.8)	61.6(5.1)	63.4(6.2)
改性聚乙烯蜡烫蜡木材	3.2(0.7)	38.3(5.6)	35.8(3.4)	34.5(2.7)	37.1(4.8)
复合蜡烫蜡木材	2.4(0.2)	26.9(3.6)	27.4(3.2)	26.2(2.9)	25.6(2.3)

注：括号中为标准差。

复合蜡烫蜡水曲柳在老化过程中的吸水率低于改性聚乙烯蜡烫蜡水曲柳，这可能是因为在紫外光和水分的长期老化作用下，改性聚乙烯蜡烫蜡水曲柳表面出现了小裂纹，由于裂纹，紫外光和水分可能穿透到烫蜡木材的更深层，这促进了水分的渗透。而复合蜡烫蜡水曲柳在老化后没有观察到明显的裂纹，这更有利于减缓老化过程中水分的渗透。此外，复合蜡在木材细胞管腔内的填充更加均匀，在木材表面形成了更加致密的薄膜，从而表现出更加突出的水分阻隔作用。因此，与改性聚乙烯蜡烫蜡水曲柳相比，复合蜡烫蜡水曲柳样品在老化后具有更低的含水率。

14.3　改性合成蜡与复合蜡烫蜡木材的耐老化机理

14.3.1　烫蜡木材表面形貌变化

图 14-10 显示了未处理木材、改性聚乙烯蜡烫蜡水曲柳和复合蜡烫蜡水曲柳在紫外线加速老化前后的扫描电镜表面微观形貌。未处理木材的表面微观形貌因老化作用发生了明显的变化，在紫外老化 480h 后，其最初较光滑的表面变得粗糙，并且粗化过程中出现了许多基体裂纹和界面缺陷[图 14-10(d)]。随着紫外老化的进行，木材表面变得脆化并出现许多微裂纹与严重的裂纹，这些现象的出现可能有以下几个原因：首先，紫外线和水分的共同作用导致木材发生光降解，木材表层被侵蚀，产生了许多小裂纹，这些裂纹的数量和大小随着干湿循环的增加而增大。其次，由于裂纹，紫外光和水分能够穿透到木材表面的更深层，导致水分的积累，从而促进了木材进一步的降解，加剧了其表面裂纹的形成与扩大。

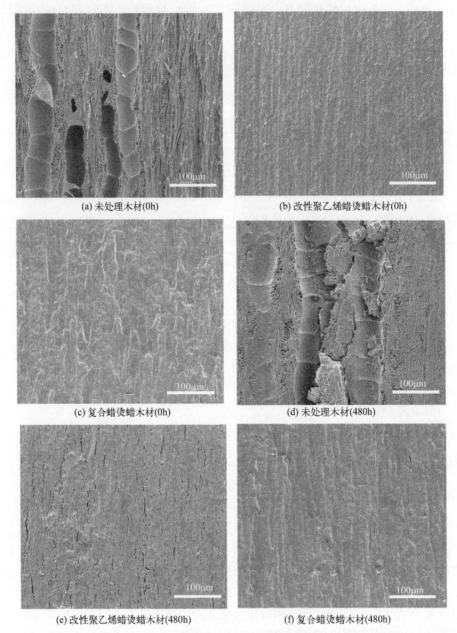

(a) 未处理木材(0h)　　　　　　　(b) 改性聚乙烯蜡烫蜡木材(0h)

(c) 复合蜡烫蜡木材(0h)　　　　　　(d) 未处理木材(480h)

(e) 改性聚乙烯蜡烫蜡木材(480h)　　　　(f) 复合蜡烫蜡木材(480h)

图 14-10　未处理木材、改性聚乙烯蜡烫蜡木材和
复合蜡烫蜡木材表面在紫外老化前后的 SEM 图像

　　紫外老化 480h 后，改性聚乙烯蜡烫蜡水曲柳样品表面也出现了一些裂纹 [图 14-10(e)]，但其裂纹程度明显弱于未处理木材，并且没有观察到木材基体

的暴露；而复合蜡烫蜡水曲柳表面在老化后基本保持了原先的形态，没有观察
到比较明显的裂纹[图 14-10(f)]。

14.3.2　烫蜡木材界面化学结构分析

图 14-11～图 14-13 的 FTIR 光谱显示了紫外线加速老化 480h 后对未处理
木材、改性聚乙烯蜡和复合蜡烫蜡水曲柳样品表面化学变化的影响。

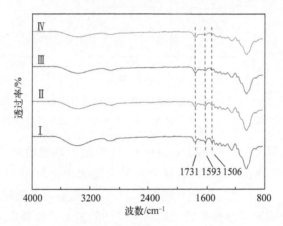

图 14-11　未处理木材在紫外老化过程中的红外光谱
Ⅰ—老化 0h；Ⅱ—老化 120h；Ⅲ—老化 240h；Ⅳ—老化 480h

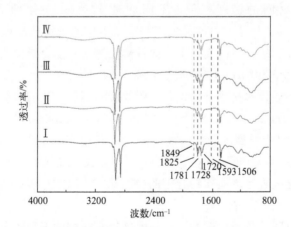

图 14-12　改性聚乙烯蜡烫蜡木材在紫外老化过程中的红外光谱
Ⅰ—老化 0h；Ⅱ—老化 120h；Ⅲ—老化 240h；Ⅳ—老化 480h

改性聚乙烯蜡的特征谱带是在 $1781cm^{-1}$ 和 $1849cm^{-1}$ 处归属于五元酸酐
环中羰基（C $=$ O）的对称和不对称伸缩振动吸收峰，$1731cm^{-1}$ 处归属于甲

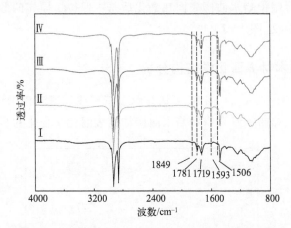

图 14-13　复合蜡烫蜡木材在紫外老化过程中的红外光谱
Ⅰ—老化 0h；Ⅱ—老化 120h；Ⅲ—老化 240h；Ⅳ—老化 480h

基丙烯酸甲酯（MMA）上羰基（C=O）的伸缩振动吸收峰。随着氧化石蜡的添加，改性聚乙烯蜡/氧化石蜡复合蜡最主要的变化是 $1731cm^{-1}$ 处的吸收峰位移至 $1724cm^{-1}$，这与氧化石蜡在 $1715cm^{-1}$ 处存在羰基吸收有关。

先前的研究表明，改性聚乙烯蜡与木材细胞壁上的羟基发生酯化反应，使 $1781cm^{-1}$ 和 $1849cm^{-1}$ 处的酸酐特征峰减弱，$1731cm^{-1}$ 处的羰基吸收带位移至 $1720cm^{-1}$，并且吸收强度增大。复合蜡和木材界面间的反应机理与改性聚乙烯蜡和木材间的机理相似，不同的是 $1724cm^{-1}$ 处的羰基吸收带向 $1719cm^{-1}$ 处位移。烫蜡木材样品的 FTIR 光谱反映了烫蜡处理过程，蜡的特征谱带也出现在烫蜡木材的光谱上，改性聚乙烯蜡和复合蜡烫蜡水曲柳的 FT-IR 光谱如图 14-12 和图 14-13 中光谱Ⅰ所示。

老化作用会导致木材成分的退化，吸收带的强度变化与木材的化学成分变化有关，未处理木材的光诱导降解主要引起 $1506cm^{-1}$、$1593cm^{-1}$ 和 $1731cm^{-1}$ 处吸收峰强度的变化（图 14-11）。其中 $1506cm^{-1}$ 和 $1593cm^{-1}$ 处的吸收峰吸收减少，强度降低，$1731cm^{-1}$ 处的吸收峰代表非共轭羰基，老化后吸收增加。这些峰为木质素结合带的吸收峰，所以木材表面的光降解主要发生在木材的木质素成分中。

随着老化时间的延长，改性聚乙烯蜡烫蜡水曲柳的 FTIR 光谱（图 14-12）显示 $1781cm^{-1}$ 处的吸收峰强度逐渐降低，$1849cm^{-1}$ 处的吸收峰向 $1825cm^{-1}$ 处位移，表明聚乙烯蜡接枝的马来酸酐单体吸收了部分紫外线辐射而发生降解。$1720cm^{-1}$ 处的吸收峰对应改性聚乙烯蜡与木材结合的羰基吸收峰，经过 120h 老化后，吸收峰强度逐渐增大，并且向 $1728cm^{-1}$ 处吸收峰位移,表明聚乙烯蜡表面在紫外光辐照下发生了一定程度的光降解,导致其分子链断裂形成羰基基团。与未处理木材相比,改性聚乙烯蜡烫蜡水曲柳在 $1506cm^{-1}$ 和 $1593cm^{-1}$ 处的木质素吸收带强度降低变缓,表明水曲柳经改性聚乙烯蜡烫蜡处理后,木质素的降解减少。木材光降解较慢的原因是改性聚乙烯蜡的蜡层在老化过程中吸收了一部分的紫外线辐射。此外,紫外光和水分不容易穿透改性聚乙烯蜡蜡层向木材表面的深层进展,从而可延缓木材表面的光氧化降解。

相比于改性聚乙烯蜡烫蜡水曲柳,复合蜡烫蜡水曲柳的 FTIR 光谱变化较小(图 14-13)。老化结束后,其在 $1781cm^{-1}$ 和 $1849cm^{-1}$ 处的环酸酐特征吸收峰没有发生移位,并且吸收峰强度仅略有下降;$1719cm^{-1}$ 处的羰基吸收略有增加,但没有发现吸收峰的移位。以上结果表明,复合蜡蜡层的抗紫外光诱导氧化降解性能优于改性聚乙烯蜡蜡层。此外,在老化过程中,$1506cm^{-1}$ 和 $1593cm^{-1}$ 处的木质素吸收带强度基本保持不变,表明复合蜡烫蜡对木材抗紫外线老化性能的改善优于改性聚乙烯蜡烫蜡。这也与颜色测试结果一致。复合蜡烫蜡水曲柳光稳定性优异的原因主要是复合蜡烫蜡更有效地降低了木材在老化过程中的水分含量,这降低了水分作用对木材光降解的影响。此外,改性聚乙烯蜡和氧化石蜡的复配表现出协同作用,减少了蜡层表面的光降解。因此,复合蜡烫蜡水曲柳表现出最优异的光稳定性。

在紫外线加速老化过程中,未处理木材、改性聚乙烯蜡烫蜡水曲柳和改性聚乙烯蜡/氧化石蜡复合蜡烫蜡水曲柳的性能发生了变化,通过分析试件在老化前后颜色、光泽度、吸水率、接触角和蜡层附着力的变化,论述了改性聚乙烯蜡以及复合蜡的蜡层对木材表面老化行为的影响,并且深入阐释了蜡层的老化机制以及蜡层对木材抗紫外光降解机理。主要包括以下结论:

① 改性聚乙烯蜡/氧化石蜡复合蜡烫蜡对木材表面的变色及失光现象的改善优于改性聚乙烯蜡烫蜡。复合蜡烫蜡水曲柳在老化 480h 后的总体色差变化和失光率分别为 4.6 和 10%,相比未处理木材分别降低了 76% 和 88%,相比改性聚乙烯蜡烫蜡水曲柳分别降低了 43% 和 57%,复合蜡烫蜡水曲柳表现出优异的光稳定性。

② 利用改性聚乙烯蜡/氧化石蜡复合蜡烫蜡进一步降低了由老化作用引起的蜡层附着力变化。复合蜡烫蜡水曲柳的蜡层附着力降低幅度为 13%,低于改性聚乙烯蜡烫蜡水曲柳的 26%。

③ 复合蜡烫蜡水曲柳在老化后的含水率达到 25.6%,低于改性聚乙烯蜡烫蜡水曲柳的 37.1%,复合蜡烫蜡处理更有效地降低了木材在老化过程中对水分的吸收。

④ 复合蜡烫蜡水曲柳表面水接触角的降低幅度为 5%，低于改性聚乙烯蜡烫蜡水曲柳的 9%，复合蜡烫蜡水曲柳在老化结束后仍然保持较高的表面水接触角，复合蜡可以在紫外老化过程中对木材起到持久的疏水保护作用。

⑤ 氧化石蜡的添加增强了改性聚乙烯蜡抗紫外光氧化降解的能力，降低了紫外线辐射的穿透性，对木质素有更好的保护作用，使复合蜡烫蜡水曲柳的表面颜色和蜡层附着力的变化较小。

⑥ 复合蜡烫蜡更有效地防止了木材表面在紫外老化后的损伤，对木材的表面保护效果优于单独使用改性聚乙烯蜡烫蜡，复合蜡烫蜡水曲柳在老化后没有出现明显的表面裂纹，表面光泽度、表面接触角和吸水率的变化较小。

综上所述，与改性聚乙烯蜡烫蜡水曲柳相比，复合蜡烫蜡水曲柳在紫外老化作用下表面颜色、光泽度、吸水率、接触角和蜡层附着力等性能的表现更为稳定。改性聚乙烯蜡和氧化石蜡的复配表现出协同作用，使木材在老化过程中的吸水率进一步降低，显著增强了蜡层与木材间的结合强度，降低了紫外线辐射的穿透性，提高了对紫外光诱导的抗氧化性能。因此，复合蜡的蜡层对木材表面具有最佳的保护效果，最大程度上抑制了木材表面的光降解，改善了木材表面的变色及失光现象，并对木材起到持久的疏水保护作用。

● 下篇参考文献

[1] Bhasin M M, Mccain J H, Vora B V, et al. Dehydrogenation and oxydehydrogenation of paraffins to olefins[J]. Applied Catalysis A General, 2001, 221(1-2): 397-419.

[2] Jiang X, Luo R, Peng F, et al. Synthesis, characterization and thermal properties of paraffin microcapsules modified with nano-Al_2O_3[J]. Applied Energy, 2015, 137(1): 731-737.

[3] 龚方红, 徐建平, 殷大斌, 等. 聚乙烯蜡的羧基化及其应用[J]. 石油炼制与化工, 2006(06): 18-22.

[4] 杨张法. 马来酸酐接枝改性聚乙烯蜡的研究[J]. 中国高新技术企业, 2008(12): 98-101.

[5] 马宇辉, 王桂香, 禹雪晴, 等. 熔融法聚乙烯蜡接枝马来酸酐的研究[J]. 粘接, 2003 (06): 1-3.

[6] Roover B D, Sclavons M, Carlier V, et al. Molecular characterization of maleic anhydride-functionalized polypropylene[J]. Journal of Polymer Science Part A Polymer Chemistry, 1995, 33(5): 829-842.

[7] Gaylord N G, Mishra M K. Nondegradative reaction of maleic anhydride and molten polypropylene in the presence of peroxides[J]. Journal of Polymer Science: Polymer Letters Edition, 1983, 21(1): 23-30.

[8] Li Y, Xie X M, Guo B H. Study on styrene-assisted melt free-radical grafting of maleic anhydride onto polypropylene[J]. Polymer, 2001, 42(8): 3419-3425.

[9] Schwach E, Six J L, Averous L. Biodegradable blends based on starch and poly(lactic acid): comparison of different strategies and estimate of compatibilization[J]. Journal of Polymers & the Environment, 2008, 16(4): 286-297.

[10] Zhang J F, Sun X. Mechanical properties of poly(lactic acid)/starch composites compatibilized by maleic anhydride[J]. Biomacromolecules, 2004, 5(4): 1446-1451.

[11] Ma P, Cai X, Lou X, et al. Styrene-assisted melt free-radical grafting of maleic anhydride onto poly(β-hydroxybutyrate)[J]. Polymer Degradation & Stability, 2014, 100: 93-100.

[12] Zare A, Morshed M, Bagheri R, et al. Effect of various parameters on the chemical grafting of amide monomers to poly(lactic acid)[J]. Fibers & Polymers, 2013, 14 (11): 1783-1793.

[13] Peng C, Chen H, Wang J, et al. Controlled degradation of polylactic acid grafting N-vinyl pyrrolidone induced by gamma ray radiation[J]. Journal of Applied Polymer Science, 2013, 130 (1): 704-709.

[14] He J, Ding L, Deng J, et al. Oil-absorbent beads containing β-cyclodextrin moieties: preparation via suspension polymerization and high oil absorbency[J]. Polymers for Advanced Technologies, 2012, 3（4）: 810-816.

[15] Luk J Z, Rondeau E, Trau M, et al. Characterisation of amine functionalised poly（3-hydroxybuturate-co-3-hydroxyvalerate） surfaces［J］. Polymer, 2011, 52（15）: 3251-3258.

[16] Li J, Kong M, Cheng X J, et al. Preparation of biocompatible chitosan grafted poly （lactic acid） nanoparticles［J］. International Journal of Biological Macromolecules, 2012, 51(3): 221-227.

[17] Choi M C. Plasticization of poly（lactic acid）（PLA） through chemical grafting of poly （ethylene glycol）（PEG） via in situ reactive blending[J]. European Polymer Journal, 2013, 49(8): 2356-2364.

[18] Wu C E, Chen C Y, Woo E, et al. A kinetic study on grafting of maleic anhydride onto a thermoplastic elastomer[J]. Journal of Polymer Science Part A Polymer Chemistry, 1993, 31(13)

[19] Machado A V, Covas J A, Duin M V, et al. Effect of polyolefin structrure on maleic anhydride grafting[J]. Polymer, 2001, 42(8): 3649-3655.

[20] Jung W C, Park K Y, Kim J Y, et al. Evaluation of isocyanate functional groups as a reactive group in the reactive compatibilizer[J]. Journal of Applied Polymer Science, 2003, 88(11): 2622-2629.

[21] Russell K E. Free radical graft polymerization and copolymerization at higher temperatures[J]. Progress in Polymer Science, 2002, 27(6): 1007-1038.

[22] Priola A, Bongiovanni R, Gozzelino G. Solvent influence on the radical grafting of maleic anhydride on low density polyethylene[J]. European Polymer Journal, 1994, 30 (9): 1047-1050.

[23] Shi D, Yang J, Yao Z, et al. Functionalization of isotactic polypropylene with maleic anhydride by reactive extrusion: mechanism of melt grafting[J]. Polymer, 2001, 42 (13): 5549-5557.

[24] Ho R M, Su A C, Wu C H, et al. Functionalization of polypropylene via melt mixing [J]. Polymer, 1993, 34(15): 3264-3269.

[25] Samay G, Nagy T, White J L. Grafting maleic anhydride and comonomers onto polyethylene[J]. Journal of Applied Polymer Science, 1995, 56（11）: 1423-1433.

[26] Roover B D, Devaux J, Legras R. Maleic anhydride homopolymerization during melt functionalization of isotactic polypropylene[J]. Journal of Polymer Science Part A Polymer Chemistry, 2015, 34(7): 1195-1202.

[27] Kelar K, Jurkowski B. Preparation of functionalised low-density polyethylene by reactive extrusion and its blend with polyamide [J]. Polymer, 2000, 41(3): 1055-1062.

［28］ Moad G. The synthesis of polyolefin graft copolymers by reactive extrusion［J］. Progress in Polymer Science, 1999, 24（1）: 81-142.

［29］ Lazár M, Hrčková L, Fiedlerová A, et al. Functionalization of isotactic poly（propylene）with maleic anhydride in the solid phase［J］. Die Angewandte Makromolekulare Chemie, 1996, 243（1）:57-67.

［30］ Rengarajan R, Vicic M, Lee S. Solid phase graft copolymerization. I. Effect of initiator and catalyst［J］. Journal of Applied Polymer Science, 2010, 39(8): 1783-1791.

［31］ Gao J, Lei J, Su Z, et al. Photografting of maleic anhydride on low density polyethylene powder in the vapor phase［J］. Polymer Journal, 2001, 33(2): 147-149.

［32］ Miyauchi, K., Saito. ~ 1H NMR assignment of oligomeric grafts of maleic anhydride-grafted polyolefin［J］. Magnetic Resonance in Chemistry: MRC, 2012, 50（8）: 580-583.

［33］ Lopez-Manchado M A, Arroyo M, Biagiotti J, et al. Enhancement of mechanical properties and interfacial adhesion of PP/EPDM/flax fiber composites using maleic anhydride as a compatibilizer［J］. Journal of Applied Polymer Science, 2003, 90(8): 2170-2178.

［34］ Lu J Z, Negulescu I I, Wu Q. Maleated wood-fiber/high-density-polyethylene composites: coupling mechanisms and interfacial characterization［J］. Composite Interfaces, 2005, 12(1-2): 125-140.

［35］ Paunikallio T, Kasanen J, Suvanto M, et al. Influence of maleated polypropylene on mechanical properties of composite made of viscose fiber and polypropylene［J］. Journal of Applied Polymer Science. 2003, 87(12): 1895-1900.

［36］ Wang Y, Yeh F C, Lai S M, et al. Effectiveness of functionalized polyolefins as compatibilizers for polyethylene/wood flour composites［P］.

［37］ Harper D P. A thermodynamic, spectroscopic, and mechanical characterization of the wood-polypropylene interphase［D］. Dissertation Abstracts International, 2003.

［38］ Bing L, Chung T C. Synthesis of maleic anhydride grafted polyethylene and polypropylene, with controlled molecular structures［J］. Journal of Polymer Science Part A Polymer Chemistry, 2015, 38(8): 1337-1343.

［39］ Sobczak L, Brüggemann O, Putz R F. Polyolefin composites with natural fibers and wood-modification of the fiber/filler-matrix interaction［J］. Journal of Applied Polymer Science. 2012, 127(1): 1-17.

［40］ Ma P M, Jiang L, Ye T, et al. Melt free-radical grafting of maleic anhydride onto biodegradable poly（lactic acid）by using styrene as a comonomer［J］. Polymers, 2014, 6（5）: 1528-1543.

［41］ Cartier H, Hu G H. Styrene-assisted melt free radical grafting of glycidyl methacrylate onto polypropylene［J］. Journal of Polymer Science Part A Polymer Chemistry, 2015,

36(7): 1053-1063.

[42] Signori F, Badalassi M, Bronco S, et al. Radical functionalization of poly(butylene succinate-co-adipate): effect of cinnamic co-agents on maleic anhydride grafting[J]. Polymer, 2011, 52 (21): 4656-4663.

[43] Gaylord N G, Mehta R. Radical-catalyzed homopolymerization of maleic anhydride in presence of polar organic compounds[J]. Journal of Polymer Science Part A Polymer Chemistry, 2010, 26(7): 1903-1909.

[44] Gaylord N G, Mehta M. Role of homopolymerization in the peroxide-catalyzed reaction of maleic anhydride and polyethylene in the absence of solvent[J]. Journal of Polymer Science: Polymer Letters Edition, 1982, 20 (9): 481-486.

[45] Esmaeilzade R, Sharif F, Rashedi R, et al. Morphology, phase diagram, and properties of high-density polyethylene/thermally treated waste polyethylene wax blends[J]. Journal of Applied Polymer Science, 2021, 139(10): 51750.

[46] Xiang J, Drzal L T. Investigation of exfoliated graphite nanoplatelets (xGnP) in improving thermal conductivity of paraffin wax-based phase change material[J]. Solar Energy Materials & Solar Cells, 2015, 95(7): 1811-1818.

[47] Faolain E O, Hunter M B, Byrne J M, et al. Raman spectroscopic evaluation of efficacy of current paraffin wax section dewaxing agents. [J]. Journal of Histochemistry & Cytochemistry, 2005, 53(1): 121-129.

[48] Wang J, Severtson S J, et al. Significant and concurrent enhancement of stiffness, strength, and toughness for paraffin wax through organoclay addition[J]. Advanced Materials, 2006, 18(12): 1585-1588.

[49] 李云雁. 固体石蜡改性的研究[J]. 武汉工业学院学报, 2001(4): 48-50.

[50] 李会举, 匡岳林, 郝林. 石蜡改性技术研究进展[J]. 当代化工, 2010, 39(3): 271-274.

[51] Kim D, Park I, Seo J, et al. Effects of the paraffin wax (PW) content on the thermal and permeation properties of the LDPE/PW composite films[J]. Journal of Polymer Research, 2015, 22 (2):1-11.

[52] Chen F, Wolcott M P. Miscibility studies of paraffin/polyethylene blends as form-stable phase change materials[J]. European Polymer Journal, 2014, 52: 44-52.

[53] Akishino J K, Cerqueira D P, Silva G C, et al. Morphological and thermal evaluation of blends of polyethylene wax and paraffin[J]. Thermochimica Acta, 2016, 626: 9-12.

[54] Elnahas H H, Abdou S M, El-Zahed H, et al. Structural, morphological and mechanical properties of gamma irradiated low density polyethylene/paraffin wax blends[J]. Radiation Physics and Chemistry, 2018, 151: 217-224.

[55] Salimi A, Mirabedini M, Atai M, et al. Studies of the mechanical properties and practical coating adhesion on PP modified by oxidized wax[J]. Journal of Adhesion Science &

Technology, 2010, 24(6): 1113-1129.

[56] Sotomayor M E, Krupa I, Várez A, et al. Thermal and mechanical characterization of injection moulded high density polyethylene/paraffin wax blends as phase change materials[J]. Renewable Energy, 2014, 68(3): 140-145.

[57] Abdou S M, Elnahas H H, El-Zahed H, et al. Thermal behavior of gamma-irradiated low-density polyethylene/paraffin wax blend[J]. Radiation Effects & Defects in Solids, 2016, 171(5-6): 1-8.

[58] Mpanza H S, Luyt A S. Comparison of different waxes as processing agents for low-density polyethylene[J]. Polymer Testing, 2006, 25(4): 436-442.

[59] Krupa I, Luyt A S. Thermal properties of polypropylene/wax blends[J]. Thermochimica Acta, 2001, 372(1-2): 137-141.

[60] Luyt A S, Brüll R. Investigation of polyethylene-wax blends by CRYSTAF and SEC-FTIR[J]. Polymer Bulletin, 2004, 52(2): 177-183.

[61] Djokovic V, Mtshali T, Luyt A S. The influence of wax content on the physical properties of low-density polyethylene-wax blends[J]. Polymer International, 2003, 52 (6): 999-1004.

[62] Novak I, Krupa I, Luyt A S. Modification of the polarity and adhesive properties of polyolefins through blending with maleic anhydride grafted Fischer-Tropsch paraffin wax[J]. Journal of Applied Polymer Science, 2010, 100(4): 3069-3074.

[63] Novak I, Krupa I, Luyt A S. Modification of the polarity of isotactic polypropylene through blending with oxidized paraffin wax[J]. Journal of Applied Polymer Science, 2004, 94 (2): 529-533.

[64] Salimi A, Atai M, Mirabedini M, et al. Thermooxidative reactions of polypropylene wax in the molten state[J]. Journal of Applied Polymer Science, 2010, 111(6): 2703-2710.

[65] Motaung T E, Luyt A S. Effect of maleic anhydride grafting and the presence of oxidized wax on the thermal and mechanical behaviour of LDPE/silica nanocomposites[J]. Materials Science and Engineering: A, 2010, 527(3): 761-768.

[66] Guo X, Zhang L, Cao J, et al. Paraffin/wood flour/high-density polyethylene composites for thermal energy storage material in buildings: a morphology, thermal performance, and mechanical property study[J]. Polymer Composites, 2018, 39 (S3): E1643-E1652.

[67] Mngomezulu M E, Luyt A S, Krupa I. Structure and properties of phase change materials based on HDPE, soft fischer-tropsch paraffin wax, and wood flour[J]. Journal of Applied Polymer Science, 2010, 118(3): 1541-1551.

[68] Nhlapo L P, Luyt A S. Thermal and mechanical properties of LDPE/sisal fiber composites compatibilized with functionalized paraffin waxes[J]. Journal of Applied Polymer

Science, 2012, 123(6): 3627-3634.

[69] Luyt A S, Geethamma V G. Effect of oxidized paraffin wax on the thermal and mechanical properties of linear low-density polyethylene-layered silicate nanocomposites[J]. Polymer Testing, 2007, 26(4): 461-470.

[70] Durmus A, Woo M, Kasgoz A, et al. Intercalated linear low density polyethylene (LLDPE)/clay nanocomposites prepared with oxidized polyethylene as a new type compatibilizer: Structural, mechanical and barrier properties[J]. European Polymer Journal, 2007, 43(9): 3737-3749.

[71] 马澜, 杨小军, 赵琦, 等. 聚乙烯蜡物理改性木材耐久性研究[J]. 西南林业大学学报 (自然科学), 2020, 40(5):174-180.

[72] Zhang L, Yang X J, Chen Z H, et al. Properties and durability of wood impregnated with high melting point polyethylene wax for outdoor use[J]. Journal of Wood Chemistry and Technology, 2022, 42(5).

[73] 郑忠国, 谢延军, 谢启明, 等. 高熔点石蜡处理木材的物理和力学性能[J]. 东北林业大学学报, 2018, 46(10):59-66.

[74] 王政, 杨茗麟, 肖泽芳, 等. 高熔点石蜡处理木材的抗紫外光老化性能[J]. 东北林业大学学报, 2021, 49(4):85-93.

[75] Lesar B, Humar M. Use of wax emulsions for improvement of wood durability and sorption properties[J]. European Journal of Wood and Wood Products, 2011, 69(2): 231-238.

[76] Lesar B, Pavlič M, Petrič M, et al. Wax treatment of wood slows photodegradation [J]. Polymer Degradation and Stability, 2011, 96(7):1271-1278.

[77] Liu X Y, Timar M C, Varodi A M, et al. A comparative study on the artificial UV and natural ageing of beeswax and Chinese wax and influence of wax finishing on the ageing of Chinese Ash (Fraxinus mandshurica) wood surfaces[J]. Journal of Photochemistry and Photobiology B:Biology, 2019, 201:111607.

[78] Chang S T, Hon D N S, Feist W C, et al. Photodegradation and photoprotection of wood surfaces[M]. Wood and Fiber Science, 1982.

[79] Schauwecker C, Preston A, Morrell J J. A New Look at the Weathering Performance of Solid-Wood Decking Materials[J]. Jct Coatings Tech, 2009, 6(9):32-38.